New Wun Ching Developmental Publishing Co., Ltd.

New Age · New Choice · The Best Selected Educational Publications — NEW WCDP

第4版

食物學
原理與實驗

編著 /
李嘉展 林雪良 鄭明得 林英才 黃世浩
李秋月 汪復進 聶方珮 孫明輝 彭清勇

FOURTH EDITION
FOOD PRINCIPLE
AND EXPERIMENT

國家圖書館出版品預行編目資料

食物學原理與實驗/李嘉展, 林雪良, 鄭明得, 林英才, 黃世浩,
李秋月, 汪復進, 聶方珮, 孫明輝, 彭清勇著. -- 四版. --
新北市：新文京開發出版股份有限公司, 2023.08
　　面；　公分

ISBN　978-986-430-945-0（平裝）

1.CST：食品科學

463　　　　　　　　　　　　　　　　　　　112011936

食物學原理與實驗（第四版）　　　　　　　（書號：B354e4）

編　著　者	李嘉展　林雪良　鄭明得　林英才　黃世浩
	李秋月　汪復進　聶方珮　孫明輝　彭清勇
出　版　者	新文京開發出版股份有限公司
地　　　址	新北市中和區中山路二段 362 號 9 樓
電　　　話	(02) 2244-8188（代表號）
F　A　X	(02) 2244-8189
郵　　　撥	1958730-2
初　　　版	西元 2011 年 08 月 15 日
二　　　版	西元 2015 年 09 月 20 日
三　　　版	西元 2020 年 01 月 15 日
四　　　版	西元 2023 年 08 月 25 日

有著作權　不准翻印　　　　　　　　建議售價：430 元

法律顧問：蕭雄淋律師

ISBN　978-986-430-945-0

四版序
PREFACE

　　食物學原理是一門研究食物的化學成分、理化特性、加工適性、生化作用和飲食營養的學科，主要內容包括穀類、蛋類、奶類、肉類、魚貝類、豆類、油脂類、蔬菜類、水果類、咖啡及茶等，食物學原理與實驗是食品技師、營養師考試重要課程之一，也是大專校院餐飲管理系、食品科學系、保健營養學系學生喜愛的基礎課程。

　　本書由國內的食品科技專業學者，包括：李嘉展、林雪良、鄭明得、林英才、黃世浩、李秋月、汪復進、聶方珮、孫明輝等進行改版，依其個人專業領域之精華，補充各項研究心得所共同完成。本書寫法深入淺出，可提供餐飲業者在食材選購、驗收、貯存、烹調等方面一本非常實用的參考資料。

　　本次改版在於新增綠色採購、綠色消費、綠色餐飲，期能讓民眾享用更安全、更營養、更健康、更環保的食材，對於家禽、家畜的屠宰過程，對於牛乳、雞蛋的生產過程，也能注重動物的福祉。對於蔬菜、水果的栽種過程，也能友善環境。

　　本書雖經細心核對，但難免還有疏漏之處，希望先進們能給予批評與指教。最後，對出版本書之新文京開發出版股份有限公司全體人員的辛勞，謹致誠摯的謝意。

台北海洋科技大學食品健康科技系主任

李嘉展

李嘉展

學歷：國立台灣海洋大學食品科學研究所博士
現任：台北海洋科技大學食品健康科技系主任
曾任：開南大學觀光與餐飲旅館學系專任副教授

林雪良

學歷：實踐大學食品營養研究所碩士
現任：台北海洋科技大學健康促進與銀髮保健兼任講師
　　　行政院勞委會食品檢驗分析乙、丙級之監評委員
曾任：汎球藥理研究所研究員
　　　台北海洋科技大學食品健康科技系專任講師
　　　中山社區大學講師

鄭明得

學歷：國立台灣海洋大學水產食品科學研究所碩士
現任：行政院勞委會食品檢驗分析乙丙級證照術科監評
曾任：台北海洋科技大學食品健康科技系專任講師

林英才

學歷：國立台灣海洋大學食品科學研究所碩士
現任：行政院勞委會餐旅服務丙級之監評委員
曾任：台北海洋科技大學餐飲管理系講師

黃世浩

學歷：國立台灣大學食品科技研究所博士
現任：行政院勞委會化學職類之監評委員
曾任：義美食品公司南崁廠研究助理
　　　台北海洋科技大學食品健康科技系副教授
專業證書：食品技師證書
　　　　　專利代理人證書

李秋月

學歷： 國立台灣大學微生物與生化學研究所博士

現任： 台北海洋科技大學食品健康科技系副教授
行政院勞委會食品檢驗分析乙、丙級之監評委員

曾任： 義美食品股份有限公司品管研發員
中央研究院動物研究所基因轉殖實驗室助理
中國海專食品科學系講師
台北海洋技術學院食品科學系講師

汪復進

學歷： 食品科學系博士、水產食品科學與企業管理雙碩士
31 年大學食品科學與技術之教學研究與 HACCP,
ISO22000, FSSC2000 輔導經驗

現任： 宏茂飲食管理有限公司/深圳市信威農產品有限公司顧
問兼採購主管
台灣職工教育和職業培訓協會高級顧問（食品類總召集人）
中華國際觀光休閒餐旅產業聯合發展協會高級顧問（食
品類總召集人）
善匠科技運營顧問
IRCA 與 RAB/QSA、HACCP/ISO 22000 主任稽核員與
HACCP, ISO22000, FSSC20000 工廠之專業輔導

曾任： 統帥大飯店、遠來大飯店等餐飲業 HACCP 輔導或稽核、
驗證
馬祖酒廠之 HACCP, ISO22000 與衛生管理輔導
川欣公司、臺灣省漁會三重觀光魚市場、苗栗通苑漁會、
彰化漁產合作社、臺北市漁產運銷有限公司、等水產加
工業工廠設計規劃與 HACCP 輔導
富士康龍華廠中央廚房、大亞新紀企業公司、淡水阿婆
鐵蛋食品公司等食品加工廠設計規劃與 HACCP,
ISO22000 輔導
廈門見福產業園區、統皓食品公司等冷藏預包裝生鮮即時
食品工廠設計規劃與 HACCP, ISO22000, FSSC 之輔導

聶方珮

學歷： 國立台灣海洋大學食品科學研究所碩士
現任： 萬能科技大學旅館管理系副教授
　　　 行政院勞委會飲料調製職類技術士技能檢定乙、丙級監
　　　 評委員
曾任： 萬能科技大學旅館管理系專任副教授兼系主任
　　　 萬能科技大學餐飲管理系專任助理教授
　　　 萬能科技大學觀光與休閒事業管理系專任助理教授兼
　　　 副系主任
　　　 中國海事商業專科學校餐飲管理科專任助理教授

孫明輝

學歷： 國立台灣海洋大學食品科學研究所碩士
現任： 台北海洋科技大學餐飲管理系兼任講師
　　　 行政院勞委會烘焙類乙、丙級之監評委員

彭清勇

學歷： 國立台灣海洋大學食品科學系博士
曾任： 社團法人中華食品安全管制系統發展協會副祕書長
　　　 行政院勞委會餐旅服務丙級之監評委員
　　　 HACCP 外部稽核主任委員及輔導委員
　　　 ISO22000 IRCA 主任稽核委員（英國）
　　　 ISO22000 TQCS 主任稽核委員（紐奧）
　　　 清真食品技術委員及技術性稽核員（清真協會）
　　　 中國海事商業專科學校餐旅科科主任
　　　 台北海洋技術學院食品科學系主任

目 錄 CONTENTS

CHAPTER
01

緒 論

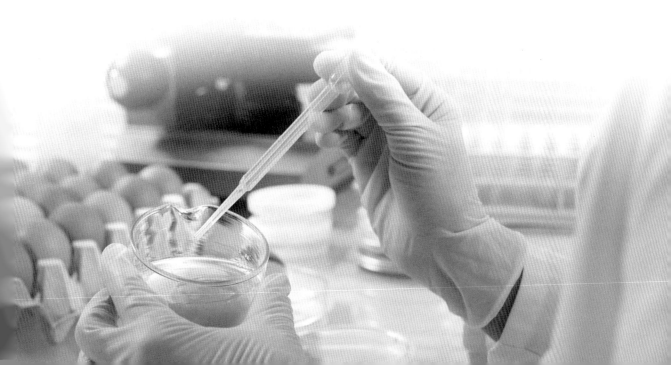

食物學原理在於探討食物製備方法、食物製備目的、溫標的種類、熱傳方式、微波烹調原理、穀類特性、蛋類特性、肉類特性、奶類特性、水產類特性、芋薯類特性、澱粉類特性、麵食類特性、油脂類特性、蔬菜類特性、水果類特性、海藻類特性、飲料類特性、食品添加物的特性等。使學生了解食材營養素的物化特性與其烹飪原理，熟悉烹調方法對食物品質的影響，掌握食物與健康的關係，以利創新各式料理造福人群。

第一節　食物的原料

食物原料的種類、特性、分級、選購與貯存，間接或直接影響食物製品的物化性質、營養價值、衛生安全、加工方式、貯存方法、色香味與質感。食物製備上常用的原料包括蛋類、奶類、肉類、魚貝類、豆類、油脂類、蔬菜類、水果類及園藝類等。各類食物的採購技巧如表 1-1 所示。

1. **蛋類**：蛋類為一完全蛋白質，提供人類優質營養素，其化學組成、加工產品的特性、物化特性，都是值得研究的學問。常見的蛋類包括雞蛋、鴨蛋、鵪鶉蛋、鴿蛋、鴕鳥蛋等。

2. **奶類**：奶類提供人類優質鈣質和蛋白質。常見的乳類有牛乳、羊乳等。

3. **肉類**：肉類提供人類優質蛋白質來源，然而面對口蹄疫傳染、磺胺劑殘留、狂牛症等衛生安全問題卻值得注意。

4. **魚貝類**：魚類提供優質的魚油來源，特別是二十碳五烯酸(EPA)和二十二碳六烯酸(DHA)等高度不飽和脂肪酸，它們有助於預防心血管疾病。

5. **豆類**：豆類是素食者重要的蛋白質來源。以蛋白質和油脂為主成分者有黃豆、花生。以蛋白質和糖質為主成分者有紅豆、綠豆、豌豆、蠶豆、菜豆。

6. **油脂類**：飽和脂肪酸的過量攝取與慢性疾病的發生有關，不飽和脂肪酸有助於降低血膽固醇，惟不飽和脂肪酸易氧化油燒，如何選購油品值得探討。

7. **蔬菜類**：蔬菜提供人體優質維生素與膳食纖維來源。蔬菜類可細分為根菜類、果實類、葉菜類、花菜類、莖菜類、種子類等。

8. **水果類**：水果提供人體重要的維生素來源。水果類可細分為大漿果類、小漿果類、核果類、梨果類、柑橘類等。

9. **園藝類**：茶飲料的機能性逐漸受到重視，咖啡則是都市人不可或缺的飲料。

↘ 表 1-1　食物原料的採購技巧

類別	良好	稍差	不良
蔬菜類	嬌嫩、有光澤、多汁	蟲吃，有瑕疵，但經切除後仍鮮嫩多汁	葉子枯萎，呈收縮狀、無彈性
鮮魚類（包括冷凍解凍者）	1. 死後硬直中。 2. 鱗能牢固地貼附在皮層上，同時呈現出魚種特有的光澤。 3. 眼球突出，沒有血液之侵入及混濁現象。 4. 鰓顏色鮮紅。 5. 由外部壓下時腹部不會有軟弱的感覺。 6. 肉質有透明感，同時沒有肉骨分開的現象。	1. 彈性較差。 2. 眼球沒有突出且有混濁狀。 3. 鱗片不鮮明。 4. 腹部壓下有軟弱的感覺。 5. 肉質及血管均變得較不透明。 6. 稍微有腥味。	1. 眼球軟化。 2. 眼球陷沒、混濁甚至脫離。 3. 鱗片變暗綠色，且有不快的臭味。 4. 腹部崩開，變得軟弱。 5. 肉質白濁。 6. 可漂浮於水面。
蛋	1. 表面粗糙。 2. 振動時無聲。 3. 用電燈照射內部明亮。		1. 打開時蛋白分布很廣。 2. 振動時有聲。 3. 燈泡照射內部不明亮。
大豆製品	1. 外觀及氣味正常。 2. 離製造時間很短。		1. 表面產生黏液。 2. 有異物混入。
肉類	1. 肉表面無出水現象。 2. 壓下去有彈性。 3. 色澤鮮紅。		1. 表面有水。 2. 色澤暗紅。 3. 有異味。

食物的採購方式，諸如：

1. **直接採購**：直接從生產商或農民手中購買食材，可以確保食材的新鮮度和品質，並減少中間環節的成本。

2. **市場採購**：到當地的批發市場採購食材，可以獲得大量優惠價格，但需要注意採購的時間和品質。

3. **線上採購**：通過網上商店或線上平臺採購食材，方便快捷。

4. **定期採購**：設置定期採購計畫，確保食材的供應和穩定性，也可以獲得更好的價格和服務。

5. **合作採購**：與其他企業或機構合作進行採購，可以獲得更大的採購量，減少成本，並確保供應的穩定性。

食材的驗收與檢驗：

1. 食材於驗收區驗收，並抽樣檢查，如官能檢查、有效期限等。

2. 食材送至品管室檢驗，進行微生物分析、食品添加物檢驗等。

3. 蔬菜食材經農藥殘留生化快速檢驗，若乙醯膽鹼酯酶抑制率≧45%者，代表食材具有氨基甲酸鹽類或有機磷農藥殘留，不建議食用。。

4. 食材經檢驗合格後送至庫房貯存：依食材貯存溫度分別送至乾料室、冷藏庫、冷凍庫。

食材採購過程應符合環保需求，減少對環境的破壞，以利節約能源、保護環境、提升企業形象。透過綠色採購食材，提供消費者綠色餐飲的消費環境。

第二節　食物的加工

將食物原料經過食品加工後可延長保存期限，如經脫水乾燥的蘿蔔乾，經加熱殺菌的保久乳，經冷凍處理的鮪魚肉，經醱酵處理的優酪乳，添加丙酸鹽的麵包，或是經輻射處理的馬鈴薯等。食物經烹調後的製品如圖 1-1 所示，各類加工食品的保存期限如表 1-2，各種加工技術之保存原理說明如下：

1. **乾燥技術**：去除微生物生長所需的水分。

2. **冷凍技術**：使微生物所需的液體水分凍結成不可利用的固體水分，而抑制微生物生長或酵素作用。

3. **冷藏技術**：以低溫使微生物無法生長或生長遲緩。

4. **熱殺菌技術**：利用高溫殺滅微生物，並將其密封以防二次汙染。

5. **熱處理技術（烘培、巴斯德殺菌、油炸、煙燻）**：使微生物失活。

6. **醱酵技術**：利用有機酸生產菌降低食品 pH 以抑制有害微生物的生長。

7. **醃製技術（鹽漬、糖漬）**：降低 pH 或水活性使微生物無法生長。

8. **高靜水壓加工技術**(high hydrostatic pressure processing)：將食品包裝於軟性密封容器中，以水做為壓媒，使其存在於 100 MPa 以上環境下，使食品中的酵素失活、澱粉糊化、蛋白質凝膠，進而達到食品加工、保存及滅菌之目的。

9. **歐姆加熱技術**(ohmic heating processing)：利用食物本身的電導率特性，當電流通過時，在食物內部將電能轉化為熱能，引起食品溫度升高，從而達到直接均勻加熱殺菌的目的。

　　近年來，更有業者結合一種以上的食品保存因子，為共同保障食品的穩定性及安全性的一種食品保存方法，稱為欄柵技術(hurdle technology)。

🗨 圖 1-1　果凍、麻糬、鹹蛋等食品的加工

↘ 表 1-2　各類食品的保存期限

食品種類	保存期限			
	開封前		開封後	
	溫度	期限	溫度	期限
乳製品				
牛奶	7℃以下	約 7 日	7℃以下	1~2 日
人造奶油	7℃以下	6 個月	7℃以下	2 週內
奶油	7℃以下	6 個月	7℃以下	2 週內
乾酪	7℃以下	約 1 年	7℃以下	盡早食用
鐵罐裝嬰兒奶粉	室溫	約 1 年半		約 3 週
冰淇淋製品	-25℃			盡早食用
火腿香腸類				
里肌火腿、蓬萊火腿	3~5℃	30 日以內	7℃以下	7 日以內
成型火腿	3~5℃	25 日以內	7℃以下	5 日以內
香腸（西式）	3~5℃	20 日以內	7℃以下	5 日以內
切片火腿	3~5℃	20 日以內	7℃以下	5 日以內
培根	3~5℃	90 日以內		
水產加工品				
魚肉香腸、火腿（高溫殺菌製品、pH 調製品、水活性調製品）	室溫	90 日以內	7℃以下	1~2 日
魚糕（真空包裝）	7℃以下	15 日以內	7℃以下	7 日以內
魚糕（簡易包裝）	7℃以下	7 日以內	7℃以下	3 日以內
冷凍食品				
魚貝類		6~12 個月		
肉類		6~12 個月		
蔬菜類	-18℃以下	6~12 個月		
水果		6~12 個月		
加工食品		6 個月		

第三節　食物的烹調方法

　　食物烹調法會直接或間接影響食物的色香味、口感與營養價值，各類烹調方法可應用於菜餚製作（圖 1-2），常見的烹調法可概分為五類：

1. **以油脂為媒介**：爆、炒、煎、燒、炸、酥。

2. **以水加熱**：蒸、汆、燙、燉、煮、涮、滾。

3. **其他加熱方式**：烤、焗、烘、煨、爐、燻。

4. **食物的前處理**：醃、泡、醉、糟、扣、臘、卷。

5. **食物的後處理**：滷、醬、凍、拌、燴、燜、溜、風、拼、羹、甜。

　　各種烹調法的操作與應用分述如下：

1. **爆**：利用強烈大火及熱油，將菜餚下鍋，而在短時間內拌炒數下，使菜餚熟而嫩的方式。如蔥爆雞丁。爆可細分為油爆、醬爆等。

2. **炒**：以少量油燒熱，投入菜餚，以普通火候翻攪至熟。如熱炒高麗菜。

3. **煎**：以少量油燒熱，投入菜餚，以中火藉油的熱力將食物煎熟。煎可細分為生煎、乾煎、水煎。如煎豬排、煎蘿蔔糕。

4. **燒**：菜餚在煎或炒後，加入高湯以小火慢燒，然後加入鹽、糖、醬油，湯汁略乾後起鍋。燒可細分為紅燒、白燒、乾燒。紅燒是加醬油，白燒是不加醬油，乾燒是不加水。如紅燒牛肉，白燒肘子。

5. **炸**：大量油燒熱，放入食物，利用油的熱力將食物熱熟。如炸雞塊。

6. **酥**：食物經炸黃後，再利用熱油將食物炸酥。如香酥鴨。

7. **蒸**：利用水蒸氣的熱將食物熱熟。

8. **汆**：將食物切片後放入煮沸的水或高湯中，放入調味料，待食物熟後，立即連湯帶菜起鍋食用。

9. **燙**：食物切洗，放入滾水或高湯中，待水沸騰後即撈出食用。

10. **燉**：將食物放入鍋中，加水煮至沸騰，再以小火燒煮，使熟爛。如藥燉排骨、清燉雞湯等。

11. **煮**：食物洗切，置入鍋內，加水以大火燒滾，煮熟食物的方法。如煮飯。

12. **涮**：將肉類切片，以筷子夾取一片置於沸騰的高湯中熱熟。如涮羊肉。

13. **滾**：將食物放入沸騰的水或高湯中，待食物熱熟後，取出切片或小塊，沾佐料食用。

14. **烤**：將食物放入烤爐中，以輻射熱將食物弄熟。

15. **焗**：食物用錫紙或紗布包好，埋入炒熱的鹽堆中，以小火燒乾，此稱鹽焗；將食物放入炒過的蔥段中，加入高湯慢燒稱為蔥焗。

16. **烘**：將調味好的食物放入平底鍋中，微火將食物中的水分慢慢烘乾。

17. **煨**：將食物包好放入火灰中使熟透。如紅煨蹄花、干貝煨冬瓜。

18. **爐**：又稱焙，將食物在鍋中不停的翻炒，使食物慢慢乾燥；或利用熱油將食物的水分除去，再以小火加調味料爐炒，如乾爐四季豆。

19. **燻**：食物醃製後以煙燻之以著色和熟透。

20. **醃**：食物洗切後，加鹽、糖、醋、醬、酒、蔥、薑等調味料，加以浸漬。

21. **泡**：將蔬菜洗切瀝乾，以冷開水加鹽、酒、花椒、辣椒等浸漬者，如泡菜。

22. **醉**：將食物浸泡於酒一段時間後取出食用，如醉蟹；食物蒸熟後浸泡於酒內，如醉雞。

23. **糟**：將魚、肉類浸漬於酒糟中使入味。使食物短期不腐敗，食用前再弄熟即可。

24. **扣**：將食物調味好後，排列於碗內，蒸熟，食用前倒扣在盤內。如梅干扣肉。

25. **臘**：肉類浸漬於糖、鹽、酒、硝水中一段時間，取出加以烘烤，在通風處吹乾。

26. **卷**：將食物以蛋皮、豆腐皮、白菜、海帶等捲起，加以蒸或炸。

27. **滷**：食物放入滷汁中，煮至熟，利用滷汁的熱及著色功能，使食物美觀可口。

28. **醬**：將醬油、冰糖及香辛料以猛火燒滾後，將食物放入，煮至適當時間後，加入不同醬料以調味和調色，醬料包括豆瓣醬、甜麵醬。

29. **凍**：將烹調好的濃湯放冷，使其結凍成冰晶狀，切塊供食。加入洋菜或豬皮可使濃湯易結凍。如豬肉凍、雞肉凍等。

30. **拌**：食物調理好後，加入調味料拌勻，分為涼拌和熱拌。

31. **燴**：將材料分別調理好，然後回鍋與高湯一同煮或炒，調味後加入太白粉水勾芡。如大燴鮑片。

32. **燜**：食物經炒、炸或燴後，加入調味料或高湯，小火慢燒，使湯汁濃縮。可細分為紅燜、黃燜、油燜等。如油燜筍、黃燜雞等。

33. **溜**：又稱滑，將煎、炸、炒、燙後的食物，於起鍋前加入含澱粉類或糖類的調味料，使起鍋後的食物有一層沾汁燒裹。分為油溜和醋溜。

34. **風**：肉類、魚類以鹽、酒、香料醃漬後，吊在風大的地方，使食物吹乾的方式。食用前將其切片蒸熟。

35. **拼**：將各種菜餚放在一個大盤內，拼成一道菜的方式。如冷盤。

36. **羹**：湯煮好後以太白粉作成薄糊狀。如黃魚羹、香菇肉羹等。

37. **甜**：利用糖作為主要調味料，在食物處理好後，將糖裹在食物外面。

💬 圖 1-2　各種烹調法應用於菜餚的製作

　　除了上述烹調方法外，目前餐飲業流行舒肥法(sous vide)，是一種低溫真空長時間的烹調方法，先將食物裝在耐熱的真空袋內，使用 50~60℃ 恆溫水浴器隔水加熱食物，如舒肥牛排。

第四節　食物營養素的種類與特性

　　食物通常含有多種的營養素（表 1-3），依其構造之不同，營養素可概分為水分 (water)、碳水化合物(carbohydrate)、蛋白質(protein)、脂質(lipid)、維生素(vitamin) 和礦物質(mineral)等。這些營養素提供人體生長和生殖所需。

↘ 表 1-3　各類食物的營養素含量(100 g)

營養素	稻米	豬肉	吳郭魚	黃豆	高麗菜	香蕉
水分(g)	14	68	76.5	10.7	93.5	74
粗蛋白(g)	7.5	22.2	20.1	35.3	1.2	1.3
粗脂肪(g)	0.9	10.2	2.3	16.3	0.3	0.2
碳水化合物(g)	77.2	-	-	33.2	4.4	23.7
粗纖維(g)	0.2	-	-	11.2	0.5	0.4
膳食纖維(g)	0.3	-	-	13.3	1.3	1.6
膽固醇(mg)	-	52	65	-	-	-
維生素 A 效力(RE)	0	4	0.9	3.8	5.7	2.3
維生素 E 效力(α-TE)	0.06	0.17	0.37	-	-	-
維生素 B_1(mg)	0.05	0.94	0.01	0.07	0.02	0.03
維生素 B_2(mg)	0.02	0.16	0.08	0.25	0.02	0.02
菸鹼素(mg)	0.8	6.1	2.42	1.2	0.3	0.4
維生素 B_6(mg)	0.02	0.85	0.38	-	0.07	0.29
維生素 B_{12}(μg)	-	0.82	2.09	-	-	-
維生素 C(mg)	-	0.6	4.3	-	33	10
鈉(mg)	2	35	37	22	17	4
鉀(mg)	86	359	402	1570	150	290
鈣(mg)	5	1	7	171	52	5
鎂(mg)	19	23	33	212	11	23
磷(mg)	55	38	179	396	28	22
鐵(mg)	0.2	0.6	0.6	7.4	0.3	0.3
鋅(mg)	1.1	1.7	0.5	3.4	0.2	0.5

一、水分

穀類與豆類水分含量低，貯存安定性較高，如：稻米和黃豆，而肉類、魚貝類、蔬菜類和水果類等水分含量較高，因此貯存過程較易發生劣變或腐敗現象，如豬肉、吳郭魚、高麗菜和香蕉等。

二、碳水化合物

肉類與魚貝類之碳水化合物含量相當少，如豬肉、吳郭魚。穀類與豆類碳水化合物含量較高，如稻米和黃豆。食物中碳水化合物的種類與特性如表 1-4 所示。

↘ 表 1-4　食物中碳水化合物的種類與特性

種類	定義	通式	代表物
單醣類	不能水解為更簡單形式的醣類	$C_n(H_2O)_n$	葡萄糖、果糖
雙醣類	水解後產生 2 個相同或相異單糖的醣類	$C_n(H_2O)_{n-1}$	蔗糖、乳糖
寡醣類	水解後產生 2 個以上至 10 個單糖的醣類	$(C_6H_{10}O_5)_x$ $10>x>2$	水蘇糖、棉籽糖
多醣類	水解後產生 10 個以上單糖的醣類	$(C_6H_{10}O_5)_x$ $x>10$	澱粉、肝醣

三、蛋白質

根據化學組成的不同，食品蛋白質可概分為簡單蛋白質、複合蛋白質和衍生蛋白質等，白蛋白和球蛋白是屬於簡單蛋白質，醣蛋白和脂蛋白是屬於複合蛋白質，多胜肽是屬於衍生蛋白質。黃豆和豬肉的粗蛋白含量較高，分別為 35.3% 和 22.2%，高麗菜和香蕉粗蛋白含量較低，分別為 1.2 和 1.3%。各類食品蛋白質的功能特性與應用如表 1-5 所示。

四、脂質

食物脂質可概分為單脂類、複脂類和衍脂類等，三酸甘油酯是屬於單脂類，磷脂質是屬於複脂類，游離脂肪酸是屬於衍脂類。一般而言，黃豆和吳郭魚的粗脂肪含量較高，分別為 16.3% 和 2.3%，高麗菜和香蕉粗脂肪含量較低，分別為 0.3 和 0.2%。各種食品脂質的特性如表 1-6 所示。

↘ 表 1-5　食品蛋白質的功能特性與應用

功能特性	作用機制	應用食品	典型蛋白質
溶解性	親水性基團	豆漿	黃豆蛋白
黏體性	分子量與分子形狀	豬皮濃湯	明膠
水和性	氫鍵和離子鍵	香腸	肌肉蛋白
凝膠性	氫鍵和雙硫鍵	魚丸	肌肉蛋白
凝聚性	疏水基團和親水基團	雞蛋麵條	卵蛋白
膠彈性	疏水鍵和雙硫鍵	麵包	穀類蛋白
乳化性	膜介面穩定性	香腸	肌肉蛋白
起泡性	膜介面吸附性	霜飾	牛乳蛋白
包覆性	疏水鍵	甜甜圈	穀類蛋白

↘ 表 1-6　脂質的種類與特性

類別	定義	說明
單脂類	脂肪酸與醇所形成的酯類	沙拉油、豬脂、蠟
複脂類	除脂肪酸與甘油外尚含其他基團的酯類	磷脂質、醣脂質、硫脂質
衍脂類	單脂類與複脂類的水解產物	游離脂肪酸、脂肪醇、脂肪醛、碳氫化合物、脂溶性維生素

五、維生素

　　食品維生素可概分為水溶性維生素和脂溶性維生素，維生素 B 群和維生素 C 是屬於水溶性維生素，而維生素 A、D、E、K 是屬於脂溶性維生素，維生素 B_{12} 只存在於動物性食品中，因此，素食者宜補充維生素 B_{12}，各類食物中維生素的種類與特性如表 1-7 所示。

↘ 表 1-7　食物中維生素的種類與特性

種類	生理功能	缺乏症狀	食物來源
維生素 A	視覺感光	患夜盲症	肝臟
維生素 D	構成荷爾蒙	患佝僂症	魚肝油
維生素 E	抗自由基	血球破裂	胚芽油
維生素 K	啟動凝血	出血疾病	綠蔬
維生素 C	具抗氧化	患壞血症	柑橘
維生素 B_1	TPP 輔酶	患腳氣病	穀類
維生素 B_2	FAD 輔酶	引起舌炎	綠蔬
維生素 B_6	PLP 輔酶	精神不振	肉類
維生素 B_{12}	血球成熟	惡性貧血	肝臟
葉酸	助甲基化	罹患貧血	蘆筍
泛酸	CoA 輔酶	頭痛失眠	酵母
菸鹼酸	NAD 輔酶	皮膚紅疹	肉類
生物素	CO_2 固定	掉髮脫皮	蛋黃

六、礦物質

　　食物礦物質可概分為巨量礦物質和微量礦物質，鉀、鈣、磷和鎂等屬於巨量礦物質，鐵、鋅、碘和銅等屬於微量礦物質，黃豆、高麗菜和香蕉的鈣含量分別為 171、52 和 5 mg/100 g，食物中礦物質的種類與特性如表 1-8 所示。

↘ 表 1-8　食物中礦物質的種類與特性

種類	功能	缺乏症	中毒症	食物
鈉	細胞外液	嘔吐盜汗	引起水腫	食鹽
氯	構成胃酸	並不常見	脫水現象	食鹽
鉀	細胞內液	肌肉無力	高鉀血症	香蕉
鈣	骨骼牙齒	骨質疏鬆	泌尿結石	乳品
磷	構成核酸	身體虛弱	低血鈣症	肉品
鎂	作輔因子	肌肉痙攣	神經失調	核果
硫	半胱胺酸	尚未發現	抑制生長	肉品

第五節　食物的品質特性

食物的品質特性包括外觀、風味、質感和營養等。消費者選擇食物考慮的因素包括官能特性、營養特性、文化因素、生理因素、宗教因素、心理因素、社會因素等。偏愛食物顏色者有黑芝麻、烏骨雞等，強調風味者有太監雞、閹豬、閹牛等；也有因宗教信仰而不選購特定食物者，回教徒不吃豬肉，佛教徒不吃肉；有些消費者則特別喜愛有機食物，排斥基因改造食物。消費者選購食物，除了食物本身的品質特性外，消費者本身的生理狀況及其外在所處的社會環境，都有可能影響其選購食物的種類。

一、色澤

食品色素依據化學結構的不同可分為：四吡咯(pyrrole)衍生物，如葉綠素和血紅素；異戊二烯衍生物(isoprenoid)，如類胡蘿蔔素；多酚類衍生物，如花青素、花黃素等；酮類衍生物，如紅麴色素、薑黃素等；醌類衍生物，如蟲膠(shellac)色素、胭脂紅(carmine)等。水產品色素種類與特性如表 1-9 所示。

↘ 表 1-9　水產品色素種類與特性

食物名稱	顏色特徵	色素種類	溶解性
鮪魚肉	紅色	肌紅蛋白	水溶性
鮭魚肉	橙紅色	還原蝦紅素	脂溶性
蜻魚卵	黃色	玉米黃質	脂溶性
蟹卵	紅橙色	還原蝦紅素	脂溶性
鯖魚表皮	青色	黑色素	脂溶性
鰹魚表皮	青色	黑色素	脂溶性

二、風味

味覺是食物在人的口腔內對味覺器官的刺激而產生的一種感覺。這種刺激有時是單一性的，但多數情況下是複合性的。人類的主要味覺包括酸、甜、苦和鹹，此外，尚有鮮味。各類食物呈味物質的種類與特性如表 1-10 所示。

↘ 表 1-10　食物中呈味物質的種類與特性

呈味種類	代表性呈味成分	最低呈味濃度(%)
苦味	奎寧、咖啡鹼	0.00005
酸味	醋酸	0.012
鹹味	氯化鈉、蘋果酸鈉	0.2
甜味	蔗糖、果糖	0.5
鮮味	MSG	0.03
	5'-IMP	0.025
	5'-GMP	0.0125

三、質感

　　食物的質感來自人類手指、舌頭、下巴或牙齒對食物施與剪切(cutting)、咀嚼(chewing)、壓縮(compressing)或拉伸(stretching)之後所產生的感受(perceptions)。如餅乾的脆性、巧克力棒的咀嚼性。食物貯存過程質感會發生變化，如冰淇淋凍藏過程溫度跳動會造成乳糖結晶引起沙沙感(gritty)。利用基因工程控制蔬果質感採收後質感的變化，如基改番茄。根據質感的不同，食物可概分為軟性食物(liquids)、凝膠性食物(gels)、纖維性食物(fibrous)、凝聚性食物(agglomerate)、油性食物(oily)、脆性食物(fragile)和玻璃性食物(vitreous)等。稀飯具有一定的黏度是屬於軟性食物，魚丸具有黏彈性是屬於凝膠性食物，筊白筍在咀嚼時阻力小是屬於脆性食物，金針菇以纖維為主成分是屬於纖維性食物。

 第六節　單位與度量

　　食物烹調常用的單位系統及其單位如表 1-11 所示，常用的質量單位有盎斯、英磅、公克、公斤等，食物製備過程通常使用量杯或量匙來計量食材，各種量杯與量匙等量表如表 1-12 所示。

↘ 表 1-11 常用的單位系統及其單位

單位系統	長度	質量	時間	溫度	熱能	力
英制	呎(ft)	磅(lb)	秒(sec)	°F	BTU	磅達(pounda)
公制	公分(cm)	公克(g)	秒(sec)	℃	卡(cal)	達因(dyne)
國際制	公尺(m)	公斤(kg)	秒(sec)	wK	焦耳(J)	牛頓(N)

↘ 表 1-12 量杯與量匙等量表

種類	等量值	體積(ml)	種類	等量值	體積(ml)
1 茶匙(t)		4.9	1 流量盎斯	2 湯匙	29.6
1 湯匙(T)	3 茶匙	14.7	1 杯	8 流量盎斯	235.2
1/4 杯(C)	4 湯匙	58.8	1 品脫(pt)	2 杯	473.2
1/3 杯	5 湯匙	78.4	1 夸特(qt)	4 杯	946.4
1/2 杯	8 湯匙	117.6	1 加侖(gal)	4 夸特	3785.6
1 杯	16 湯匙	235.2			

 第七節　溫度與熱傳

　　食物烹調常用的溫標包括攝氏溫度(℃)和華氏溫度(°F)，以及凱氏溫度(K)和朗氏溫度(°R)等（表 1-13）。

↘ 表 1-13 常用四種溫標的相互關係

凱氏溫度(K)	攝氏溫度(℃)	華氏溫度(°F)	朗氏溫度(°R)
373	100	212	672
273	0	32	492
233	−40	−40	420
0	−273	−460	0

　　熱能由 A 點傳送到 B 點的過程稱為熱傳送，或稱為傳熱(heat transfer)。食物的熱傳在於藉由熱源與食物之間的溫度差而達到傳熱的目的。熱傳的方式有三種：

1. **傳導**(conduction)：以不發生位移的分子作為熱傳介質時所發生的傳熱現象稱為「熱傳導」。凡是物體，其分子恆振動不息，溫度越高，分子振動越劇。傳導是藉由固體的直接接觸方式而將熱源傳給食物。金屬類的銅、鋁等因熱傳導的速度快，所以加熱容器多以此金屬製造。不鏽鋼的傳導則有加熱不均勻的現象，容易導致鍋中某些地方冷某些地方熱的情況。木頭的傳熱非常慢，因此常被做為絕緣體用。

2. **對流**(convection)：熱的流動是藉分子間的混合作用者稱為對流，對流有兩種方式，一為自然對流：藉密度不同而行分子混合者；二為強制對流：藉機械的攪動使分子混合者。對流是藉由液體或氣體將熱源傳給食物。傳導對熱的利用較低，加熱較慢，而對流加熱的速度則較高，但對流只限於液體與氣體。

3. **輻射**(radiation)：熱能以電磁波的形式向四周傳布者稱為輻射，此種能量的傳送不需要任何介質作為媒體。輻射若在真空進行，無能量的轉變，路徑也不改，但若與物體相遇，則透過反射或吸收，當被吸收時始有熱的產生。輻射不需任何媒介物即可將熱源傳給食物。

習 題

一、是非題

(　　) 1. 結合一種以上的食品保存因子共同保障食品的穩定性及安全性的一種食品保存方法，稱為欄柵技術。

(　　) 2. 涮和燒都是以油脂為媒介的烹調方法。

(　　) 3. 將食物切片後放入煮沸的水或高湯中，放入調味料，待食物熟後，立即連湯帶菜起鍋食用，此種烹調法稱為爆。

(　　) 4. 金針菇以纖維為主成分，因此是屬於纖維性食物的一種。

(　　) 5. 某冷凍食品之攝氏度為–40℃，換算為華氏度為–40℉。

答案：1.○；2.╳；3.╳；4.○；5.○

二、選擇題

(　　) 1. 海蜇皮的主要加工原料為何？　(A)丁香魚　(B)海豚　(C)水母　(D)鯊魚。

(　　) 2. 魚翅的主要加工原料魚為何？　(A)鯖魚　(B)鱒魚　(C)鯊魚　(D)鯨魚。

(　　) 3. 以下哪一道菜是先用煎炸烹調法再入湯煮之烹調法？　(A)白菜捲　(B)鑲黃瓜　(C)紅燒獅子頭　(D)咕咾肉。

(　　) 4. 炸食物時最後轉大火之用意是　(A)逼油　(B)上色　(C)使食物酥脆　(D)以上皆是。

(　　) 5. 利用大型貝類韌帶所處理之食材稱之　(A)海哲皮　(B)蠔乾　(C)干貝　(D)魚翅。

答案：1.(C)；2.(C)；3.(C)；4.(D)；5.(C)

三、問答題

1. 試述食物烹調過程主要的熱傳方式。

2. 試述 1 茶匙、1 湯匙和 1 杯的體積為若干？

3. 試比較醱酵技術和凍藏技術保存食物的原理。

4. 試述食物學原理的主要學習內容包括哪些？

5. 寫出五種食物的烹調方法及其應用情形？

參考文獻　　　　　　　　　　　　　　　　　　　　　　　REFERENCES

1. 李錦楓、林志芳（民 93）。**食物製備學理論與實務**。臺北市：揚智出版社。

2. 陳淑瑾（民 89）。**食物製備原理與應用**。屏東縣：睿煜出版社。

3. 王瑤芬（民 86）。**食物烹調原理與應用**。臺北市：偉華書局。

4. 賴愛姬等（民 87）。**烹調科學**。臺中市：富林出版社。

5. 施明智（民 89）。**食物學原理**。臺北市：藝軒出版社。

6. 陳肅霖等（民 96）。**新編食物學原理**。臺中市：華格那企業。

7. 林秀卿、林彥斌（民 96）。**食物學概論**。新北市：新文京開發出版。

CHAPTER
02

穀　類

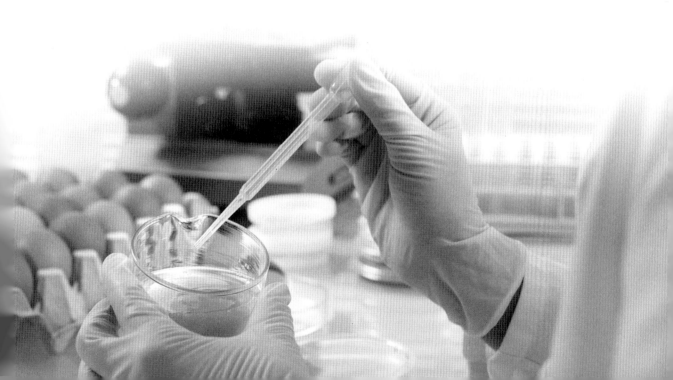

前 言

　　穀類為禾本科植物之種子，為人類主要糧食，而半數以上之世界人口是以稻米為主食。一般穀類含 70%以上的澱粉，所以穀類屬澱粉類食物。米的營養價值相當完整且均衡，包括醣類、脂肪、蛋白質、礦物質、維生素 B 群及纖維，而其中的糖類，則是供給我們熱量的最大來源。

　　穀類栽培容易，環境適應性強，可大面積種植，單位面積產量高，所以價格便宜。且經過適當的乾燥處理，水分含量維持在 12.5~15.5%之間，即可長時間儲存，也可保持穀類品質安定。穀類不怕擠壓、搬運方便、容易搭配其他食物食用且烹煮方便、料理變化多，以上種種特性皆為穀類作為人們主食的原因。

　　穀類包括稻類（秈稻、粳稻、糯稻）、麥類（小麥、大麥、燕麥、黑麥）、玉米、高粱、粟、黍、蕎麥等。

 第一節　穀類的構造

　　穀類為植物的種子，其結構基本相似，都是由外皮、麩皮(bran layer)、胚乳(endosperm)、胚芽(germ)等主要部分組成，各部位所占比例隨著植物特性及穀粒大小而不相同。以稻米為例，麩皮、胚乳和胚芽分別占穀粒總重量的 13~15%、83~87%、2~3%。

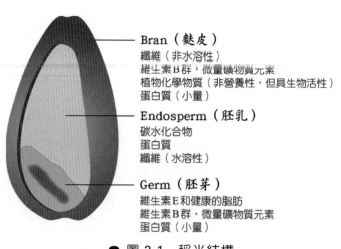

Bran（麩皮）
纖維（非水溶性）
維生素 B 群，微量礦物質元素
植物化學物質（非營養性，但具生物活性）
蛋白質（小量）

Endosperm（胚乳）
碳水化合物
蛋白質
纖維（水溶性）

Germ（胚芽）
維生素 E 和健康的脂肪
維生素 B 群，微量礦物質元素
蛋白質（小量）

💬 圖 2-1　稻米結構

　　穀粒的外層為具有保護功能的外皮，主要由纖維素、半纖維素等組成，適口性差，一般皆不食用而去除。其次為麩皮，由外而內是果皮、種皮及糊粉層。糊粉層在穀皮與胚乳之間，含有較多的磷、豐富的維生素 B 群及無機鹽，會因加工流失到

糠麩中。穀粒的中央為富含澱粉的胚乳，為穀類的主要部分，含澱粉約 74%、蛋白質 7~14%，及很少量的脂肪、無機鹽、維生素 B 群、維生素 E 和纖維素等。

在白米輾製過程中保留麩皮及胚芽的穀類稱為全穀類，包括了糙米、全麥、燕麥等。糙米是穀類去除了外殼，保存內層麩皮、胚芽及胚乳；胚芽米則保留了胚芽及胚乳；白米則是將麩皮及胚芽全部去除，只留下最內層的胚乳。精製食物（如米、麵粉）雖然美味，但在其精製過程中也將原本存在於胚芽、麥麩中的營養價值去除了。

 ## 第二節　穀類的營養

穀類可因種類、品種、產地、生長條件和加工方法的不同，其營養素的含量有很大的差別。

一、蛋白質

穀類蛋白質含量一般在 7.5~15%之間，主要由穀蛋白、醇溶蛋白、球蛋白組成。一般穀類蛋白質的必需胺基酸組成不平衡，如離胺酸含量少，酥胺酸、色胺酸、苯丙胺酸、蛋胺酸含量偏低，因此蛋白質的營養價值低於動物性食物。

要提高穀類食品蛋白質的營養價值，在食品工業上常採用胺基酸強化的方法，如以離胺酸強化麵粉，生產麵條、麵包等以解決離胺酸少的問題；另外採用蛋白質互補的方法提高其營養價值，即將兩種或兩種以上的食物共食，使各食物的必需胺基酸得到相互補充，如糧豆共食、多種穀類共食或糧肉共食等。穀類蛋白質含量雖不高，但在我們的食物總量中穀類所占的比例較高，因此穀類是膳食中蛋白質的重要來源。如果每人每天食用 300~500g 糧穀類，就可以得到約 35~50g 蛋白質，這個數字相當於一個正常成人一天需要量的一半或以上。

二、碳水化合物

穀類碳水化合物含量一般在 70%左右,主要為澱粉,集中在胚乳的澱粉細胞內,是人類最理想、最經濟的能量來源,我國人民膳食中 50~70%的能量來自穀類的碳水化合物。

澱粉的特點是能被人體以緩慢、穩定的速率消化吸收與分解,最終產生供人體利用的葡萄糖,而且能量的釋放緩慢,不會使血糖突然升高,這無疑對人體健康是有益的。它所含的纖維素、半纖維素在膳食中具有重要的功能,特別是糙米比精白米含量要高得多。膳食纖維雖不被人體消化吸收、利用,但它特殊的生理功能卻備受關注,它能吸水,增加腸內容物的容量,能刺激腸道,增加腸道的蠕動,加快腸內容物的通過速度,利於清理腸道廢物,減少有害物質在腸道的停留時間,可預防或減少腸道疾病。

三、脂肪

穀類脂肪含量低,如稻米、小麥約為 1~2%,玉米和小米可達 4%。主要集中在糊粉層和胚芽,因此在穀類加工時易損失或轉入副產品中。

在食品加工業中常將其副產品用來提取與人類健康有關的油脂,如從米糠中提取米糠油、谷維素和谷固醇,從小麥胚芽和玉米中提取胚芽油。這些油脂含不飽和脂肪酸達 80%,其中亞油酸約占 60%,在保健食品開發時,常以這類油脂作為功能油脂以替代膳食中富含飽和脂肪酸的動物油脂,可明顯降低血清膽固醇,有防止動脈粥樣硬化的作用。

四、礦物質

穀類約含礦物質 1.5~3%,主要是鈣和磷,並多以植酸鹽的形式集中在穀皮和糊粉層中,消化吸收率較低。但常在加工時被去除掉,例如輾米過程,常將外皮及胚芽弄掉,間接使營養素因而流失。

五、維生素

　　穀類中幾乎不含維生素 A、C 及 D，但甜玉米中含少量胡蘿蔔素，在體內會轉變成維生素 A。穀類在發芽時會有維生素 C 的產生，因此，保健食品特別關注此特點。

　　穀類維生素 B 群是膳食中的主要來源。如硫胺素(VB_1)、核黃素(VB_2)、尼克酸(VPP)、泛酸(VB_3)、吡哆醇(VB_6)等含量較多，主要分布在糊粉層和胚部，可隨加工而損失，加工越精細損失越大。精白米、麵中的維生素 B 群可能只有原來的 10~30%。因此，長期食用精白米、麵，又不注意其他副食的補充，易引起機體維生素 B_1 不足或缺乏，導致患腳氣病，主要損害神經血管系統，特別是孕婦或乳母若攝入 VB_1 不足或缺乏，可能會影響到胎兒或嬰幼兒健康。

↘ 表 2-1　各種米的營養成分（100g 可食部分）分析表

	熱量（大卡）	蛋白質(g)	脂肪(g)	糖類(g)	纖維(g)	鈣(mg)	磷(mg)	鐵(mg)	維生素 B_1(mg)	維生素 B_2(mg)
糙米	340	6.7	2	75.4	0.3	21	280	1.5	0.3	0.05
胚芽米（在來種）	366	7.2	3.6	75.4	0.6	24	178	3.4	0.34	0.17
胚芽米（蓬萊種）	360	6.8	1.8	74.2	0.8	21	152	1.6	0.31	0.11
白米	354	6.5	0.5	78.1	0.3	15	151	0.6	0.11	0.04
米飯	158	2.8	0.4	34.5	0.1	4	51	0.9	0.01	0.01
糯米	354	6.5	1.2	76.8	0.2	8	120	2.2	0.13	0.04

資料來源：行政院衛福部食品藥物管理署臺灣地區食品營養成分資料庫。

　　從穀類的營養價值可以知道，它們在我們的膳食生活中是相當重要的。但在現今我們的飲食生活中，食物結構發生了很大的變化，無論在家庭或是聚餐，餐桌上動物性食品和油炸食品變多，而主食減少，且追求精細。這種高蛋白、高脂肪、高能量、低膳食纖維，三高一低的膳食結構致使現代「文明病」，如肥胖症、高血壓、高脂血症、糖尿病、痛風等以及腫瘤的發病率不斷上升，並正威脅著人類的健康和

生命。此外，有些人說吃飯會發胖，因此只吃菜不吃飯或很少吃飯等，構成了新的營養問題，最終因營養不全而導致疾病，所以建議成人每天攝取 300~500g 糧穀類食品。

以下將分別介紹各種穀類的組成及其成分：

一、稻米(rice)

（一）組成

稻米（如圖 2-2）除去外殼即為糙米，由麩皮、胚芽、胚乳所組成，糙米的麩皮占穀粒 7%、胚芽占 2~3%、胚乳占 89~94%。米麩(rice bran)為糊粉層(aleurone)、果皮和種皮之合稱，米麩含大量的灰分、蛋白質、植酸、磷、脂肪及菸鹼酸，此外，麩皮之維生素 B_1 及 B_2 的含量較其他部分所含者高。胚乳硬且透明，亦有不透明之品種，此不透明是由於胚乳中之氣室所造成。

● 圖 2-2　稻米米粒

穀粒乾燥的過程中，因為穀粒之蛋白質在失水後會收縮、破裂而產生氣室。

（二）成分

稻米的澱粉顆粒很小，約 2~5μm，且為多邊形，以聚集成團的方式存在，稻米之糊化溫度約為 70~76℃。稻米中所含脂蛋白質量比其他穀類為低，其計算蛋白質之轉換係數為 5.95。稻米之胺基酸含量分布相當平均，離胺酸之含量約占總量的 3.5%，雖然離胺酸為第一限制胺基酸，但米蛋白的生物價(biological value)卻為穀類中最高者。稻米之蛋白質中，米穀蛋白(oryzenin)是主要之成分，占總量之 80%左右；麥膠蛋白(gliadin)之量則甚低，只占約 3~5%。

稻米中油脂約占 3%，因油脂大多存於穀粒外圍，當輾磨穀粒時，可用油脂成分的減少，來當做評估輾磨程度的標準。精白米含油脂量約為 0.3~0.5%。糙米較大麥、小麥及裸麥含較多之非極性油脂，較少極性油脂質，即醣脂質和磷脂質；非極性油脂則是指游離脂肪酸和三酸甘油脂。稻米的脂肪酸組成與其他穀類相似，而稻米油脂成分中所含的米糠醇(oryzanol)，其主要為酚類的衍生物。

稻米胚乳的細胞壁含較低之半纖維素，其主要成分為阿拉伯糖、木糖、半乳糖、蛋白質及大量之醣醛酸，但精白米則僅含約 0.5%的蔗糖。

米粒中成分分布：由外向內逐漸增加者，如澱粉；由外向內遞減者，如脂肪、蛋白質、灰分、纖維等。由此可知，白米主要成分為澱粉及少量蛋白質。

二、小麥(wheat)

（一）組成

小麥粒（如圖 2-3）的胚乳約占 82%，麩皮中之外皮及種皮約占 16%，胚芽約占 2%。小麥縱剖面有一腹溝，深至穀粒中心，縱貫整個穀粒，因具腹溝，所以使麩皮及胚乳難以分離。種皮包圍整個種子，且由多層組織構成，含有紅棕色色素，主要以葉黃素為主。

● 圖 2-3　小麥粒

整個外皮組織約占穀粒全重的 5%，其組織以聚戊醣為主，而種皮與糊粉層則是緊密結合。糊粉層占總重 6~7%，不含澱粉而富含維生素 B 群，氧化酵素及蛋白酶含量也很高，製成麵粉常隨麩皮去除，以免影響麵粉儲存的品質。

胚芽富含維生素 B_1 及脂肪，小麥約有 50%脂肪在此，易引起氧化，製粉時也會一起去除。胚乳占小麥絕大部分，由澱粉和蛋白質組成，蛋白質又分小麥穀蛋白(glutenin)及麥膠蛋白(gliadin)，前者具彈性，後者則具延展性，小麥品種中依兩種蛋白比例多寡而有不同。

（二）成分

小麥可製成各種麵粉，如高筋麵粉、低筋麵粉、全麥麵粉等含粗蛋白質很高（如表 2-2）。從營養價值看，全麥製品最好，因為全麥能為人體提供更多的營養，更有益於健康。小麥具有清熱解煩、養心安神等功效，不僅可厚腸胃、強氣力，還可以作為藥物的基礎劑。

糊粉層含大量的蛋白質、植酸、磷、脂肪、灰分、菸鹼酸及維生素 B_1 及 B_2，且酵素活性高。小麥胚芽約占穀粒的 2.5~3.5%，含豐富的蛋白質、醣類、油脂及灰分，此外，也含大量維生素 B 群及酵素，而維生素 E 含量也極為豐富。

　　胚乳細胞壁之厚度和胚乳位於穀粒之部位有關，通常靠近糊粉層較厚；亦和品種有關，如軟麥或硬麥。兩者差別為硬麥破裂時，先由細胞壁破裂，軟麥則是整個細胞裂開；因為硬麥蛋白質與澱粉表面緊密黏著，使細胞壁較易破碎，而破裂硬麥再進一步輾磨時，其胚乳亦會破裂；軟麥蛋白質與澱粉表面間的鍵結較弱，澱粉粒子在輾磨時也較少破碎。

　　一般認為小麥胚乳的透明度和硬度，與高蛋白質含量有關；硬麥的胚乳成不透明，軟麥則呈透明狀；小麥穀粒之透明度，亦是受穀粒中氣室存在的影響。小麥胚芽含較高的總糖量（約 24%），其主要成分為蔗糖和棉子糖，蔗糖占總量之 60%。麩皮中之糖量占組成的 4~6%，同樣是以蔗糖和棉子糖為主。

　　小麥含 70%非極性油脂、30%極性油脂，即 20%醣脂質和 10%磷脂質。胚芽主要的脂質為磷脂質；麩皮的極性油脂中，磷脂質也較醣脂質多；而胚乳中則以醣脂質含量較多；此外，油脂中也含有生育醇(tocopherol)。麵粉中含有水溶性和非水溶性纖維素，而小麥胚乳含約 2.4%非水溶性半纖維素。

三、玉米(corn)

（一）組成

　　玉米（如圖 2-4）又稱玉蜀黍、番麥，因其粒如珠，色如玉而得名珍珠果。玉米穀粒主要由四部分所構成：外穀或麩皮（果皮及種皮）、胚芽、胚乳及頂蓋(tip cap)。外穀或麩皮占穀粒全重之 5~6%、胚芽為 10~14%，其他為胚乳，約占 82%。玉米穀粒之顏色可分為白色、黃色、深棕色或紫色，差別很大，其中以白色和黃色最為常見。

● 圖 2-4　玉米粒

　　玉米的營養價值比小麥低，因其菸鹼酸、蛋白質含量很低（如表 2-2）。不過胡蘿蔔素的含量、維生素 B_2、脂肪含量居穀類之前茅，脂肪含量是米、麥的 2 倍，其脂肪酸的組成中必需脂肪酸（亞油酸）占 50%以上，並含較多的卵磷脂和谷固醇及豐富的維生素 E，因此玉米具有降低膽固醇，防止動脈粥樣硬化和高血壓的作用，並能刺激腦細胞，增強腦力和記憶力。

　　玉米中含有大量的膳食纖維，能促進腸道蠕動，縮短食物在消化道的時間，減少毒物對腸道的刺激，因此可預防腸道疾病。

（二）成分

　　玉米及高粱之澱粉顆粒，在大小、形狀及糊化性質上皆頗為相近，其形狀分布由多邊形到球形。

　　玉米具有高支鏈澱粉含量之品種，稱為糯性(waxy)品種，如糯玉米。此外，亦有高直鏈澱粉含量之品種，稱為直鏈澱粉型(amylo-types)，如高直鏈澱粉玉米，其直鏈澱粉含量可達 70%。

　　玉米蛋白質中的玉米醇溶蛋白(zein)占蛋白質總量 50%左右，白蛋白及球蛋白占 5%、麩蛋白占 28%。玉米醇溶蛋白及其雙硫鍵架橋之衍生物，含大量之白胺酸及脯胺酸。但缺乏離胺酸及色胺酸，導致其化學價(chemical score)只有 40（小麥為 48，米為 53）。玉米之穀粒分為透明及不透明兩類，此兩類穀粒之蛋白質種類及其胺基酸的分布不相同。

　　玉米胚芽占穀粒之比例為 12%，其中含有約 30%的脂質，為製造食用油的主要穀類。玉米胚芽油的游離脂質約占 4.5%，其脂肪酸組成與高粱及小米類似。玉米的細胞壁較小麥或裸麥為薄，且含較少之半纖維素的親水性基，其半纖維素之主要成分為葡萄糖、木糖及阿拉伯糖。

四、大麥(barley)

（一）組成

　　大麥（如圖 2-5）收割時，與稻米、燕麥一樣，是連外殼一起採收，而大麥外殼占穀粒總重的十分之一。大麥由外至內的組成為外稃、內稃、果皮、種皮、胚芽及胚乳，由最外數來的第二至三層細胞即為糊粉層，胚乳由蛋白質基質及澱粉顆粒所組成。現今大麥多用於製造麥芽糖、麥茶、飼料以及啤酒釀製。

● 圖 2-5　大麥片

（二）成分

大麥蛋白質約占 13%，其中主要是醇溶蛋白，又稱大麥蛋白(hordein)，占 35~45%。離胺酸是大麥的第一限制胺基酸，胚芽及胚乳蛋白質的離胺酸含量較一般穀類為高（約大於 3.2%），胚乳蛋白質含大量之麩胺酸（約 35%）及脯胺酸（約 12%）。大麥蛋白離胺酸含量甚低，而大麥的其他蛋白質成分，如白蛋白、球蛋白及麩蛋白之離胺酸含量則較高。

大麥之油脂含量約占穀粒總重 3.3%，其中三分之一在胚芽內，但胚芽重量僅占穀粒總重之 3%，故胚芽油脂含量可高達約 30%。

大麥一般用來製造麥芽(malt)及酒麴。大麥之澱粉顆粒具兩種形式，較大顆粒(25~40μm)為扁豆狀，較小者(5~10μm)為球狀，此兩種澱粉顆粒的化學組成與結構接近，其糊化溫度約在 53℃左右。大麥經脫殼、壓扁及乾燥後，可做成早餐食用的麥片。大麥富含澱粉，在製造麥芽糖過程中，維生素 B_1 的含量變化不大，但維生素 B_2 及 B_6 的含量可增加一倍，而泛酸及生物素含量亦會增加 30~40%。

大麥細胞壁包含 70%的 β-聚葡萄糖和 20%的聚阿拉伯木糖，其餘部分是蛋白質和少量的聚甘露糖，其細胞壁易受酵素作用而分解，特別是開始發芽之穀粒。故發芽的大麥穀粒，其外穀的細胞壁在釀造過程中，具有易受酵素分解的功能性。

五、裸麥(rye)

（一）組成

裸麥不具外殼，由果皮、種皮、胚珠心層、胚芽及胚乳所組成，而糊粉層則以單層細胞組成，圍繞在胚乳外。裸麥除不具外殼外，其他組成與小麥相似。

（二）成分

裸麥蛋白質含量與燕麥一樣高。裸麥蛋白質中，色胺酸為第一限制胺基酸。裸麥之離胺酸含量較小麥及其他穀類來的高（約 3.5%），麩胺酸含量約為 25%，而白胺酸含量較低，約為 6%。裸麥蛋白質含有較高白蛋白及球蛋白，白蛋白約占總蛋白質的 35%，而球蛋白則約為 10%，醇溶蛋白約占總量的 20%，而可溶於稀酸中之麩蛋白則僅約占 10%。

裸麥之油脂含量較高約 3%，其胚芽油脂含量約為 12%，較大麥及小麥為低。裸麥中與澱粉結合之油脂含量為大麥、小麥、燕麥的二分之一，主要的澱粉結合性油脂亦是溶血磷之膽鹽。裸麥粉所含的半纖維素大於 8%左右，較其他穀類為高。

六、燕麥(oat)

（一）組成

燕麥（如圖 2-6）又名雀麥、黑麥、鈴鐺麥、玉麥、香麥、蘇魯等，是一種營養豐富的穀類食品，它是帶殼一起收割。穀粒由外至內是由果皮、種皮、透明層(hyaline layer)、胚芽及胚乳所組成。燕麥

● 圖 2-6　燕麥片

胚芽占穀粒全長的三分之一，較小麥長而窄，而燕麥胚乳中所含蛋白質（約 14%）及油脂（約 8%）含量較其他穀類高。穀粒外觀與小麥或裸麥相似。燕麥外殼比小麥堅硬，必須去除才可以壓成片狀或製粉，即得燕麥片或燕麥粉。

燕麥的澱粉顆粒很小，略比稻米大些。燕麥的澱粉顆粒以聚集成團的方式存在，與稻米相似。燕麥的澱粉團較大且呈球形，稻米之澱粉團則較小且成多邊形，此外，兩種穀類之糊化性質也不同，燕麥之糊化溫度約為 55℃左右，比稻米之糊化溫度約70℃低。

（二）成分

燕麥與其他穀類相互比較之下，特別突出者為其胺基酸組成較接近國際糧農組織所定之標準，且蛋白質含量較其他穀類為高。

燕麥蛋白質種類之分布與其他穀類不同，必需胺基酸中賴胺酸也高於其他穀類。燕麥蛋白質之主要成分為球蛋白，約占 50~60%，其含量亦占所有穀類的第一，麩蛋白則約占 20~25%，燕麥穀蛋白(avenin)為其醇溶蛋白，只占蛋白質總量之 10~15%。燕麥蛋白質有較佳的營養價值，較其他穀類為高。

燕麥的油脂含量較其他穀類為高，約為 5~9%。燕麥是唯一含大量油脂(約 80%)在胚乳中的穀類，其中必需脂肪酸（亞油酸）占 35~52%，而其他穀類則在胚芽和麩皮中，其油酸($C_{18:1}$)含量較其他穀類為多，但生育醇含量較小麥和大麥為低。

燕麥內主要半纖維素為 β-聚葡萄糖，約占總量 70~87%，另外含有較多的膳食纖維、維生素 B_1、B_2 和較多的磷、鐵等。在胚乳中，蔗糖和棉子糖為主要的成分，此外，燕麥也含有較多的聚葡萄果糖。

由於燕麥含有亞麻油酸、胺基酸及其他有益的營養成分，因此被稱為降脂佳品，對預防和治療動脈粥樣硬化、高血壓、糖尿病、脂肪肝等也有較好的效果，是藥食兼優的營養保健食品。

七、高粱(sorghum)

（一）組成

高粱因耐乾性強，多種植於土壤乾的地區。其穀粒呈球形，果皮很厚，可分為外果皮、中果皮及內果皮三層。高粱之果皮中含有澱粉，但其他穀類果皮中則無澱粉成分。高粱具有外種皮(testa)，和內種皮色素層相連，然而並非所有品種的高粱皆有色素層，其色素含有具苦味之單寧成分。

（二）成分

高粱之蛋白質與玉米頗為相似，其醇溶蛋白稱之高粱醇溶蛋白(kafirin)。高粱醇溶蛋白質胺基酸組成與玉米醇溶蛋白相似，且其蛋白質含量也與玉米相近，兩者之差異在於醇溶蛋白之溶解性及雙硫鍵架橋節之程度。高粱醇溶蛋白在 60℃下可溶於 70%之酒精溶液，但是在於室溫下，則不溶於 70%之酒精溶液。高粱蛋白質中之醇溶蛋白所占比例較低，高粱醇溶蛋白為 17%，玉米醇溶蛋白則為 20%。高粱醇溶蛋白中之離胺酸含量甚低，與玉米醇溶蛋白相同。

高粱澱粉中含 70~80%的支鏈澱粉，蛋白質中則不含麵筋，所以作為烘焙原料時，必須與小麥粉合用，一般取代量為 5~20%。

高粱總糖量為 1~6%，其中蔗糖為主要的醣類，含較少之棉籽糖和水蘇糖。甜高粱亦可經壓榨後，精煉成糖漿。高粱也可作為釀酒的原料，經醱酵後製成高粱酒，而墨西哥以其製成啤酒。

八、小米(setaria italica)

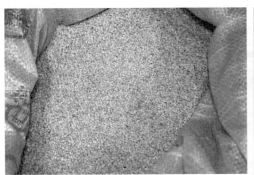

● 圖 2-7　小米

● 圖 2-8　糯小米

（一）組成

　　小米（如圖 2-7、2-8）也稱粟米、穀子，是中國北方某些地區的主食之一。據分析每 100g 小米含蛋白質 9g，脂肪 3.1g，膳食纖維 1.6g，維生素 A17ug，胡蘿蔔素 100ug，維生素 B_1 0.33mg，維生素 B_2 0.1mg，維生素 E 3.63mg，微量元素鐵 5.1mg 等。由於小米營養豐富，它不僅可以強身健體，而且還具有養腎氣，除胃熱，止消渴（糖尿病），利小便等功效。

（二）成分

　　小米不含麩質，所謂麩質是存在於穀物中的蛋白質，也是米麥中的主要過敏原。像是麵粉的筋度高低，即是由內含麩質的多寡來區分。因此沒有麩質的小米不會刺激到腸道壁，擁有比較溫和的纖維質，容易被人體吸收消化。不具有麩質的過敏原，其中小米蛋白更是一種低過敏性的蛋白（主要是米精蛋白），安全性很高，還可以提供給體質敏感的嬰幼兒食用。小米是鹼性食物，烹調以後，還是鹼性。尤其是五穀類，通常越精製越容易增強它酸性的程度，只有粗製即可的小米，仍維持鹼性。

　　小米澱粉含量超過 70%，每 100 公克小米含有碳水化合物 76.1 克。小米內含的蛋白質、維生素 B 群、礦物質等，平均都高於其他穀物。例如每 100 克小米就含有蛋白質 9.7 克。小米的蛋白質成分不完整，賴胺酸含量偏低，因此小米不適合當成主食來食用，需搭配蛋白質成分佳的魚類、肉類，才不會造成營養不足的情況。小米中的維生素 B_1 含量，可達稻米的好幾倍，而小米中的無機鹽含量也高於稻米許多，

每 100g 小米中維生素 B_2 就含有 0.12mg（如表 2-2）、鐵占有 5.6mg、胡蘿蔔素有 0.19 毫克。

小米因米粒較小，容易烹煮，又具有特殊風味和耐儲藏的特性。現代醫學認為，小米不含麩質，不會刺激腸道，是屬於溫和的纖維質，容易被消化。小米也能降胃火，煮粥食用，對產後婦女或病後體虛、腹瀉、反胃嘔吐者有益。

九、蕎麥(buckwheat)

蕎麥（如圖 2-9）又稱烏麥、甜麥、花麥、花蕎、三棱蕎等。含高水溶性蛋白質(10~13.1%)、各種必需胺基酸，不含筋性適合減肥者食用，尤其離胺酸含量為所有穀類中最高者。蕎麥含 2.2~2.7%脂肪，大多為油酸、亞油酸、棕櫚酸及亞麻油酸，其中不飽和脂肪酸（油酸）占 46.9%，亞油酸占 14.6%。

● 圖 2-9　蕎麥仁

碳水化合物(60.4~72.7%)是所有穀類澱粉中最容易糖化者，易被人體消化吸收。纖維(1.4~8.7%)所含可溶性纖維貫高於其他禾穀類作物，可促進腸胃蠕動及消化，對於消除腸胃內積滯之食物頗有助益，甚適合腸胃患者食用。蕎麥含 1.1~2.1%灰分，其中含量最多者為磷酸鹽類，其他如鉀、鎂、鈣、鐵之含量均高於其他禾穀類作物，如每 100g 中含膳食纖維 6.5g、維生素 B_1 0.28mg、維生素 B_2 0.16mg，鉀 401mg，鎂 258mg，鐵 6.2mg 等。其中鎂對人的心肌活動具有調節作用，且可降低血中膽固醇含量，可預防動脈硬化之心肌梗塞、使神經系統鎮靜，能增強老年人中樞神經系統的抑制功能。

苦蕎含有豐富硒，具有類似維生素 C 和 E 抗氧化及調節免疫功能。蕎麥之葉綠素、維生素 B_1、B_2、B_6 和 E 的含量亦顯著高於其他作物。此外還含有芸香素(rutin)、膽鹼素、泛酸、菸鹼酸、水楊酸(salicylic acid)，4-羥基苯甲胺(4-hydroxybenzyl amine)，N-水楊酸叉替水楊酸(N-salicylidene-salicylamine)等多種有益人體健康成分。蕎麥中含有 2~3%芸香素、槲皮素(quercetin)及其他黃酮類物質成分，具有防治毛細血管脆

弱性出血引起的出血，對血管具有擴張及強化作用，可防止動脈硬化及高血壓，目前醫學上已確定芸香素對視網膜出血(retinal hemorrhage)、毛細管性中風(capillary apoplexy)、冠狀動脈阻塞(coronary occlusion)等疾病有顯著的療效。

十、薏仁(pearl barley)

🔍 圖 2-10　薏仁

🔍 圖 2-11　紅薏仁

🔍 圖 2-12　洋薏仁

　　薏仁米（如圖 2-10、2-11、2-12）又稱薏苡仁、藥玉米、感米、薏珠子等，屬藥食兩用的食物。薏仁米蛋白質含量高達 12%以上（如表 2-2），高於其他穀類（約 8%），還含有薏仁油、薏苡酯、薏苡仁素、B-谷甾醇、多醣、維生素 B_1、維生素 B_2，以及鈣、鐵、磷等礦物質等成分，其中薏苡酯和多醣具有增強人體免疫功能、抑制癌細胞生長的作用。而蛋白質能分解酵素，軟化皮膚角質，使皮膚光滑，減少皺紋，消除色素斑點。

↘ 表 2-2 穀類的營養組成（每 100g 含量）

樣品名稱	熱量 (kcal)	水分 (g)	粗蛋白 (g)	粗脂肪 (g)	灰分 (g)	總碳水化合物 (g)	膳食纖維 (g)	鈉 (mg)	鉀 (mg)	鈣 (mg)	鎂 (mg)	維生素 B$_1$ (mg)	維生素 B$_2$ (mg)	菸鹼素 (mg)	維生素 B$_6$ (mg)	維生素 C (mg)	維生素 E 總量 (mg)
糙米（平均值）	354	14.1	7.0	0.7	0.4	77.8	0.7	2	79	5	20	0.08	0.02	1.09	0.08	0.0	0.36
小麥	362	12.6	14.1	2.6	1.5	69.2	11.3	1	364	19	137	0.41	0.10	5.39	0.27	5.1	3.50
甜玉米	107	75.7	3.3	2.5	0.7	17.8	4.7	2	269	3	34	0.13	0.10	1.84	0.20	5.4	0.75
大麥片	365	12.1	8.6	1.8	0.8	76.7	6.0	7	246	13	55	0.15	0.04	3.23	0.18	9.8	0.26
燕麥	406	10.0	10.9	10.2	1.5	67.4	8.5	4	293	25	108	0.50	0.08	0.83	0.09	11.9	3.69
高粱	372	11.3	11.0	3.0	1.1	73.6	5.2	3	231	7	97	0.26	0.05	1.65	0.12	0.2	1.65
小米	370	12.3	11.3	3.7	1.1	71.7	2.2	1	202	5	108	0.46	0.11	4.15	0.32	0.2	1.45
蕎麥（甜蕎）	361	13.2	11.0	2.9	1.6	71.3	3.5	2	394	13	181	0.53	0.11	4.49	0.42	5.0	3.25
薏仁	378	11.5	14.1	6.1	2.1	66.2	1.8	2	251	19	159	0.41	0.08	1.34	0.05	1.0	2.86

資料來源：行政院衛福部食品藥物管理署台灣地區食品營養成分資料庫。

不飽和脂肪酸及膳食纖維與降低血脂質有關，攝取薏仁可減緩正常人及高血脂患者餐後血漿總脂質、三酸甘油酯及血糖上升濃度，且能降低高血脂患者血漿膽固醇、血漿總脂質、三酸甘油酯、低密度脂蛋白膽固醇及血糖濃度，也可增加血漿高密度脂蛋白膽固醇濃度。

　　長期飲用，能改善青春痘、治療褐斑、雀斑，使斑點消失並滋潤肌膚。另外，薏仁可促進體內血液和水分的新陳代謝，有利尿、消腫的作用，能達到減肥的效果；但須特別注意的是：薏仁有使身體冷虛的作用，所以懷孕及月經期婦女，應避免吃薏仁。

 ## 第三節　穀類的應用

一、稻米

（一）品種區分

1. **粳米（圖 2-13）**：俗稱蓬萊米，也就是稻米，外觀短圓，米粒在 5~5.9mm，呈透明狀，部分品種的米粒有局部白粉，直鏈澱粉含量較低（約 20%），米之特性介於糯、秈之間，主要供食用。是我們日常生活中的主要糧食，除含有人體需要的營養成分外，還具有食療作用。粳米具有補中益氣、益脾胃的功效，是病後腸胃功能減弱、煩渴、虛寒、痢洩等症的食療佳品。

🍅 圖 2-13　粳米

2. **秈米（圖 2-14）**：俗稱在來米，外觀細長，米粒在 6mm 以上，透明度高，直鏈澱粉含量較高（約 25%），煮熟後的米飯較乾、鬆，可做蘿蔔糕、發糕、米粉、河粉、米苔目、粿等。

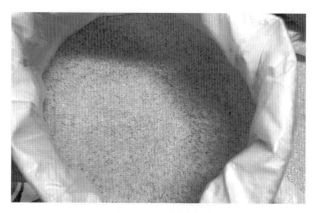

● 圖 2-14　在來米

3. **糯米（圖 2-15、2-16）**：又分為梗圓糯（米粒小於 5mm）或秈長糯，糯米營養豐富，其澱粉結構大多為支鏈澱粉(amylopectin)，屬於糯性澱粉(waxy starch)的一種。經糊化後性質柔黏，性味溫甘。煮熟後的米飯較軟、黏，可釀酒、作發糕、八寶粥、粽子等，長糯米可製作滿月油飯、麻糬等，而圓糯米則可做湯圓、元宵、紅龜粿等。糯米能補中益氣、暖脾胃、止虛寒洩痢等，特別適宜老年人或脾胃病者食療。

● 圖 2-15　紅糯米

● 圖 2-16　黑糯米

另，黑米俗稱黑糯米，又名補血糯，其營養價值很高，是近年來國內外盛行的保健食品之一。黑米的米皮紫黑，而內質潔白，熟後色澤新豔，紫中透紅，味道香

美，營養豐富。據營養分析，黑米含蛋白質約 9.4%，其必需胺基酸如賴胺酸、色胺酸，膳食纖維，維生素 B_1、維生素 B_2 等均高於其他稻米。此外，黑米還具有很高的藥用價值。現代醫學研究表明，黑米具有補中益氣、暖脾止虛、健腦補腎等功效；常食黑米能使肌膚細嫩，體質增強，延年益壽，是老人、幼兒、產婦、體弱者的滋補佳品。

↘ 表 2-3　粳米、秈米以及糯米的比較

種類		粒形	直鏈澱粉含量	煮飯時之加水量	米飯風味	加工食品
粳米（蓬萊米）		短圓、透明（部分品種米粒有局部白粉質）	15~20%	米量之1.35 倍	較黏、具彈性、較具光澤，少數品種有香味。	平常食用之白米飯。
秈米（在來米）		細長、細長、透明度高	>25%	米量之2.1 倍	不黏、鬆散、較硬、無光澤，部分品種有香味。	米粉、菜頭粿、粄條等。
糯米	粳糯	細長	0~5%	米量之1.2 倍	濕黏且軟，光澤佳。圓糯有甜膩味，長糯有類似在來米之清香味，再加上較淡之甜膩味。	年糕、麻糬、紅龜粿、鹼粽、釀酒等。長糯製作肉粽、米糕、飯糰、珍珠丸子等。
	秈糯	細長、白色不透明				八寶粥、肉粽、米糕、飯糰、珍珠丸子等。

註：市面上常見作為白米飯之在來米，雖然粒形細長，但其米質理化性質近似蓬萊米，不同於製作米粉之在來米。

資料來源：行政院農委會臺中區農業改良場。

（二）食用部位

　　稻米收穫後，必須要加工才可食用，此加工步驟稱之輾米，可分為去殼和精白兩部分。通常我們食用的白米是米穀去麩皮及胚芽之胚乳部分，而一般依輾磨程度的不同可分為：

1. **糙米（圖 2-17）**：僅輾去米穀之外殼，保有胚芽及部分的米麩層，所以營養價值高，但煮飯前須浸水 1~2 小時，使糙米飯煮熟後較不硬。因米麩層及胚芽含有較多之油脂，易發生酸敗，儲存時須特別注意。

● 圖 2-17　糙米

2. **胚芽米**：將糙米繼續輾磨，去除米麩層，為保有胚芽之產品。因胚芽部分含有較多之營養素，所以其營養價值較白米佳，但胚芽含有較多之油脂，所以儲存環境仍須特別注意。

3. **精白米**：日常所指的白米即為此類，精白米指的是在輾磨過程中，將胚芽除去者。

4. **營養米**：為提高精白米的營養價值，將輾磨過程中失去的營養素添加至原數值，甚至更高者；或者添加其較缺乏之營養素者，稱之。

（三）稻米的儲存

在低溫、低濕度的環境儲存，能避免微生物中黴菌之生長。置於通風環境中，在相對的濕度＜65%，保持水活性＜0.7 之乾燥狀況，並維持低溫 13℃以下，則可儲存 6 個月。

（四）米飯的烹調

烹調原理主要是米粒在水量足夠，以適當溫度加熱，導致米粒澱粉糊化現象；溫度越高，則糊化作用進行越快。

一般米飯烹煮時，添加的水量約為生米的 1~1.2 倍，不同品種的米，所需的水量也不同，需水量為秈米＞粳米＞糯米。糊化完成與加熱時間、溫度有關，當 75℃時，需 5~6 小時；90℃時，需 2~3 小時；100℃時，需 20~30 分鐘。

　　煮熟的米飯除可增加消化率外,亦可增加其口感。煮熟的白米,其澱粉的消化率可達 90~98%,而蛋白質的消化率則為 80~90%。煮熟米飯的黏性程度是糯米＞梗米＞秈米。依據 2021 年《糧食供需年報》9 月底公布,糧食自給率再度下降至 31.3%,國人食米量也創史上最低,來到每人白米消費 43.0 公斤,110 年較上年減 2.5%,調查資料發現國人對稻米的人均消費量在東亞各國最低,肥胖程度卻是最高,政府應針對米食消費與健康做更廣泛研究,除了可促進民眾多吃米飯減少肥胖之外,無形中也維持水稻栽培面積,保持農地農用與永續發展。

二、小麥

（一）小麥的種類

　　小麥依播種時期可分為冬小麥及春小麥;依外皮顏色可分為紅小麥及白小麥;而依蛋白質含量則可分成硬質小麥及軟質小麥。

（二）麵粉的成熟(Aging)

　　剛磨製的麵粉色、香、味都差,並且彈性低,不適合麵包或麵條的製造,麵粉必須貯藏 1~3 個月的時間,使之熟成。由於麵粉中的類胡蘿蔔素與氧接觸,發生氧化分解,導致麵粉漂白。蛋白質中的 -SH（硫氫基）變為 S-S 型結合,促進麵筋的網狀結構,提高彈性,適合於麵包或麵條的製造。此種利用長時間的貯藏,來改善麵粉品質的操作,稱為熟成。必要時,還包括混合各種麵粉,以調整蛋白質的含量,或添加營養強化劑等。

（三）麵粉的種類

　　麵粉可用來製作麵包、麵條、中西式點心、餅乾、醬油、味增及麥麴等,用途繁多,澱粉及蛋白質為麵粉之主要成分,依蛋白質含量之不同,或經處理過程之不同,可將麵粉分成下列幾種:

1. 特高筋麵粉

　　蛋白質含量約在 13.5% 以上,灰分含量最高約為 1.0%。因筋性大,所以適合用來製作需筋度較高的食品,例如法國麵包、丹麥麵包等高級麵包或春捲皮等產品。

2. 高筋麵粉

蛋白質含量約在 11.5%以上，灰分約為 0.7%，適合於製作較有彈性口感之食品，例如麵包或油條等。

3. 中筋麵粉

蛋白質含量約為 9.5~11%，灰分約為 0.55%，為最常被使用之麵粉，用途廣泛，適合用來製作包子、饅頭、餃子皮等家常麵食。

4. 低筋麵粉

蛋白質含量約為 6.5~9%，灰分約為 0.5%，適合用於製作不需筋性或較低筋性產品，例如西點蛋糕、餅乾等，故又有人稱其為蛋糕麵粉。

5. 杜蘭麥麵粉

由杜蘭小麥所輾磨而成，專門用來製作通心粉或義大利麵等韌性強、口感十足的產品。

（四）麵粉的儲存

貯存的地方需通風良好、環境乾淨，勿太靠近牆壁，無老鼠或蟑螂等行蹤出入的地方；最理想的貯存溫度宜維持在 18~24℃間的室溫，而理想的相對濕度則為 55~65%。

（五）麵糰的應用

1. 冷水麵食品

此產品是利用麵粉加入冷水或其他液體，混合成軟硬成度適中的麵糰。產品不需膨發，只需用滾水煮熟即可，例如水餃皮、麵條或春捲等。

2. 燙麵食品

以 100℃熱水燙過麵粉後，麵粉中之蛋白質變性，澱粉糊化足以吸收大量水分，用蒸、煎、烙的方法煮熟。各國美食中，唯有中式點心才有燙麵食品，例如燒賣、蒸餃、蔥油餅、餡餅、烙餅等。

3. 醱麵食品

將酵母菌加入麵糰，利用其產生之二氧化碳，促使麵糰膨鬆，內部構造成海綿狀之產品，例如饅頭、水煎包、銀絲卷、花卷、麵包等。

4. 酥皮類麵食

這類麵食的麵糰主要由油酥與油皮兩部分所構成。油皮又稱為水油皮，其組成原料為中筋麵粉、水、糖、鹽及油脂，而油酥的組成分通常只有低筋麵粉及油脂。油皮與油酥的比例，視成品的酥脆度而定，一般油皮與油酥的比例為 5：3。酥皮類的產品通常採取烤、炸、烙或煎等方法處理，例如蘇式月餅、叉燒酥、老婆餅、太陽餅等。

5. 發粉類麵食

利用小蘇打等化學性之膨發劑，在加熱過程產生二氧化碳等氣體，使產品達到柔軟、膨鬆。例如開口笑、馬拉糕、叉燒包等均屬於此類食品。

6. 油炸

指利用油炸時的高溫，使麵糰由生變熟而製成的麵食，例如油條、甜甜圈。

（六）麵筋的形成

小麥麵粉是穀類中唯一可單一加工成麵糰的物質，而麵糰則可製成各種烘培食品。麵筋是小麥麵粉以水洗方式分離出來的。麵筋的乾物（乾麵筋）中約含 80% 之蛋白質及 8% 之脂質，其餘為灰分及碳水化合物。

麵筋由麥穀蛋白(glutenin)與醇溶蛋白(gliadin)組成，醇溶蛋白具良好之延展性(extensibility)，但其缺乏彈性(elasticity)；麥穀蛋白則具有良好之彈性，而其延展性較差。在此兩種蛋白質的交互作用之下，使麵糰具有彈性及延展性，而適合於麵食加工之用。

（七）麵筋形成麵糰之特性及其原因

1. 麵筋蛋白間極易靠近而形成鍵結，是因為麵筋之電荷密度很低，使其互相間的排斥力降低所導致。

2. 降低麵筋形成 α-Helix 結構，是由於麵筋含約占總量七分一的脯胺酸，且為一環狀結構所導致。

3. 較高吸水性及黏聚力，是由於麩胺酸及脯胺酸皆易於形成氫鍵之故。

4. 麵筋具形成大量雙硫鍵的能力，有助於蛋白質相互鍵結作用之產生。

三、燕麥

　　燕麥主要用途有食用及當作飼料用。食用方面：主要製成燕麥片，燕麥片的製法分兩種，一種是將燕麥輾白以去除麩皮和麥糠，經乾燥及稍為焙烤後，使用滾輪壓扁機壓扁，製成壓扁狀的燕麥片。燕麥片加水，加熱數分鐘即變軟，在歐美國家，燕麥片大都當作早餐穀類食品(breakfast cereal)，浸泡至牛乳、加糖後供早餐食用。

四、玉米

　　玉米用途甚廣，可直接食用、煮食、炒食，磨碎可製成玉米粒、玉米粉。玉米製粉一般分成兩種方法：乾磨法及濕磨法。

（一）乾磨法

　　調水分至含水量 21%，以機器脫去外殼及胚，最後乾燥到 15% 水含量以利磨粉，可製造食品如乖乖、玉米脆片等。

（二）濕磨法

　　將玉米浸漬水中一段時間後，加以磨碎，此時胚芽因脂肪含量高，會浮於水面，易於移除。經篩網將殼皮去除，剩下漿液加以離心便可得到玉米澱粉及蛋白質。而胚芽可炸油或作飼料。

1. 玉米澱粉

　　玉米經濕磨處理後之產物，澱粉含量約為 66%。一般而言，可獲得含蛋白質低於 0.3% 之澱粉，此種澱粉可直接販賣，或用於製修飾澱粉，如預糊化澱粉、糊精、高果糖糖漿、酒精等產品。

2. 玉米胚芽油

玉米濕磨分離出之胚芽，經洗滌除去殘存澱粉，並加以乾燥後，可萃取油脂，製造玉米胚芽油。

3. 玉米濕磨過程

將玉米浸泡於 0.1~0.2%的二氧化硫溶液中，浸泡時間為 30~50 個小時，溫度為 48~50℃；浸泡後，玉米粒的質地變得十分軟化。使用二氧化碳硫溶液浸泡有兩個原因：

(1) 抑制腐敗性微生物的生長。

(2) 藉由二氧化硫的雙硫鍵和玉米細胞間的蛋白質發生反應，降低蛋白質之分子量，且提高親水性，使蛋白質更易溶於水。

其結果可促使澱粉自蛋白質基質中釋放出來，而提高澱粉的萃取量。

五、早餐穀類食品(Breakfast Cereal)

食用前不須經水煮之早餐穀類產品，如：玉米片、小麥片、燕麥片、碎餅乾、穀類顆粒及膨化穀類(puffed cereals)等。早餐穀類食品亦用擠壓加工設備生產。

第四節　澱粉的化學性質

澱粉(starch)是穀類最主要的成分，為一種多醣類，其能量每公克 4 大卡，與糖類相同。植物是澱粉的良好來源，尤其是根類與穀類，根類澱粉包括樹薯、馬鈴薯及甘薯等。

由米、小麥、玉米等製取的澱粉，形狀、大小都不一樣，但其澱粉粒結構一致，均由直鏈澱粉(amylose)，又稱糖澱粉（如圖 2-18），另一種為支鏈澱粉(amylopectin)，也稱膠澱粉、澱粉精（如圖 2-19）。前者為無分支的螺旋結構，其重複的葡萄糖單體數目通常為 3 百個到 3 千個；後者以 24~30 個葡萄糖殘基以 α-1,4-糖苷鍵首尾相連而成，在支鏈處為 α-1,6-糖苷鍵，分子質量較大，一般由 1 千至 30 萬個左右葡萄糖單位組成。一般澱粉粒含 20~25%直鏈澱粉、75~80%直鏈澱粉；支鏈澱粉占糯米或糯玉米中澱粉粒的大部分。

❏ 圖 2-18　直鏈澱粉　　　　　　　　　❏ 圖 2-19　支鏈澱粉

　　糊化是澱粉與水所行的重要反應，當澱粉粒與水一起加熱時，會吸水膨潤，在 70~75℃左右，澱粉粒微結晶構造被破壞，此即為糊化(gelatinization)，此乃膨潤後的澱粉粒之固有形狀已消失所致。已糊化之澱粉置於室溫下，當部分水分漸漸失去，澱粉粒產生細微再結晶，此現象稱澱粉老化(retrogradation)。

　　溫度(2~5℃)、水分(30~60%)、pH 值（偏酸性）、富含直鏈結構之澱粉為促進澱粉老化的因子，所以澱粉食品在溫室或冷藏儲藏會發生老化，使食品品質變質。若將糊化的澱粉急速乾燥至水分含量 15%以下，可防止澱粉粒產生細微再結晶，例如：速食麵、餅乾、乾燥飯。

　　糊精化作用是澱粉另一項重要反應，所產生的醣類為糊精(dextrin)；澱粉在不加水的狀態下加熱至 160~170℃，或澱粉再加少量酸的狀態下加熱，或以酵素水解，都可產生糊精。糊精易溶於水，易受消化酵素作用。米、小麥、玉米等經過焙炒，如麵包經烘焙後澱粉製成糊精，所以易於消化。

第五節　穀類的貯存與選購

　　穀物貯存遇到最大的兩個問題：蟲害和潮濕變質。一般以大倉庫貯存穀類時，須放置在陰涼處外，應保持通風及低溫，避免環境潮濕，以免造成蟲害和發霉；穀物收購後，應將含水量乾燥至 13%以下，才可久藏。且在此含水量下，若再以低溫

儲藏，則穀類保存可維持更久的時間（如表 2-4）。例如白米，因為沒有胚中油脂影響，故能存放一年左右，而糙米由於胚芽中的脂肪容易酸敗氧化，故不宜久藏。

　　挑選穀物時，應先選擇穀粒堅實、均勻完整、無發霉，避免混雜砂石、蟲等異物；麵粉應選擇粉質乾爽、無異味、異物或昆蟲，色澤略帶點淡黃色為佳。

↘ 表 2-4　穀物及其產品的貯存期限

名稱	儲藏期限（月）
白米	12
糙米	6
小麥	3
麵粉	12
早餐穀類食品	2~3
通心麵	12

 第六節　結　論

　　最新衛福部國建署公布「每日飲食指南」中將「全穀根莖類」修訂為「全穀雜糧類」，以一天 1,500 大卡為例，建議每日攝取全穀雜糧類 2.5 碗（其中 1/3 未精製）。全穀類除提供熱量外，還含有各種維生素、礦物質、植化素和膳食纖維等為有益健康成分，全穀類對慢性疾病具有改繕血脂異常、降低罹癌與第二型糖尿病等風險。穀類為人類主食，穀類之利用皆需經過脫穀、碾白、製粉等加工後食用。國建署強調盡量以「維持原態」之全穀雜糧食品為主，以提高穀類食品價值及強化健康飲食。

習 題

一、是非題

( ) 1. 小麥製成麵粉，其等級與灰分的關係是正相關。

( ) 2. 豐富脂肪含量，可造成穀類貯存氧化的部分胚芽。

( ) 3. 民俗做蘿蔔糕用的是長糯米和在來米。

( ) 4. 小麥製粉過程，加水調質(tempering)的目的主要是強化麥殼韌性。

( ) 5. 澱粉攝取量多時，相對的維生素 B_1 之需要量會更大。

答案：1.╳；2.○；3.╳；4.○；5.○

二、選擇題

( ) 1. 下列哪種米含有直鏈澱粉特別少（約 0~2%）？ (A)在來米 (B)糯米 (C)蓬萊米 (D)梗米。

( ) 2. 冬粉主要的製造材料是 (A)紅豆澱粉 (B)黃豆澱粉 (C)綠豆澱粉 (D)玉米澱粉。

( ) 3. 支鏈澱粉分支鏈之鍵結為何？ (A) α -1, 4 (B) β -1, 4 (C) α -1, 6 (D) β -1, 6。

( ) 4. 下列有關澱粉糊化之敘述，何者不正確？ (A)澱粉懸浮液通常需加熱至特定溫度才會糊化 (B)不同澱粉其糊化溫度未必相同 (C)不同濃度之同一澱粉懸浮液其糊化溫度不同 (D)澱粉糊化後其黏度通常會明顯增加。

( ) 5. 下列有關糯米與梗米之敘述，何者錯誤？ (A)糯米與梗米在澱粉組成與性質上不同，故用途亦不同 (B)糯米在外觀上較梗米不透明 (C)梗米之澱粉含 20% 支鏈澱粉，80% 直鏈澱粉 (D)糯米與碘液作用時呈紫紅色。

答案：1.(B)；2.(C)；3.(C)；4 (C)；5.(C)

參考文獻

1. 臺灣地區食品營養成分資料庫（民 112）。行政院衛生署食品藥物管理局。https://consumer.fda.gov.tw/Food/TFND.aspx?nodeID=178

2. 陳裕星（民 108）。全穀穀物的營養與保健功能。臺中區農業專訊。

3. 陳榮五、高德錚、曾勝雄（民 99）。蕎麥之營養成分及用途。行政院農委會臺中區農業改良場。

4. 陳肅霖、徐近平、蔡文騰、劉佳玲、徐永鑫、黃湞鈺、江孟燦、江淑華、黃千純與林志城（民 96）。**新編食物學原理**。臺中市：華格那。

5. 施明智（民 111）。**食物學原理（4 版）**。新北市：藝軒。

6. 世界百科圖鑑（民 99）。**世界穀物圖鑑**：麥類。

7. 蘇婉萍（民 94）。**新米食文化瞄準五穀雜糧**。新光醫訊，165。

8. 李明宜（民 97）薏仁麩皮中防癌及抗發炎活性成分之分離與鑑定。臺灣大學博士論文。

9. 每日飲食健康指南（民 107）。衛生福利部國民健康署。

10. 郭素娥（民 111）。食米營養與健康。行政院農委會農糧署：111 年食米教育師資培訓研習。

CHAPTER 03

蛋 類

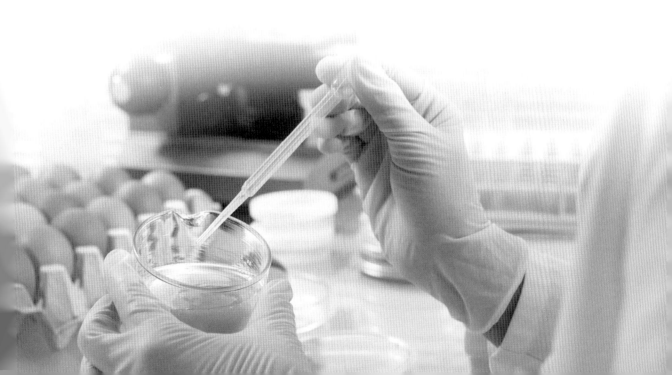

第一節　蛋的生產與供應

　　臺灣家禽產業之現況，依產值及隻數多寡進行排序，由高至低分別為雞、鴨、鵝及火雞等。從政府輔導業者引進專用種肉雞及蛋雞，並協助提升飼養經營技術、飼料調配及疾病防治方法，早已讓產業跨出農家副業，進而蓬勃發展成專業經營，大量生產禽肉及鮮蛋，廉價供應市場，成為國民最普遍的蛋白質食物。

　　臺閩地區之產蛋家禽以雞、鴨為主，近年來也有少量之鵪鶉蛋生產。根據行政院農委會公布之臺閩地區畜禽副產品生產量值（表 3-1），民國 111 年雞、鴨蛋之生產量合計為 8,652,987 千個，其中以雞蛋產量達 8,242,194 千個最多，依二千三百萬人口數估算，平均每年約可供應每個國民 358 個左右，單項產值可達 32,556,664 千元。本章即以產量最多的雞蛋作為介紹之代表蛋類。

↘ 表 3-1　民國 111 年臺閩地區畜禽副產品生產量值

單位：單價－新臺幣元／千個；價值－新臺幣千元

副產物名稱	計量單位	產量	單價	價值
蛋類	千個	8,652,987	3,996	34,573,656
雞蛋	千個	8,242,194	3,950	32,556,664
鴨蛋	千個	410,793	4,910	2,016,992

資料來源：農委會。

第二節　蛋的結構

　　蛋本身呈長橢圓形，因品種之不同，其重量差異也大，約 35~80 公克重。蛋的構造，從外而內，是由蛋殼(shell)、蛋殼膜(membrane)、蛋白(albumen)及蛋黃(yolk)所組成，如圖 3-1 所示。母雞產蛋是在有次序的狀態下進行，正常情況是由左卵巢負責，卵巢內的卵細胞為蛋黃的前驅物，輸卵管分泌蛋白、蛋殼膜、蛋殼及角皮層(cuticle)，依序進行合成，過程約需費時 24 小時以上。

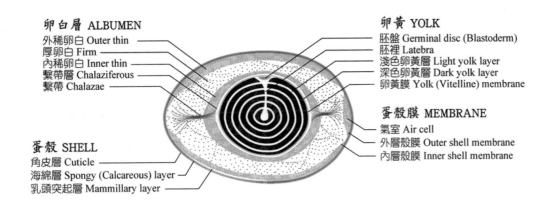

卵白層 ALBUMEN
外稀卵白 Outer thin
厚卵白 Firm
內稀卵白 Inner thin
繫帶層 Chalaziferous
繫帶 Chalazae

卵黃 YOLK
胚盤 Germinal disc (Blastoderm)
胚裡 Latebra
淺色卵黃層 Light yolk layer
深色卵黃層 Dark yolk layer
卵黃膜 Yolk (Vitelline) membrane

蛋殼膜 MEMBRANE
氣室 Air cell
外層殼膜 Outer shell membrane
內層殼膜 Inner shell membrane

蛋殼 SHELL
角皮層 Cuticle
海綿層 Spongy (Calcareous) layer
乳頭突起層 Mammillary layer

💬 **圖 3-1　蛋的構造**
資料來源：USDA Grading Manual, 1968。

一、蛋殼(shell)

　　蛋殼之角皮層能夠暫時防止微生物侵入與腐敗，當蛋去除角皮層之後，若暴露於外在環境而造成感染，則其腐敗速度將會加快。角皮層能夠將蛋殼的細孔塞住，可阻止部分水分之蒸散，當角皮層結構變弱時，與蛋殼形成斑點之發生具有相關性。

　　蛋殼提供胚胎之物性保護作用，其表面有各種大小不同的氣孔，為呼吸作用所需之氣體進出的通道。蛋殼的顏色為白色或褐色，隨品種而有不同，與營養價值無關，但對發育中的胚胎而言，是鈣質的重要來源。蛋殼與蛋殼膜的重量，約占蛋的11.6%。

二、蛋殼膜(membrane)

　　分成內、外二層，均由網狀角質蛋白質(keratin)所組成，對蛋殼的機械強度有很大的作用，可防止機械損壞，且當蛋殼破損時，能防止內容物的流出。內蛋殼膜對蛋的保護作用通常大於外蛋殼膜，因其構造為較緊密之纖維網狀結構，且含有較多量之溶菌素的緣故。有關蛋殼膜之防止微生物侵入的功能，主要是在於其濾過性質。二層蛋殼膜並於蛋的鈍端包圍出氣室(air cell)，其大小會因儲藏時間或新鮮度之不同而產生變化。

三、蛋白(albumen)

蛋白是一種黏而異質型的物質，約占蛋的 59.7%，在蛋體中之體積平均為 30 毫升。蛋白可分為四部分：二部分為厚且呈膠狀的濃厚蛋白，另二部分則為薄且呈水樣的水樣蛋白。從蛋黃的兩端有乳白色螺旋狀的繫帶(chalazae)伸入濃厚蛋白中，為蛋白的變形結構，有固定蛋黃的作用。

四、蛋黃(yolk)

蛋黃被薄的蛋黃膜所包圍，形成球狀，存在蛋白的中心部位，約占蛋的 28.7%。蛋黃並非呈均質狀態，由胚盤下面開始，有胚徑(latebra)直達蛋黃的中心，其周圍有白色蛋黃及黃色蛋黃交互地以同心圓的方式包圍。

 ## 第三節　蛋的成分組成

一、蛋白質(protein)

為蛋的主要成分，具有理想的胺基酸組成，通常將其胺基酸價標準訂為 100，可用來和其他食品的蛋白質營養價值做比較。蛋白含有的蛋白質中，水溶性的卵白蛋白(ovoalbumin)占 60%，此外尚有屬於醣蛋白的卵黏蛋白(ovomucin)及類卵黏蛋白(ovomucoid)等。溶菌素(lysozyme)為已知能溶解由蛋殼氣孔侵入之細菌的酵素。黏稠的濃厚蛋白中，含有多量的卵黏蛋白，具有起泡性的重要功能。蛋黃所含之蛋白質，大部分為與含磷脂質結合的脂蛋白(lipoprotein)，其中卵黃低脂磷蛋白(lipovitellin)及卵黃高脂磷蛋白(lipovitellenin)占 80%以上，為供應胚胎發育所需的主要能源，此外，尚有水溶性的卵黃球蛋白(livetin)及屬於磷蛋白的卵黃磷醣蛋白(phosvitin)。

二、脂質(lipid)

蛋約含有 10%的脂質，其中 99%存在於蛋黃，蛋黃中則有 31%重為脂質的成分。雖然脂質含量如此高，食用時卻不會有油膩的感覺，這是因為蛋黃中的脂質多與蛋白質結合，或是形成微細粒子以水中油滴型乳化態存在。脂質種類主要為三酸甘油

酯，此外含有約 33%的磷脂質（卵磷脂、腦磷脂）及固醇類(sterols)，固醇類中的99%為膽固醇(cholesterol)，多存在於蛋黃中。

三、碳水化合物(carbohydrate)

蛋白及蛋黃各約含有1%的碳水化合物，可將其分為游離型及結合型兩種類型。蛋白中，游離型碳水化合物含量約占一半，98%為葡萄糖(glucose)，其他則為微量的果糖(fructose)、甘露糖(mannose)、阿拉伯糖(arabinose)、半乳糖(galactose)、木糖(xylose)及核糖(ribose)等；結合型碳水化合物包括甘露糖、半乳糖、葡萄糖胺(glucosamine)及半乳糖胺(galactosamine)等。蛋黃所含之碳水化合物中，15~20%屬於游離型，以葡萄糖含量最多，另外含有微量的甘露糖、半乳糖、阿拉伯糖、木糖、核糖及去氧核糖(deoxyribose)等；其餘之 80~85%為與卵黃磷蛋白、卵黃球蛋白等蛋白質結合之結合型，單醣組成以甘露糖、半乳糖及葡萄糖胺為主。

四、維生素(vitamin)

蛋所含維生素可分為水溶性及脂溶性兩大類，維生素 A、D、E 等脂溶性成分在蛋黃中含量很高，水溶性之維生素 B 群則在蛋黃及蛋白中均含有。整體而言，蛋黃幾乎含有所有種類之維生素，除上述之脂溶性成分外，維生素 B_1、B_2、B_6，泛酸及菸鹼酸等之含量也較蛋白為高，故蛋黃實為各種維生素之良好來源。

五、礦物質(mineral)

蛋殼中礦物質占 95%，大部分為碳酸鈣，蛋黃及蛋白中則含鈣量不多。蛋黃內含磷多，大部分結合成磷脂質及卵黃磷醣蛋白。此外，蛋黃中也含多量的鐵，可 100%被利用來形成血色素，為鐵質之重要來源。煮蛋時，蛋黃與蛋白交界之表面會呈現黑綠色，此乃因蛋白所分解出的硫化氫會與蛋黃的鐵質反應生成黑色的硫化鐵，與類胡蘿蔔素(carotenoid)混合，進而在蛋黃周圍產生綠變所致。

六、色素(pigment)

蛋所含的色素，以存在於卵黃中為主。卵黃色素的呈現，也往往是消費者購買時判斷蛋品價值的依據，一般而言，多呈黃、橙至紅褐的色澤。卵黃色素的組成，

因雞隻本身無法合成類胡蘿蔔素，故主要是來自於飼料中的脂溶性類胡蘿蔔素；換言之，業者若能透過適當的飼料配方進行飼養，即能讓蛋雞生產出令人滿意的蛋黃顏色，進一步提升其蛋品價值。蛋黃所含類胡蘿蔔中，以屬於胡蘿蔔素醇類或葉黃素(xanthophyll)的黃質素(lutein)含量最多，其次為羥玉米黃素(zeaxanthin)，此兩種色素之比例約為 7：3。至於玉米黃質(cryptoxanthin)及屬於胡蘿蔔素類(carotene)的 β-胡蘿蔔素(β-carotene)兩種色素，在卵黃色素中含量較少。

七、酵素(enzyme)

蛋白所含之主要酵素為溶菌酶或溶菌素(lysozyme)，此外，尚含有三酪酸醯酯酶(tributyrinase)、胜肽酶(peptidase)、氧化酶(oxidase)、磷酯酶(phosphatase)、觸酶(catalase)…等酵素，通常在加熱 50℃ 以上即不活性化(inactivation)。蛋黃中含有 α-澱粉酶(α-amylase)、三酪酸醯酯酶、胜肽酶、磷酯酶及觸酶等酵素，通常活性都不高，其中，α-澱粉酶的活性，可作為低溫殺菌處理是否完全之判斷依據。

 第四節　蛋品質之評定及選擇

一、蛋的規格

市售洗選雞蛋可依其大小，區分為 S、M 及 L 等規格進行販賣，表 3-2 為規格標準。依不同重量進行區分的蛋，也可以不同顏色的標誌來進行標示。

↘ 表 3-2　雞蛋的規格標準

規格	重量（公克）	標誌顏色	規格	重量（公克）	標誌顏色
LL	70~76	紅	MS	52～58	藍
L	64~70	橙	S	46～52	紫
M	58~64	綠	SS	40～46	棕

二、蛋殼形狀及完整度

雞蛋的形狀，正常者呈橢圓形，長寬比為 3：2 最為理想。蛋殼表面應為整潔無畸形，若有皺褶、凹凸不平或斑點者均屬於異常蛋。一般而言，蛋雞之營養不均衡或罹患疾病時，比較會產下畸形蛋。蛋殼依其破損程度可區分為完整蛋、裂紋蛋、破損蛋及壓碎蛋等四種，其中後兩者均無商品價值，裂紋蛋則須藉敲打聽音鑑別後，若確認屬極細微而不影響其阻絕性，仍可正常保存。

三、蛋殼汙染度

依我國之鮮蛋國家標準(CNS 2100)，蛋殼表面汙染之有無及程度，可分為清潔蛋(clean egg)及汙染蛋（又可分為輕汙染及汙染蛋兩種），其中表面潔淨無異物、汙斑、汙點及變色者，屬於清潔蛋；表面汙斑、汙點微小而不明顯，且未達殼面 1/16 者，屬於輕汙染蛋(slightly stained egg)，其餘則為汙染蛋(stained egg)。

四、蛋殼強度及厚度

蛋殼之強度及厚度的相關性密切，一般有多種測定方法，但均應使用同一品種雞蛋的相關係數來進行分析，以免因品種差異而產生誤差。而造成此項差異的可能影響因素包括品種、年齡、季節及飼料配方等。

五、蛋殼顏色

蛋殼的顏色決定於母雞的品系，大多數蛋殼不是白色就是褐色，至多是褐色呈現深淺程度不一罷了。不論蛋殼的顏色如何，對蛋的內部品質並無任何影響，雖然部分消費者認為白色蛋殼潔淨度較褐色蛋殼優良，但也有人認為褐色蛋較為營養。事實上，這些都只是消費者主觀喜好度不同而已，並無任何科學的依據。

六、氣室大小

氣室位於蛋的鈍端，其大小與移動程度可作為鮮蛋品質判定的依據之一，若依其深度及移動程度，可將其分為正常、移動性及氣泡性三種。當氣室位置正常且輪廓分明，轉動雞蛋時，浮移不超過 1/4 吋（0.64 公分），即為正常氣室(normal air cell)；

若轉動雞蛋時，雖觀察到蛋殼膜完整，但氣室能在其間任意浮移，歸為移動性氣室
(free air cell)；若蛋殼膜產生裂紋，氣室旁附有小氣泡，則屬於氣泡性氣室(bubbly air cell)。

七、蛋白品質

新鮮蛋白需為透明狀(clear)，經儲藏後，濃厚蛋白會逐漸稀薄化(thinning)，因此，濃厚蛋白之稀薄化程度可作為蛋白品質檢測的重要項目，可依照蛋檢查或打蛋去殼檢查內容物而判定之。打蛋後把內容物置於平板上，以蛋白高度測定器(tripod micrometer)測定濃厚蛋白的直徑與高度，將濃厚蛋白高度除以平均直徑所得之數值，即為蛋白係數(albumen index)，新鮮雞蛋之值介於 0.14~0.17，蛋品質降低則此值亦隨之降低。蛋白中若含有肉斑(meat spots)與血斑(blood spots)浮游或靠近蛋黃表面，其大小在 0.3 公分以下時，屬於最低要求品質；若大小超過 0.3 公分或擴散而形成帶血蛋白(bloody white)，則視同廢棄蛋處理。

八、蛋黃品質

在照蛋檢查(candling)之下，正常的蛋黃呈現極模糊的影像，將蛋轉動時，蛋黃也隨之移動，其移動程度可作為蛋黃偏心度指標。當蛋打開時，蛋黃輪廓明確且位於蛋白中心者品質最佳，越偏離者品質越低。以蛋黃偏心度評點圖進行評分時，評分點數越低（越靠近蛋白中心）表示品質越佳。打蛋後把內容物置於平板上，將測得之蛋黃高度除以蛋黃直徑所得之數值，即為蛋黃係數(yolk index)，新鮮雞蛋之值介於 0.36~0.44，蛋黃膜劣化則此值變小，當其值低於 0.25 時，則打蛋時蛋黃即易破裂。究其原因，是蛋黃隨儲藏時間增加，會自蛋白吸收水分而逐漸膨大，蛋黃膜因而擴大且結構變弱，導致形狀變為扁平，甚至容易破裂而流出。鮮蛋蛋黃若發現有胚胎發育，且有血絲或血環等存在，則不供食用。一般而言，新鮮蛋的蛋黃，即使稍有雜色斑點也有必要將其檢出，否則在市場銷售系統中，此種微小缺陷也會成為消費者抱怨的理由。

九、蛋的比重

鮮蛋長久儲存時，水分會從蛋殼蒸發而散失，進而使比重變小，因此殼蛋比重之測定，可作為新鮮度的指標。其做法係調製不同濃度的食鹽水（最高濃度約為15%），將蛋放入後觀察其浮沉狀態。若以同一比重的食鹽水進行測試，即可根據浮沉之高度，判定其儲藏時間之長短，蛋越沉在底部者越新鮮，反之，越浮上來的就越屬陳舊蛋，新鮮度較差，但無法明確說明是否已達腐敗的程度。

 第五節　蛋的功能性

蛋類具有多種功能性(functional properties)，包括凝固性(coagulation)、凝膠性(gelation)、起泡性(foaming)、乳化性(emulsifying)及黏著性(binding)等，而其他代用品大多僅能具有單一功能，加上價格便宜，所以被廣泛應用在食品與餐飲的配製。

一、凝固性及凝膠性

蛋可因熱、酸鹼性、機械性或化學藥劑的作用，導致所含蛋白質結構發生改變，使其溶解度降低而變濃，流變性因而從流質轉為膠質的特性。通常，其蛋白質變性，可分為受熱作用而使水分自蛋白質游離出來所導致的凝固現象，以及受酸、鹼或尿素作用含住水分的凝膠現象。一般而言，蛋白開始凝固的溫度約在 60℃ 左右，蛋黃則在 65℃ 左右。兩者開始凝固的溫度雖然接近，但凝固過程卻不盡相同，蛋黃能迅速凝固，而蛋白則會先產生凝稠狀，當溫度達到 80℃ 以上時，才會凝固而失去流動性。根據此項性質差異，將蛋放在 65℃ 左右的條件下長時間加熱，即能製造出溫泉蛋的特殊口感。控制酸鹼值，也能使蛋呈現不同的物性，以皮蛋製造為例，蛋白在鹼性條件之下，會呈現半透明、洋菜狀的凝膠。

二、起泡性

以打蛋器攪打(beating)蛋白液時，空氣因受蛋白質凝膠結構拘束而形成小型的氣泡，若攪打的程度適宜，蛋白泡沫會因凝膠結構強度增加而能支撐不墜，也因此在加熱時所產生的凝固性，就能提供製品特殊的物性結構組織。欲利用蛋白起泡性

時，應注意獲得最大起泡性所需條件、泡沫產生量及泡沫安定性等因素，讓蛋白能發揮起泡力，對於製品所需的膨脹性及堅硬性而言，都是極為重要的課題。一般而言，蛋白在攪打過程中，可依其物性結構區分為四個階段：起始、濕性發泡、乾性發泡及棉花狀態，其中以乾性發泡階段的凝膠結構強度最高，用手指勾起泡沫時會呈現堅硬的尖峰，即使將此尖峰橫置也不會產生彎曲的現象。影響蛋白起泡性的因素有攪打方法（時間與程度）、攪拌均質化、溫度、酸鹼值、稀釋比例、鹽類、糖類、蛋黃、油脂及有無化學添加劑（例如，安定劑）等，若以蛋白原液進行打發作業，則攪打方法恰當與否是最重要的影響因素，通常憑經驗以目視判斷之。

三、乳化性

乳化物(emulsion)，簡而言之，是一種具有分散相與連續相的兩相混合系統，依其兩相性質（親水性與親油性）之不同，可區分為水中油滴型(O/W)及油中水滴型(W/O)兩種類型。食品的乳化系統，純粹為液體的乳化物很少，大多為微細的固體顆粒分散於液體中或被兩液相所吸附著，另外，也有乳化物中含有氣泡分散的情形。蛋黃中所含之卵磷脂(lecithin)、膽固醇(cholesterol)、脂蛋白(lipoprotein)及蛋白質(protein)等成分均具有乳化力(emulsifying ability)，其中以卵磷脂的乳化力最強，可用於製作蛋黃醬(mayonnaise)及沙拉醬(salad dressing)等類型產品。影響蛋黃乳化性的因素有鮮度、溶液黏度、添加物種類、酸鹼值、冷凍、乾燥、加熱殺菌及均質化程度等，但無論何種影響因素，形成乳化物後均應注意維持其乳化安定性(emulsion stability)，否則一旦發生油水分離的現象，將導致商品價值蕩然無存的困境。

四、黏著性

組織化食品(fabricated food)係將各種原料混合，再依其功能性做成獨特的產品，例如仿蟹肉及素肉等。以素肉而言，由大豆蛋白之類的植物性蛋白質成分欲製造出外觀、口感、風味及營養特性類似動物性食品之仿製品，其過程即需以黏著劑將大豆蛋白纖維黏結在一起，而蛋白是目前仿肉品(meat analogues)工業所用的最佳黏著劑之一，已被廣泛的運用在該類食品配方之中。蛋白除了具有膠黏性之外，同時也具有加熱會凝結的極佳優點，即使在雞肉捲之類的天然肉製品中，也能作為良好的黏著劑使用。

第六節　蛋的貯存

　　蛋貯存的目的在於防止品質劣化，也就是要防止微生物侵入、降低二氧化碳及水的散失速率等，進而保持其鮮度，最佳狀態約可貯藏六個月左右。蛋貯存時應鈍端朝上，因氣室位於鈍端，存放過程蛋黃會有上浮的傾向，則氣室將能提供緩衝的空間，使蛋黃不至於碰到蛋殼。為能完全維持品質至消費者食用的階段，其相關作法如下：

（一）集蛋頻率

　　以 3~4 次／天的頻率收集鮮蛋（集蛋），減少其破損及糞便汙染率，且能較快冷卻，有助於後續之貯存處理。

（二）洗蛋作業

　　蛋殼產生裂紋或受到不潔物汙染，會導致商品價值降低，也較容易腐敗，並衍生衛生安全方面的疑慮。目前市售洗選蛋雖能藉由選別方式去掉產生裂紋之不良蛋，但若於洗滌時處理不當，反而會因蛋體表面角質膜被洗掉，使微生物更容易侵入。因此，在乾燥狀態下可採用砂紙擦拭的方式去除汙物（乾洗），但有作業速度較慢的缺點。一般仍以洗滌法較為簡便，亦即用水、洗劑或殺菌劑溶液進行洗滌。洗滌用水應盡量降低汙染菌數，避免重複使用，且水溫需較蛋溫高，以免因負壓導致水中汙染菌侵入蛋中，引起蛋的腐敗。惟溫差應避免超過 10℃，以免因內容物過度膨脹而導致熱龜裂蛋數目增加。洗淨後，應注意乾燥處理，以免微生物在蛋殼表面繁殖，並進而侵入蛋中造成腐敗。

（三）冷卻作業

　　蛋與一般生鮮食品相同，在凍結點以上的溫度時，越低溫貯藏越能抑制微生物的生長，也越能保持與微生物因素無關的品質，因此冷藏為最普遍而有效的方法。一般而言，蛋經洗淨、烘乾之後，應即冷卻 12~24 小時，使品溫降至 7~15℃，以避免高溫造成品質降低。蛋如須長期貯藏，溫度需控制在 0~5℃，故可使用一般的冷藏設備，並注意避免發生凍結的情況。冷藏庫除溫度控制之外，最適相對濕度也應

調整在 70～80%，如此可充分阻止水分蒸發，使氣室維持原本大小，並且沒有長黴的危險。

（四）調氣貯藏法

如使貯蛋室充滿高濃度二氧化碳氣體，將可防止蛋中二氧化碳的逸散，同時避免菌數產生變化。研究顯示，將蛋置於 2 atm、88% CO_2 與 12% N_2 的混合氣體中，貯藏六個月後，其品質與新鮮蛋幾無差異，僅蛋白會呈些微白濁化。此法若能配合溫度控制在 0~1℃，相對濕度 80~85%，則蛋可保存一年左右，惟相關費用較高，難以普遍採用。

（五）浸漬法

將蛋浸漬於水玻璃（water glass, $Na_2 \cdot nSiO_2$，市售品濃度 33~35%，稀釋十倍使用）或石灰水(lime water)中，操作簡便，但不適宜大規模貯藏，目前均已被冷藏方法取代。利用本法之貯藏時間約為三個月，若再延長貯藏時間，常因浸漬液滲入蛋內而導致風味劣變。

（六）蛋殼密閉法

依蛋殼之密閉方式可區分為密閉包裝及塗布覆膜劑兩種方法，前者係將蛋放入不透氧的容器或袋中，再配合真空、常壓或氣體置換等條件來進行密封；後者是以各種覆膜劑塗布(coating)在蛋殼表面，使其氣孔覆蓋堵塞之後，不但可防止蛋內二氧化碳逸散，同時又能阻止微生物自氣孔侵入以保持蛋內之無菌狀態。塗布蛋若能配合冷藏及相對濕度等條件，其貯藏效果更大。一般而言，此法之貯藏時間介於 1.5~6個月之間，缺點為水煮後蛋白與蛋殼膜不易分離。

 第七節　蛋的利用與加工

一、水煮蛋

做水煮蛋時，不宜激烈沸騰，因容易使蛋白過硬，導致蛋殼裂開。當水開始沸騰時，調降爐火，以溫和沸騰的程度煮蛋最佳。若煮蛋時蛋殼破裂，可加入食鹽使

蛋白凝固而塞住裂縫，或是用醋或檸檬汁也能產生相同的效果。一般而言，水煮蛋之貯藏性較生殼蛋為差，比較容易腐敗。

二、煎蛋

　　以平底鍋煎蛋，油溫過熱時蛋的口感會太硬，同時邊緣也容易焦成褐黑色。當平底鍋底面薄油開始加熱升溫時，打蛋輕放入鍋，調降爐火慢慢加熱數分鐘，煎好一面後再翻煎另一面，即能獲致較佳的效果。

三、蒸蛋

　　蒸蛋係以全蛋添加已調味魚湯及少量切碎之青菜、畜肉或魚肉，拌勻之後以碗盛裝，再移入蒸鍋內，用中火蒸煮半小時使之凝固成型。

四、溫泉蛋

　　一般所謂溫泉蛋係指軟或半熟水煮殼蛋，乃是利用蛋黃與蛋白之熱凝固溫度差異所製成。取生鮮殼蛋在 68~70℃下，加熱 20~30 分鐘，即可製得蛋白柔軟而蛋黃凝固化、口感獨特的半熟蛋。溫泉蛋因耐熱革蘭氏陽性菌的緣故，若無任何包裝或密封處理，在冷藏狀態下約可貯藏一週；此類微生物在室溫下增殖迅速，故應貯藏於低溫下販售，以維持其品質。

五、液體蛋

　　預冷鮮蛋經打蛋後，先完成各式蛋液之區分，再用配置 20~40 mesh 篩網之連續式過濾器過濾蛋液，以去除蛋殼碎片、繫帶及蛋黃膜等雜質後，隨之採用不引起熱凝固的加熱條件進行殺菌作業，通常液態蛋白的殺菌溫度為 55~57℃，液態全蛋及蛋黃則為 60~65℃，已足以殺滅大腸桿菌群及沙門氏菌。殺菌後，立即進行冷卻、充填及包裝，並以控溫 4℃以下之冷藏車直接配送。液體蛋中，液體蛋黃用於製作蛋黃醬；大部分液體蛋白的用途是在水產煉製品；液體全蛋則大部分用於製餅業。

六、冷凍蛋

將區分完成之各式液體蛋，分別充填冷凍，如此即可製得冷凍全蛋、冷凍蛋黃及冷凍蛋白等產品。冷凍作業通常是以-30~-40℃急速凍結的方式進行，凍結後以-20℃左右的冷凍庫保存之。為免凍結導致品質劣變，冷凍蛋中常加入食鹽或蔗糖等添加物，以蛋黃製品而言，此類添加物即可改善低溫所造成之膠化現象。整體而言，冷凍蛋類為易於貯存、運輸及利用之製品，主要用於製作麵包、糕餅、蛋黃醬及煉製品等各式產品。

七、乾燥蛋

乾燥蛋之一般製程包括液蛋除糖、低溫殺菌、乾燥、過濾、充填及乾熱殺菌等，產品種類有全蛋粉、蛋黃粉及蛋白粉，我國早期是以片狀乾燥蛋白輸美，以製品之起泡性及耐藏性均佳而深獲好評。乾燥蛋之乾燥作業有輸送帶乾燥、平盤乾燥、噴霧乾燥及冷凍乾燥等方式，以後兩者可製得較高品質的產品。乾燥蛋具有降低貯存及運輸成本、使用便利、適用性廣及乾淨衛生等多項優點，幾乎在液體蛋及冷凍蛋可應用的範圍都能使用，故被廣泛應用於蛋糕預混料、麵條、糖果、沙拉醬、蛋黃醬及所有烘焙製品。

八、皮蛋

皮蛋為我國特有之蛋加工品，其製法及配方雖多，但基本原理則相同。以前多使用食鹽、紅茶汁、生石灰、木灰、草灰、天然蘇打等物質混合成泥狀後，塗布在蛋的表面，或將蛋浸漬其中，俟一定時日後取出，再進行包裝、貯藏及販售。因製造皮蛋之最主要配方成分為鹼性物質，次為食鹽及茶葉等天然物質，現今多以併用石灰與碳酸鈉反應產生氫氧化鈉，進而使蛋白因鹼性作用形成凝膠化。皮蛋之松花，係蛋之含磷蛋白質或脂肪成分被鹼分解，進而游離至蛋白表面形成含結晶水之無機磷酸鹽結晶所致。

九、鹹蛋

鹹蛋亦為我國特有之蛋加工品，傳統上是將食鹽、紅土、木灰、酒及茶葉等加水調成泥狀後，塗布於蛋的表面，或將蛋浸漬其中，俟一定時日後取出，煮熟、包

裝及販售。現今之鹹蛋製造，多以飽和食鹽水浸漬一個半月後煮熟食之，但無論生鹹蛋或熟鹹蛋，其在冷藏下之貯藏期限均僅約二十天左右。取鴨蛋及雞蛋以浸漬法製作鹹蛋時，鹹鴨蛋之蛋黃較有出油的現象，呈現油亮之深橙色光澤，此乃因鴨蛋蛋黃之油脂含量較高的緣故。

十、茶葉蛋

茶葉蛋之製造，一般是先將蛋煮熟後，取出輕敲蛋殼使產生裂紋，再放入茶葉、食鹽及香料的混合液中，以慢火滷煮而成。

十一、糟蛋

糟蛋之製法，係將醋與食鹽水混合調製成浸漬液，再將蛋浸泡其中，俟蛋殼稍軟之後再浸漬於酒糟之中，歷經數月後取出食用。糟蛋屬於酸凝固製品，通常帶有酸及濃郁的酒糟風味，蛋黃會呈現半凝固性，具有特殊的口感。

十二、長蛋

以水煮蛋剝殼切成輪狀使用時，因蛋體呈橢圓形，故靠近蛋中心之輪狀較大，兩端之輪狀則較小，其規格大小並不一致。為改善此種製品規格無法一致的情況，藉由加工技術所開發出來之長蛋製品，即能符合業務上的需求。其製程係依全蛋中之蛋白(62%)與蛋黃(38%)比例所準備之原料，先進行脫氣處理，然後將蛋白液充填入雙重金屬管的外側加熱使之凝固，接著取出內管，再把蛋黃液充填進去，加熱凝固成型後即可自管中取出製品，續經真空包裝、殺菌及冷卻後，以冷藏可保存 3~4 週，冷凍則能保存 2 年。此種產品之成分，通常與水煮蛋一樣，但卻具有更廣泛的用途。

十三、人造蛋

人造蛋屬於仿造蛋品，例如低膽固醇蛋之製造，係以蛋白添加植物油、植物性蛋白、植物膠、調味料及天然色素等，再進行乳化與分散作業所得之製品，具有與全蛋相近之風味、物性及營養價值，且其膽固醇含量低於 5 mg％。

十四、蛋豆腐

蛋豆腐為類似豆腐之蛋品，其做法是將全蛋攪拌均勻之後，加入高湯（魚、蔬菜及香菇等抽出液）、鹽、糖及醬油等材料進行調味，倒入硬質耐熱容器中，經 95℃左右加熱半小時以上，再冷卻而成之製品。

十五、蛋黃醬

蛋黃醬之主要原料為植物油、蛋黃、食用醋及鹽，四種原料缺一不可，其他如砂糖及香辛料等則為次要原料。其製程是先將蛋黃、食用醋、調味料及香辛料等材料放入攪拌機內攪拌，直到蛋黃及粉末材料充分溶於食用醋中。其次，一面持續攪拌、一面將植物油緩緩加入，油添加完後仍繼續攪拌數分鐘，最後將之通過膠質粉碎機使其乳化成細緻的蛋黃醬，即可充填而成為製品。

十六、蛋糕

製作蛋糕的最根本是起泡性，而蛋的起泡性主要是依賴蛋白部分。起泡不良時，熱傳導性不佳，產品中心部位水分蒸發，蛋糕體積因而變小。製作海綿蛋糕時，取蛋、麵粉與砂糖等材料以同等量配合，乃是利用蛋的熱凝固性與起泡性，將氣泡包入蛋糕中而產生鬆軟的口感。

十七、餅乾

餅乾類是將蛋、麵粉、砂糖、乳製品、油脂及膨脹劑等原料混合，以小模型具成型後烘焙而成。一般製程配方雖然使用全蛋，但要產生具有脆感的製品，主要是利用蛋白部分烘焙後所賦予的物性所造成。

十八、布丁

將全蛋或蛋黃與麵粉、牛奶調和，利用蛋的熱凝固性或凝膠性，可用以製造出不同風味與口感的布丁點心。卡士達布丁係將原料調和後充罐，再以 115~120℃高溫加熱 15~20 分鐘，利用蛋的熱凝固性固化成具有鬆軟口感的甜點；牛奶布丁初上市時即以杯裝形式、冷藏販售，故又稱冷藏布丁，其原料混合後先以 50~56℃加熱

後充填入杯，冷卻至低溫時產生凝膠作用而成型，因蛋使用量少，故需添加合適之膠化劑，才能配合製程中之加熱與冷卻操作，並使產品具有良好的口感。

十九、冰淇淋

冰淇淋為利用蛋黃之一種乳化製品，蛋黃可賦予冰淇淋獨特的風味，改善其組織與質感，且可增高黏度而不影響其凝固點。其製程是在粉末混料中加入水、牛奶及奶油等液體成分予以攪拌溶解、過濾及均質之後，以高溫短時間或超高溫進行殺菌，隨即急速冷卻至 0~4℃並保持一段時間予以陳化，期間會產生脂肪凝固、安定劑黏度增高及提高組織性及起泡性等效果。其次，均勻添加香料並移至冷凍機進行打氣與凍結，凍結溫度介於–4~–7℃左右。固形冰淇淋則在充填入容器之後，再經硬化而製成。

二十、煉製品

原料中添加生或乾燥蛋白，藉由其熱凝固性及黏著性，可以強化魚丸之類煉製品的黏彈性及光澤。其一般製程係於加鹽擂潰之魚肉肉漿中，少量多次加入味醂、澱粉、冰水、調味高湯及蛋白等材料，混勻後充填至容器內（或以手握）成型，再以加熱至中心溫度 80℃後維持 20 分鐘的條件煮熟，冷卻後即為製品。

習題

EXERCISE

一、是非題

( ) 1. 依據行政院農委會公布之臺閩地區畜禽副產品生產統計資料，我國蛋類之生產量值均以雞蛋為最大宗。

( ) 2. 蛋殼之角皮層能夠暫時防止微生物侵入與腐敗，洗選蛋若將其洗去，會不利於蛋的保存。

( ) 3. 氣室(air cell)是由二層蛋殼膜包圍所形成，並位於蛋的尖端，其大小會因儲藏時間或新鮮度之不同而產生變化。

( ) 4. 蛋白質為蛋的主要成分，具有理想的胺基酸組成，通常將其胺基酸價標準訂為 100。

( ) 5. 蛋約含有 10% 的脂質，其中 90% 存在於蛋黃。

答案：1.○；2.○；3.✕；4.○；5.✕

二、選擇題

( ) 1. 蛋的結構組成中，何者占重量最大？ (A)蛋殼 (B)蛋殼膜 (C)蛋白 (D)蛋黃。

( ) 2. 卵細胞為下列何者之前驅物？ (A)蛋白 (B)蛋黃 (C)蛋殼 (D)蛋殼膜。

( ) 3. 蛋中所含游離型碳水化合物，以何者含量最多？ (A)葡萄糖 (B)果糖 (C)半乳糖 (D)甘露糖。

( ) 4. 下列何者為各種維生素之良好來源？ (A)蛋殼 (B)蛋殼膜 (C)蛋白 (D)蛋黃。

( ) 5. 蛋殼的顏色是由何者所決定出來的？ (A)環境條件 (B)飼料配方 (C)年齡 (D)品系。

答案：1.(C)；2.(B)；3.(A)；4.(D)；5.(D)

參考文獻 REFERENCES

1. 王銘富等（民 84）。**食品學**。臺中市：富林。

2. 王聯輝等（民 93）。**食品加工**。臺中市：華格納。

3. 汪復進、李上發（民 91）。**食品加工學**。新北市：新文京。

4. 徐進財（民 79）。**實用食品加工手冊**。高雄市：復文。

5. 張為憲等（民 84）。**食品化學**。臺北市：華香園。

6. 張為憲（民 73）。**高等食品化學**。臺北市：華香園。

7. 陳明造（民 84）。**畜產加工**。臺北市：三民。

8. 陳明造（民 79）。**蛋品加工理論與應用**。臺北市：藝軒。

9. 張勝善（民 83）。**蛋品加工學**。臺北市：華香園。

10. 緒光清（民 81）。**食品學概論**。新北市：徐氏基金會。

11. 賴滋漢、金安兒（民 80）。**食品加工學－加工篇**。臺中市：富林出版社。

CHAPTER
04

奶類及其製品

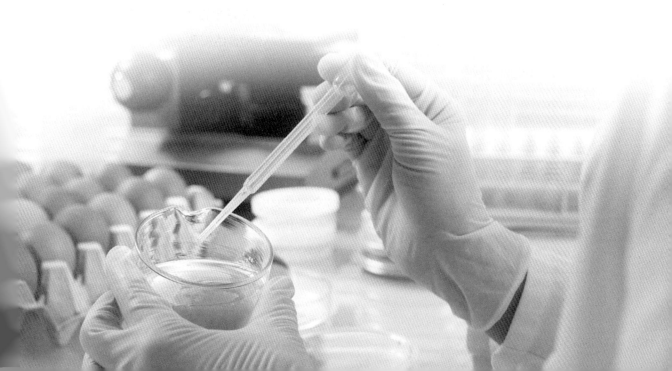

奶類及其製品富含蛋白質、鈣質、鐵質、維生素 A 和維生素 B$_2$，它是人類出生後的第一口食物，也是人類一輩子得以依賴的優質食物，因此奶類及其製品在人類飲食中扮演極重要的角色。生乳富含水分和營養源，易遭受環境微生物的繁殖與作用而造成腐敗或食物中毒。因此，必須利用各種加工方法來進行保鮮，市售乳製品包括鮮乳(milk)、乳油(cream)、乳酪(butter)、起士(cheese)、煉乳(condensed milk)、乳粉(milk powder)、冰淇淋(ice cream)、醱酵乳(yogurt)等。本章重點在於探討牛乳的化學組成、營養價值、物化特性、殺菌方法、加工方法及乳製品的種類等。基於營養保健觀念的普及、生物技術的應用及新加工技術的成熟等因素，未來低鈉鮮乳、低膽固醇鮮乳、低乳糖鮮乳、高活菌鮮乳、高乳鐵蛋白乳及有機鮮乳將會逐漸盛行。

關鍵字：牛乳、醱酵、乳糖不耐症、乾酪、益生菌。

 # 第一節　奶類的化學組成

牛乳是人類最常利用的乳品，牛乳的化學組成中蛋白質約 3.5%，脂質 4.0%，乳糖 4.9%，灰分 0.7%。除牛乳外，人類也利用羊乳、馬乳、驢乳、鹿乳等（表 4-1）。

↘ 表 4-1 常被人類利用之各種哺乳動物的乳組成

種類	總固形物(%)	蛋白質(%)	脂質(%)	乳糖(%)	灰分(%)
牛乳	13.1	3.5	4.0	4.9	0.7
人乳	12.5	1.6	3.7	7.0	0.2
山羊乳	13.0	3.5	4.3	4.2	0.7
綿羊乳	19.3	5.2	7.9	4.8	0.7
馬乳	10.1	2.2	1.6	6.0	0.4
驢乳	10.1	2.1	1.5	6.2	0.4
水牛乳	16.77	3.78	7.45	4.9	0.78
駱駝乳	12.39	2.98	5.38	3.26	0.7
馴鹿乳	36.70	10.3	22.46	2.5	1.44

　　乳類的一般組成分，可概分為水分和固形物，固形物又分為脂質和無脂固形物（圖 4-1），其中水分含量最多約占 80%以上。然而，各種動物乳汁的水分含量仍有差異，例如驢、馬和河馬之乳汁水分含量分別為 91.23、90.18 和 90.43，海豚、鼠和兔則分別為 41.11、68.30 和 69.50。乳汁去除水分後即為總固形物，乳汁總固形物通常占 10%以上，但各種動物乳汁總固形物含量仍略有差異，例如人、馬和駱駝之乳汁總固形物含量分別為 12.5、10.1 和 12.39，馴鹿、綿羊和水牛則分別為 36.7、19.3 和 16.77。乳糖和礦物質溶於水中，屬水溶液，蛋白質以微膠粒形式存在於水中，形成膠體，乳脂以乳化態形成乳化液。蛋白質約占 3.5%。如酪蛋白、乳清蛋白。酪蛋白具有熱安定性，於 pH 4.6 時呈現不溶狀態，而乳清蛋白對熱敏感，於 pH 4.6 時為可溶狀態。脂肪約占 3.0~3.8%，大多為短鏈飽和脂肪酸。醣類約占 4.4~5.2%，以乳糖居多。維生素以維生素 B_2、胡蘿蔔素為主。礦物質中鈣、磷含量豐富。酵素的種類包括脂解酶、酯酶、磷酸酶、過氧化酶、氧化酶和觸酶等。一般牛乳的酸鹼值約為 pH 6.6。

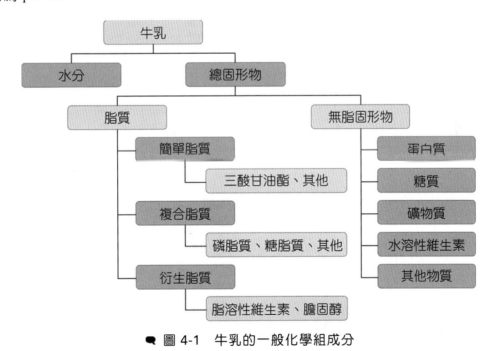

● 圖 4-1　牛乳的一般化學組成分

　　牛乳一般化學組成分的含量受到牛隻品種、季節、年齡及泌乳期等因素所左右，影響牛乳組成分的因子分述如下：

1. **品種**：牛隻鮮乳脂肪率以更賽牛(Guernsey)和娟姍牛(Jersey)較高，荷蘭牛較低，但乳產量則以荷蘭牛最多，更賽牛的乳汁色澤呈黃色。

2. **泌乳期**：依泌乳期的不同，牛乳可概分為初乳、常乳和泌乳末期乳等。分娩後一週內的乳稱為初乳，初乳具有色澤呈黃色、有異臭、帶點苦味、黏度高，總固形物多、蛋白質多、灰分多和乳糖少等特徵。另外初乳維生素含量多，其維生素 A 較常乳多 10~30 倍。在乳品加工利用性上，因初乳耐熱性低較不適合作為加工原料乳。常乳是指分娩一週後至泌乳末期所分泌的乳汁，其脂肪、蛋白質、灰分逐漸減少，而水分、乳糖逐漸增加。末期乳是指泌乳十個月以後的牛乳，產乳量明顯減少，每日約 3 公斤以下，其脂質、灰分、蛋白質逐漸增加，但乳糖量逐漸減少。

3. **年齡**：一般而言，牛隻於 8~9 歲時泌乳量最高，年齡越大，牛乳脂肪、酪蛋白和乳糖將逐漸減少，而乳清蛋白則將逐漸增加。

4. **榨乳法**：榨乳法會影響牛乳的產乳量和乳脂肪量。一般而言，朝乳的乳量多脂肪低，而夕乳的乳量則較低而脂肪量較高；以人工進行手榨乳時，最初榨的乳房所得牛乳脂肪率最高，最後榨之乳房所得的脂肪率最低。

5. **飼料與營養狀態**：當飼料供應不足時，產乳量、蛋白量和短鏈脂肪酸將會減少。

6. **季節與氣溫**：動物處於高溫環境下，尤其是 27℃ 以上時，其泌乳量會明顯減少，夏季生產的牛乳，其乳脂肪、蛋白質和總固形物均較冬季低。

7. **疾病**：患有乳房炎的牛隻，其泌乳量、乳脂肪、乳糖、酪蛋白等將會減少，乳清蛋白和總灰分則增加；患有酮症的牛隻，將分泌低脂肪乳；而患有口蹄疫者，其泌乳量也會明顯減少。

 第二節　奶類的營養價值

　　牛乳含有醣類、蛋白質、脂質、維生素和礦物質等營養成分。牛乳中醣類以乳糖為主，乳糖是脫脂乳的主要熱量來源。有些人因為腸道乳糖酶分泌不足或缺乏，

導致乳糖無法被胃腸道分解消化吸收,當乳糖在腸道內被細菌作用生成酸和氣體時,即可能出現脹氣與腹瀉等現象,稱之為乳糖不耐症(lactose intolerance)。市售低乳糖煉乳是利用乳糖酶將乳糖分解為葡萄糖和半乳糖,以改善乳糖不耐症者喝牛乳時可能出現的不適應症。

牛乳蛋白質屬於完全蛋白質,其生物價為 85,消化率 98%。乳脂質大多以乳糜微粒的形式存在,脂質賦與牛乳香濃的口感,牛乳脂質中短鏈脂肪酸含量多,因此容易被胃腸道消化吸收,脫脂乳雖然熱量較低,但是乳香相對地較不濃厚。牛乳中維生素 C 含量較為不足,但維生素 B_2 則含量豐富,維生素 B_2 易受陽光照射而破壞,維生素 B_1 和維生素 A 含量也相當多,但維生素 D 含量也是不足的。牛乳礦物質中鈣磷含量豐富,鐵質則偏低,鈣磷比為 1:1,適合人體消化吸收。牛乳各類營養素之特性分述如下:

一、牛乳蛋白質的種類與特性

牛乳加酸調至等電點時(pH 4),所沉澱的蛋白質稱為酪蛋白,上澄液稱為乳清蛋白。乳清蛋白在 80℃即發生變性,而酪蛋白則可耐熱至 140℃。除酪蛋白和乳清蛋白外,牛乳尚有微球蛋白(β_2-microglobulin)、骨橋蛋白(osteopontin)、血管促生蛋白(angiogenins)、激肽原(kininogen)、酵素(enzymes)等。

(一) 酪蛋白

酪蛋白為牛乳含量最多的蛋白質,約占總蛋白量的 80%。不溶於水、酒精或有機溶劑等,但可溶於鹼性溶液。酪蛋白可分為 α、β、γ、κ-酪蛋白等次單元體(表4-2),其中只有 κ-酪蛋白含有醣基,這些次單元體在正常酸鹼度 pH 6.6 下與鈣離子、無機磷酸鹽結合,以酪蛋白化鈣的形態存在。各類酪蛋白的含量比為 $\alpha_{s1}:\alpha_{s2}:\beta:\kappa=40:10:35:12$。酪蛋白與磷酸鹽形成複合體以微膠粒存在,分散於牛乳中,使牛乳在照光下呈現白色。酪蛋白微膠粒的直徑約為 40~300 nm,由 10,000 個酪蛋白分子組成。β-酪蛋白的疏水性基團通常位於微膠粒內部,κ-酪蛋白傾向親水性基團位於微膠粒表面。κ-酪蛋白的親水性羧基來自麩胺酸和醣質。添加凝乳酶作用κ-酪蛋白,使之失去穩定膠粒懸浮作用,可使酪蛋白沉澱凝固成塊,以製造乾酪(cheese)。酪蛋白富含甲硫胺酸和半胱胺酸等含硫胺基酸。

↘ 表 4-2　酪蛋白的種類與特性

類型	分子量	含量(g/L)	磷絲胺酸殘基數
α s1	23,164	10.0	7～9
α s2	25,388	2.6	10～13
β	23,983	9.3	5
γ	11,600~20,500	-	0 或 1
κ	19,038	3.3	1

（二）乳清蛋白

　　全乳蛋白質去除酪蛋白後剩下的水溶性蛋白質稱為乳清蛋白，約占 20%。乳清蛋白可細分為 α-乳白蛋白、β-乳球蛋白、血清白蛋白和免疫球蛋白等（表 4-3），β-乳球蛋白含量最多，約占乳清蛋白的 50%。乳清蛋白質含有半胱胺酸和胱胺酸殘基，加熱時易形成雙硫鍵，過度加熱，β-乳球蛋白會游離出硫化物，引起加熱臭味 (cooked flavor)。

↘ 表 4-3　乳清蛋白的種類與特性

種類	分子量	含量(g/L)
α-乳白蛋白	14,000	1.2
β-乳球蛋白	18,300	3.2
血清白蛋白	63,000	0.6
免疫球蛋白	1,000,000 以上	0.6

二、牛乳脂肪的種類與特性

　　牛乳脂質含量受到環境溫度的影響，一般而言，脂肪含量冬天較高，夏天較低，一般為 3.0~3.8%。脂質含量多寡與口感(mouth feel)有關。乳脂質主要成分包括三酸甘油酯、磷脂質、膽固醇、脂溶性維生素、類胡蘿蔔素等（表 4-4）。其中三酸甘油酯約占 98%。牛脂質之脂肪酸組成中 65%是屬於飽和脂肪酸。其中不飽和脂肪酸含量少，主要的不飽和脂肪酸是油酸(18:1)（表 4-5）。短鏈飽和脂肪酸含量較多，如

丁酸(4:0)、己酸(6:0)、辛酸(8:0)、葵酸(10:0)，是構成牛乳特殊香味的主要來源，另外，短鏈脂肪酸也比較容易被人體消化吸收。磷脂質包括卵磷脂、腦磷脂、神經磷脂等。脂溶性維生素包括維生素 A、D、E、K 等。類胡蘿蔔素是乳酪(butter)黃色的主要色素。乳脂質中飽和脂肪酸和膽固醇含量多寡是影響人體健康的重要因子。一杯全脂乳約含膽固醇 34 mg，一杯低脂乳約 14 mg。

↘ 表 4-4　乳脂肪含量

種類	重量百分比(%)
三酸甘油酯	97~98
二酸甘油酯	0.3~0.6
單酸甘油酯	0.02~0.04
游離脂肪酸	0.1~0.4
游離固醇類	0.2~0.4
磷脂質	0.2~1.0
固醇酯	微量
碳氫化物	微量

↘ 表 4-5　牛乳與人乳三酸甘油酯之脂肪酸組成(mol%)

脂肪酸	牛乳			人乳		
	sn-1	sn-2	sn-3	sn-1	sn-2	sn-3
4:0	-	-	35.4	-	-	-
6:0	-	0.9	12.9	-	-	-
8:0	1.4	0.7	3.6	-	-	-
10:0	1.9	3.0	6.2	0.2	0.2	1.1
12:0	4.9	6.2	0.6	1.3	2.1	5.6
14:0	9.7	17.5	6.4	3.2	7.3	6.9
16:0	34.0	32.3	5.4	16.1	58.2	5.5
16:1	2.8	3.6	1.4	3.6	4.7	7.6

⤷ 表 4-5　牛乳與人乳三酸甘油酯之脂肪酸組成(mol%)（續）

脂肪酸	牛乳			人乳		
	sn-1	sn-2	sn-3	sn-1	sn-2	sn-3
18:0	10.3	9.5	1.2	15.0	3.3	1.8
18:1	30.0	18.9	23.1	46.1	12.7	50.4
18:2	1.7	3.5	2.3	11.0	7.3	15.0
18:3	-	-	-	0.4	0.6	1.7

三、牛乳醣類的種類與特性

牛乳的主要醣類為乳糖，含量約4.2~5.0%。乳糖有 α-水合和 β-無水兩種結晶形態。α-水合形態是在 93.5℃ 以下所結晶析出者，而 β-無水形態是在 93.5℃ 以上所結晶析出者。乳糖溶解度不高，室溫下約17.8%，冰淇淋沙沙的(sandiness)的食感即為乳糖結晶所引起。乳糖可幫助腸道益生菌生長促進維生素 B 群的合成，代謝過程造就腸道酸性環境，有助於鈣、磷和鎂等離子的吸收。乳糖可使牛乳散發出淡淡的乳香味，在加熱下與蛋白質作用產生獨特風味。然而食用奶類的過程，人體若缺少乳糖酶，會引起乳糖不耐症(lactose intolerance)，乳糖經腸道

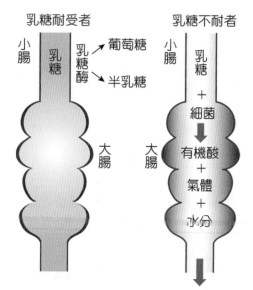

💬 圖 4-2　乳糖耐受者與乳糖不耐者腸道乳糖消化吸收情形

細菌作用生成有機酸、氣體和水分等（圖 4-2），引起腹痛和腹瀉等症狀，該病症較常發生於非洲和亞洲人民。

四、牛乳維生素的種類與特性

牛乳含有脂溶性和水溶性維生素，它們的含量如表 4-6 所示，其主要的脂溶性維生素包括維生素 A、維生素 D、維生素 E 和維生素 K。主要的水溶性維生素包括

維生素 B_1、維生素 B_2、維生素 B_6、維生素 B_{12}、維生素 C、菸鹼酸、泛酸、生物素、膽鹼和葉酸等。水溶性的核黃素(維生素 B_2)是脫脂牛乳呈現黃色色澤的原因色素。而脂溶性的胡蘿蔔素是奶油呈黃色的原因色素。然而,牛乳的維生素 D 含量,並不符合人體需求,宜額外添加維生素 D 以強化營養。牛乳維生素 C 含量相當少,可與蔬果混合做成含蔬果鮮乳,以補充鮮乳維生素 C 和纖維素的不足。牛乳維生素 B_2 含量豐富,因此,牛乳是口角炎患者的優質食物。

↘ 表 4-6　牛乳維生素的種類與含量

種類	含量(1 L)
A(視網醛)	380 retional equivalents
B_1(硫胺素)	0.4 mg
B_2(核黃素)	1.8 mg
B_3(菸鹼酸)	9.0 niacin equivalents
B_5(泛酸)	3.5 mg
B_6(比哆醇)	0.5 mg
B_7(生物素)	30 μg
B_{11}(葉酸)	50 μg
B_{12}(氰鈷胺酸)	4 μg
C(抗壞血酸)	15 mg
D(麥角固醇)	0.5 μg
E(生育酚)	1 mg
K(奈醌)	35 mg

五、牛乳礦物質的種類與特性

　　牛乳礦物質約占乳組成的 0.7%,主要礦物質含量如表 4-7 所示,牛乳通常含有多量的鈣、磷、鉀、鈉、鎂、硫,少量的鐵、鋅、矽、銅、氟,及微量的鋁、錳、碘,其中銅含量與牛乳品質關係密切,它對於牛乳氧化風味具有催化作用。鈣、磷含量最多,鈣、磷大部分是與磷酸或檸檬酸結合在一起。牛乳雖含有鐵,但含量不足以供應人體需求,宜額外添加。

↘ 表 4-7　牛乳的礦物質含量

礦物質	含量(mg/L)
鈉	500
鉀	1,450
氯	1,200
硫	100
磷	750
鈣	1,200
鎂	130

六、牛乳酵素的種類與特性

　　牛乳含有澱粉酶、觸酶、脂解酶、磷酸酶、蛋白酶。與乾酪熟成(cheese ripening)有關的酵素為脂解酶和酸性磷酸酶(acid phosphatase)等，可做為牛乳巴斯德殺菌指標的酵素為鹼性磷酸酶(alkaline phosphatase)。可做為乳腺炎指標的酵素為觸酶(catalase)、酸性磷酸酶和乙醯基葡萄醣胺酶(N-acetylglucosamidase)等。具殺菌能力的酵素為溶菌酶(lysozyme)和乳過氧化酶(lactoperoxidase)等。

第三節　　奶類的物理性質

　　牛乳的化學組成分會影響其物理性質，如牛乳因含有脂溶性的胡蘿蔔素和葉黃素等色素，因此奶油通常是呈現黃色的色澤。牛乳的物理性質包括顏色、酸鹼度、冰點、沸點、比重、比熱、表面張力、起泡性、黏度等，特異的物理性質可應用研判牛乳的品質特性（表 4-8）。

> 表 4-8　牛乳傳統檢驗法

項目	方法
蛋白質	凱氏氮
脂肪	貝氏法
乳糖	旋光儀
攙水	凍結點
體細胞	顯微鏡檢

1. **顏色**：乳白色：主要是脂肪球、酪蛋白微膠粒、磷酸鈣反射光線所造成，脂肪球越細顏色越白。乳黃色：因含有胡蘿蔔素和葉黃素的關係。脂肪含量越多胡蘿蔔素越多，則顏色越深。黃綠色：因乳清含有核黃素(Vit B_2)的關係。青綠色：脫脂乳中脂肪被去除殘留 Vit B_2 的結果。

2. **酸鹼度**：牛乳的酸鹼度正常值為 6.4~6.8。酸度為 0.14~0.18%。酸度可分為自然酸度和發生酸度，自然酸度是來自磷酸鹽，發生酸度是來自乳糖醱酵產生的乳酸。特級鮮乳的酸度在 0.16%以下，甲級鮮乳在 0.18%以下。酸度到達 0.2%時，牛乳出現酸味，酸度到達 0.5%時，牛乳產生凝固現象。牛乳酸度分為固有酸度和真酸度，固有酸度是指新鮮生乳的酸度，其由酪蛋白、白蛋白、檸檬酸、CO_2 及磷酸鹽構成。真酸度又稱為醱酵酸度，是乳酸菌醱酵乳糖產生乳酸的結果。

3. **冰點**：牛乳的冰點為–0.53~–0.57℃。牛乳冰點比水低。每添加 1%水分溫度上升 0.055℃，利用冰點的上升可作為牛乳是否摻水的參考。W%=100 x (A-B)/A；W：加水量，A：常乳的冰點；B：測定牛乳的冰點。牛乳酸敗，冰點會下降。酸度每增加 0.01%，則冰點下降 0.03℃。

4. **沸點**：牛乳的沸點約為 100.55℃，常乳的沸點通常略高於純水。

5. **比重**：牛乳的比重可作為純度的鑑定依據，牛乳的比重通常為 1.028~1.034。

6. **比熱**：牛乳的比熱約為 0.93。一般而言，15℃下牛乳的比熱最大。

7. **表面張力**：牛乳的表面張力略低於純水。

8. **濃稠度**：濃稠度大小依序為全脂乳＞脫脂乳＞乳清蛋白。牛乳濃稠度受到溫度、酸度和脂肪含量等因素的影響，當溫度低於 75℃濃稠度與溫度成反比；高於 75℃濃稠度與溫度成正比。酸度方面，酸度高，濃稠度大。脂肪含量較多時，濃稠度較大。全脂乳濃稠度大，脫脂乳濃稠度則較小。泌乳末期乳、高酸性乳、初乳或乳房炎乳等濃稠度大。

9. **起泡性**：牛乳起泡性的主要成分是蛋白質和脂肪。影響起泡性的因子包括溫度；均質化程度、脂質含量和無脂固形物等，牛乳起泡性最大的溫度範圍為 2~4℃，最小為 16~32℃。牛乳經均質化會增加起泡性，過多的脂肪會降低其起泡性，尤其是磷脂質和卵磷脂。無脂固形物也可增加牛乳的起泡性。

10. **導電性**：牛乳中可溶性鹽類會分解成帶電離子，故具有導電性。一般而言，全脂乳導電性略低於脫脂乳，這是因為脂肪球會阻礙離子移動的緣故。乳房炎之乳汁因氯含量增加，不新鮮乳汁則因酸度增加，故其導電性隨之增加。

11. **黏度**：在 15℃時牛乳的黏度約為水分的 2.4 倍，牛乳的黏度受到許多因素的影響，乳脂肪含量越多其黏度越高，酸度越高則黏度也越高。牛乳溫度在低於 75℃下，當溫度越高則黏度越低。異常乳之黏度通常較高。牛乳經均質處理後其黏度通常會增加。

12. **風味**：乳香味來自於乳脂質的短鏈脂肪酸，甜味則來自於乳糖。牛乳乳糖與氯含量有一定的比例關係，若此關係被破壞造成氯含量增加時，則風味也將發生改變。高脂肪與高無脂固形物之牛乳風味良好，若是低脂肪與低無脂固形物之牛乳，其風味通常較為平淡。

 ## 第四節　奶類的殺菌方法

　　生乳可能含有病原菌或腐敗菌，因此飲用前須經適當的殺菌處理，殺菌的方式包括低溫殺菌法、高溫殺菌法和超高溫殺菌法等，生乳若殺菌不足易造成單核球增生性李斯特菌(*Listeria monocytogenes*)感染的問題。牛乳常見的病原菌包括分支桿菌屬和布魯氏菌屬，如結核分支桿菌(*Mycobacterium tuberculosis*)、流產布魯氏菌

(*Brucella abortus*)、地中海熱布魯氏菌(*Brucella melitensis*)、豬布魯氏菌(*Brucella suis*)等。牛隻飲用不潔的水源也可能讓乳汁汙染到氣生桿菌屬(*Aeromonas*)、彎曲桿菌屬(*Campylobacter*)和沙門氏菌屬(*Salmonella*)。牛乳中常見的腐敗菌包括：腸球菌屬(*Enterococcus*)、鏈球菌屬(*Streptococcus*)、乳桿菌屬(*Lactobacillus*)、桿菌屬(*Bacillus*)、假單胞菌屬(*Pseudomonas*)和產鹼桿菌屬(*Alcaligenes*)等，與鮮乳有關的病源菌及其發生頻率如表 4-9。

↘ 表 4-9　與鮮乳有關的病源菌

菌株	發生頻率
沙門氏菌(*Salmonella*)	高
彎曲桿菌(*Campylobacter*)	高
腸炎耶爾辛氏菌(*Yersinia enterocolitica*)	高（特定地區）
病原性大腸桿菌(*Escherichia coli* O157:H7)	高（特定地區）
單核球增生性李斯特菌(*Listeria monocytogenes*)	低
鏈球菌(*Streptococcus* (Group A and C))	低
隱孢子蟲(*Cryptosporidium parvum*)	高
小兒麻痺病毒(*Poliovirus*)	非常低

　　牛乳的殺菌或滅菌法包括加熱處理、放射線照射、化學藥品處理等。各種乳品的殺菌條件（表 4-10）分述如下：

1. **巴斯德殺菌法**：巴斯德殺菌法又稱為低溫長時間殺菌法(low temperature long time pasterurization, LTLT)，其殺菌溫度為 63°C，殺菌時間為 30 min，其主要殺菌對象是生乳中的病原菌。本殺菌條件的訂定是根據結核菌熱致死條件(61.1°C　30 min)為基準，LTST 的殺菌效果通常採用磷酸酶試驗作為依據。另外尚可採用高溫短時間殺菌法(high temperature short time pasterurization, HTST)，其殺菌溫度為 75~78°C，殺菌時間為 15~20 sec，其殺菌效果與 LTLT 相同。

2. **高溫滅菌法(sterilization)**：高溫滅菌法的殺菌溫度為 115~120℃，殺菌時間為 15~20 min，本法主要在於殺滅病原菌及產孢微生物，常用於保久乳的殺菌。

3. **超高溫殺菌法(ultra high temperature pasteurization, UHT)**：牛乳先在 80~83℃加熱 2~6 min，再以 130~150℃加熱 0.5~4 sec，然後迅速冷卻。本殺菌法產製的保久乳可貯存六個月，利樂王(Tetra King)包裝鮮乳通常採用此法進行殺菌。目前市售鮮乳多以 UHT 殺菌，但是並非無菌充填，因此保存期限為 7~10 天。

↘ 表 4-10　乳製品的各種殺菌條件

殺菌方法	殺菌條件	殺菌原理
低溫殺菌法(thermization)	63℃　15 sec	殺滅好冷菌以利鮮乳冷藏
低溫長時間巴斯德殺菌法(LTLT pasteurization)	63℃　30 min	殺滅病源菌以利安全飲用
高溫短時間巴斯德殺菌法(HTST pasteurization)	74℃　15 sec	殺滅病源菌以利安全飲用
超高溫滅菌法(UHT)	140℃　3 sec	殺滅腐敗菌以利室溫保藏
高溫滅菌法(sterilization)	118℃　12 min	殺滅大部分微生物以利長久保藏

臺灣牛乳的殺菌方式大部分為超高溫(UHT)殺菌法，歐美部分地區則仍有採用巴斯德滅菌法。高溫殺菌不僅可殺滅微生物，亦可破壞酵素活性（表 4-11），而酵素的殘存活性可做為殺菌是否完成的指標。巴斯德滅菌法可破壞的酵素包括鹼性磷酸酶、脂肪酶和黃嘌呤氧化酶等，但乳過氧化酶、超氧化物歧化酶、酸性磷酸酶和溶菌酶等酵素活性幾乎不受巴斯德滅菌法的影響。

↘ 表 4-11　殺菌方法對牛乳酵素活性的影響

酵素	影響情形
鹼性磷酸酶 (alkaline phosphatase)	巴斯德滅菌法可使其大部分失活，可做為巴斯德殺菌的指標，貯存過程會再復活。
脂肪酶(lipase)	巴斯德滅菌法可使其完全失活。
黃嘌呤氧化酶(xanthine oxidase)	巴斯德滅菌法可使其大部分失活。

↘ 表 4-11　殺菌方法對牛乳酵素活性的影響（續）

酵素	影響情形
乳過氧化酶(lactoperoxidase)	活性不受巴斯德滅菌法的影響，80℃以上才會喪失活性。
巰基氧化酶(sulphydryl oxidase)	巴斯德滅菌法可使其喪失 60%的活性，UHT 可使其完全喪失活性。
超氧化物歧化酶 (superoxide dismutase)	活性不受巴斯德滅菌法的影響。
觸酶(catalase)	巴斯德滅菌法可使其大部分失活，冷存過程會再復活。
酸性磷酸酶(acid phosphatase)	活性不受巴斯德滅菌法的影響。
組織蛋白酶 D(cathepsin D)	巴斯德滅菌法可使其大部分失活。
澱粉酶(amylase)	高溫安定性。
溶菌酶(lysozyme)	活性不受巴斯德滅菌法的影響。

 # 第五節　奶類的加工方法

　　利用加熱、乾燥、凍結、醱酵和離心等加工方法可將乳汁製作成保久乳、煉乳、奶粉、優酪乳和冰淇淋等乳製品（表 4-12）。

↘ 表 4-12　利用不同加工方法生產的各類乳製品

加工方法	乳製品
加熱處理	保久乳
離心處理	奶油
蒸發濃縮	煉乳
乾燥處理	奶粉
酵素處理	乾酪
酸處理	乾酪
醱酵作用	優酪乳
凍結處理	冰淇淋

一、牛乳的均質化處理

牛乳以高壓($120\sim150$ kg/cm^2)通過細孔，使乳脂肪球破裂成小顆粒，使均勻懸浮於牛乳中的過程稱為均質化(homogenization)。經均質化的牛乳，較濃稠、易消化、脂肪球不易上浮、白度增加、黏度增加、起泡性增加、氧化臭減少。均質的目的在於破壞脂肪球、軟化蛋白質、提高黏稠度、提高消化性。

二、牛乳的冷卻處理

牛乳在 $2.2\sim3.3℃$ 低溫下黏稠度會增加。牛乳在 $2℃$ 下，無論加酸或凝乳酶均不能使酪蛋白凝固。連續式乾酪先將牛乳置於 $2℃$ 下，添加酸或凝乳酶，然後將溫度提高至 $15.6℃$ 或 $26.7℃$ 以上，則可促進凝乳的形成。牛乳在 $15.6℃$ 以下起泡性增加。牛乳在低溫冷卻下，其三酸甘油酯迅速結晶，脂肪物理結構發生改變。

三、牛乳的加熱反應

牛乳加熱產生皮膜、白濁、焦化、褐變等現象：1.生成皮膜：當牛乳加熱至 $40℃$ 以上，蛋白質在空氣接觸界面形成不可逆沉澱之拉拇斯登(Ramsden)現象。當牛乳表面水分蒸發時會促進皮膜的形成，皮膜成分 70% 是脂肪，$20\sim25\%$ 是蛋白質。防止乳皮形成的方法包括適度的攪拌、溫度不超過 $40℃$ 或加水稀釋等；2.白濁度增加：$60℃$ 以上易產生顆粒狀混濁現象，乳清蛋白凝聚、酪蛋白微膠粒分散、可溶性鹽類變為不溶性鹽類；3.產生褐變：酪蛋白的胺基與乳糖的羰基作用引起梅納反應；4.焦化：高溫加熱也會造成乳糖焦糖化反應產生深褐色；5.煮焦味：β-乳球蛋白受熱變性，硫氫基分解產生硫化氫和揮發性含硫化合物。

四、牛乳的加酸處理

牛乳加酸，會使酪蛋白鈣複合體(calcium phosphocaseinate)的鈣離子分離，水合減少，酪蛋白微膠粒發生凝聚，形成柔軟易碎的凝膠，經加工可製成乳酸醱酵食品或飲料。

五、牛乳的加酶處理

酪蛋白經凝乳酶作用，切下 κ-酪蛋白的醣巨胜肽(glycomacropeptide)生成副-κ-酪蛋白(para-κ-casein)，副-κ-酪蛋白與鈣結合造成凝集。凝乳酶最適作用溫度為41℃，添加澱粉、氯化鈣可促進凝乳。酪蛋白也可利用酒精凝固，酒精具有脫水作用，使酪蛋白膠體水合性下降，造成酪蛋白膠體不安定，在鈣、鎂離子存下凝集凝膠。初乳在 66%酒精濃度下即會凝固，常乳則在 82%酒精濃度下凝固；末期乳在 70%酒精濃度下產生凝固。

奶類在烹調過程可能發生的變化包括：1.凝結作用：牛乳加酸、單寧酸或氯化鈣、或凝乳酶產生凝結作用；2.發泡作用：乳脂肪在 35~38%者攪打後泡沫穩定，體積增加原來的 2~3 倍；3.奶皮作用：加熱至 40℃表面形成薄膜的現象；4.焦色作用：在 100 或 120℃以上加熱酪蛋白胺基與乳糖羧基反應產生梅納反應。因此，奶類烹調過程，需注意的事項包括加熱時要攪拌避免形成奶皮；避免長時間高溫加熱以保留營養價值；乳脂在 4℃低溫下才能打發起泡。

 第六節　動物奶的相關製品

牛乳經由生物(biological)、生化(biochemical)、化學(chemical)或物理(physical)等方法可製成各種乳製品，常見的牛乳加工製品如鮮乳、乳粉、乾酪、醱酵乳、冰淇淋等。

1. **鮮乳**：生乳經均質、殺菌、瓶裝或盒裝後，供飲用的乳品。如全脂乳、低脂乳、脫脂乳、營養強化乳、低乳糖乳。全脂奶經離心去除上層脂肪可得脫脂乳。全脂乳脂肪含量 3.5%，低脂奶脂肪含量 2%，脫脂奶脂肪含量 0.1%以下。

2. **調味乳**：以 50%生乳為原料，添加香料、甜味劑、色素、安定劑等製成的嗜好性飲料。如巧克力牛乳、咖啡牛乳、果汁牛乳等。

3. **保久乳**：保久乳又稱超高溫滅菌乳，鮮乳貯存期限為 7~10 天，保久乳在室溫下可貯存三個月。

4. **醱酵乳**：以乳品為原料，經微生物醱酵後，產生乳酸和酒精，形成特殊風味的固體狀或液體狀的乳品。

5. **乳粉**：將原料乳經成分調整後加熱殺菌，80℃加熱 10 min 或 130℃加熱數秒鐘，再予濃縮乾燥成粉末者，稱為乳粉，乳粉有利於保存與運輸。如全脂乳粉、脫脂奶粉、加糖乳粉、調味乳粉、嬰兒配方奶粉、特殊調製乳粉、粉末乳清、粉末冰淇淋混料等。

6. **煉乳**：以全脂乳或脫脂乳為原料，加糖或不加糖，經減壓濃縮後的產品稱為煉乳。

7. **鮮乳油**：牛乳經靜置或乳油分離機分離得到的乳脂肪稱為鮮乳油(cream)。CNS規定，乳脂肪應 18%以上，總固形物 19%以上。

8. **乳酪(butter)**：又稱奶油、白脫、黃乳油、黃油，以鮮乳油為原料，經攪乳、加鹽、煉壓而成的產品，其乳脂 80%以上，水分 16%以下。

9. **乾酪**：將乳汁以凝乳酶作用使之凝固，再經細切、壓榨、鹽漬、熟成的醱酵食品稱為凝乳酶乾酪；以乳酸所形成的凝乳稱為酸乳乾酪；鈣會與乳酸作用形成乳酸鈣而溶解於乳清中，因此酸乳乾酪鈣含量比凝乳酶乾酪低；乳清乾酪是將乳清蛋白以加熱乾燥凝固所製成；乾酪粉將硬質乾酪粉碎後再以吹風乾燥或冷凍乾燥，成品水分含量在 13%以下。

10. **冰淇淋**：牛乳脂肪混合雞蛋、砂糖、油脂、安定劑、乳化劑、香料、色素等，經殺菌、均質、陳化後，於攪拌機中拌入空氣使體積增加，成為口感平順、風味香濃的冷凍食品。攪拌後體積增加的比例稱為膨脹率(overrun)。膨脹率可使用空氣膨脹率或重量膨脹率表示，一般冰淇淋的膨脹率為 70~100%。脂肪、水果、巧克力、玉米糖漿等會降低膨脹率，乳清、蛋黃、乳化劑、穩定劑等可促進膨脹率。

$$重量膨脹率 = \frac{（混合原料的重量）-（與混合原料同體積的冰淇淋重）}{與混合原料同體積的冰淇淋重}$$

11. **嬰兒奶粉**：人乳的脂肪及乳糖含量通常比牛乳高，而蛋白質和礦物質比牛乳低，牛乳經調整後取代母乳，降低蛋白質、礦物質含量、提高乳糖和脂肪含量。嬰兒奶粉通常以牛乳、乳清蛋白、植物油、玉米糖漿等調製而成。

以下就幾項常見的牛乳加工製品概述之：

一、鮮乳的種類與特性

1. **全脂乳**：乳脂肪含量 3.0%以上，非脂固形物 8.0%以上。

2. **低脂乳**：乳脂肪含量 0.5~2.0%，非脂固形物 8.0%以上。將全脂乳以離心機去除部分脂肪降低熱量，又保有部分脂肪保有乳香。

3. **脫脂乳**：乳脂含量 0.5%以下，非脂固形物 8.0%以上。熱量為全脂乳的一半，但缺少乳香味。

4. **營養強化乳**：全脂乳添加維生素 D 和鈣來強化營養。低脂和脫脂乳添加維生素 A。另外也有添加維生素 E、維生素 B 群、鐵、碘、鋅等。

5. **低乳糖乳**：牛乳先以乳糖酶作用轉為葡萄糖和半乳糖，以供乳糖不耐症者飲用。

二、醱酵乳的種類與特性

醱酵乳常用的菌酛包括保加利亞乳酸桿菌(*Lactobacillus bulgaricus*)、嗜酸乳酸桿菌(*Lactobacillus acidphilus*)、乳酸鏈球菌(*Streptococcus lactis*)、嗜熱鏈球菌(*Streptococcus thermophilus*)、乳酪鏈球菌(*Streptococcus cremoris*)、龍根菌(*Bifidobaterium longum*)、酵母菌等。各類乳酸菌的醱酵特性如表 4-13 所示，而各種醱酵乳的產品特性說明如下：

↘ 表 4-13　各類乳酸菌的醱酵特性

菌　酛	形態	醱酵類型	生長溫度			乳酸生成量(%)
			最小	最適	最大	
乳酸桿菌 *Lactococcus lactis*	球菌	同質	8~10	28~32	40	0.9
乳酸白色念珠菌 *Leuconostoc lactis*	球菌	異質	4~10	20~25	37	0.8
嗜熱性鏈球菌 *Streptococcus thermophilus*	球菌	同質	20	40	50	0.9

↘ 表 4-13　各類乳酸菌的醱酵特性（續）

| 菌酛 | 形態 | 醱酵類型 | 生長溫度 | | | 乳酸生成量(%) |
			最小	最適	最大	
保加利亞乳酸桿菌 *Lactobacillus bulgaricus*	桿菌	同質	22	40~45	52	2.5
嗜酸性乳酸桿菌 *Lactobacillus acidphilus*	桿菌	同質	20~22	37	45~48	1.0
戴白氏乳酸桿菌 *Lactobacillus delbrueckii*	桿菌	同質	18	40	50	1.2

1. **凝態原液醱酵乳**：或稱為酸凝酪(yoghurt; yogurt)，呈濃厚凝固態，具有滑潤組織，爽口的酸味，容易消化，因未經殺菌，因此為活性醱酵乳。每毫升含一千萬活菌。全固形物 18%以上，非脂固形物 8.0%以上，酸為 1.0%以下，如：市售優格、乳果、優酪乳等。

2. **稀釋醱酵乳**：為凝態原料經稀釋調味者，其中生菌每毫升一百萬個以上，如：養樂多。

3. **濃稠保久醱酵乳**：凝態原料添加調味料，並經高溫殺菌，不含生菌，室溫下可保存　年，其含糖量高達 50%以上，飲用前需加水稀釋，如：可爾必思。

4. **稀釋保久醱酵乳**：凝態原料稀釋後調味，再經高溫殺菌，常溫下保存，可直接飲用不用稀釋，如：多采多姿醱酵乳、菲仕蘭優酪乳。

　　益生菌(probiotics)是指活的微生物，可改善人體腸道微生物相的平衡，對人體有保健的功效，如：雙岐乳酸桿菌。

　　益菌生(prebiotics)是指人體腸胃道前半部無法消化吸收，而食用後在腸道內可促進益生菌的生長或代謝的物質，如：果寡醣。

　　合生元(synbiotics)是指益生菌與益菌生的混合物，益菌生在腸道中可滋養益生菌的生長，達到健康促進的效果，如：雙岐乳酸桿菌和果寡醣混合物。

後生元(postbiotics)是指益生菌的代謝產物。產品雖不含活菌，對人體卻有健康促進的作用，如短鏈脂肪酸。

（一）醱酵乳醱酵過程原料乳化學組成分的變化

1. 乳糖減少，乳酸、葡萄糖、半乳糖增加。

2. 蛋白質減少，胜肽、胺基酸增加。

3. 脂肪減少，脂肪酸增加。

4. 維生素 B_{12} 減少，葉酸增加。

5. 琥珀酸、延胡索酸、GMP 核苷酸、乙醛風味物質增加。

（二）醱酵乳與保健功效

醱酵乳通常含有益生菌(probiotics)，因此有助於人體健康，目前也可使用遺傳工程研發更具保健功效的醱酵乳產品（圖 4-3）。

1. 牛乳醱酵後消化率提高。

2. 乳酸抑制腸內有害菌的生長。

3. 乳酸菌在腸道內提供人體維生素 B 群和 C。

4. 乳酸菌作用乳糖形成葡萄糖和半乳糖，適合乳糖不耐症者飲用。

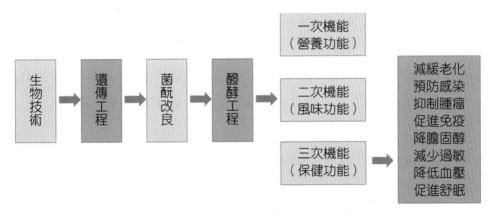

● 圖 4-3　遺傳工程應用於改善醱酵乳品的機能性示意圖

5. 醱酵乳常用的菌株包括鏈球菌(*Streptococcus*)、念珠菌(*Leuconostoc*)、乳桿菌(*Lactobacillus*)、雙叉桿菌(*Bifidobacterium*)、醋酸菌(*Acetic acid bacteria*)等。

6. 一般活菌乳酸飲料含菌量為 10^7 cfu/g，每天攝取 100 公克，可獲取 10^9 株活菌，具有保健功效，如降血膽固醇、促進維生素合成、免疫促進、抗菌等。

三、煉乳的種類與特性

1. **蒸發乳**：或稱為無糖煉乳，全脂牛乳蒸發濃縮至原來的 40%，經裝罐、滅菌而成的產品。即俗稱的奶水。CNS 規定乳脂肪 7.5%以上，非脂固形物 25.5%以上，其優點是重量減輕，常溫貯存。缺點是高溫引起梅納反應、焦糖化反應影響色澤與風味。

2. **蒸發脫脂乳**：或稱脫脂奶水，不含脂肪與脂溶性維生素，熱量低。

3. **加糖全脂煉乳**：全脂乳加 16%蔗糖，真空濃縮至乳固形物 28%以上，乳脂肪 8%以上，總糖量 58%以下，水分 27%以下，然後罐裝貯存。因加入大量糖，因此風味比蒸發乳佳。

4. **加糖脫脂煉乳**：脫脂乳添加糖後，真空濃縮至固形物 25%以上，乳脂肪 1.0%以下，水分 29%以下的罐裝貯存乳。

四、乳酪的種類與特性

1. **乳酪(butter)**：又稱奶油、白脫、黃乳油、黃油，以鮮乳油為原料，經攪乳、加鹽、煉壓而成的產品，其乳脂 80%以上，水分 16%以下的乳製品，若添加乳酸菌醱酵則成為醱酵乳酪(ripened cream butter)，或稱酸性乳酪(sour cream butter)，乳酪為維生素 A 的良好來源，可直接塗抹於麵包、或用於西餐的烹調。

2. **人造乳酪(margarine)**：或稱瑪琪琳、瑪珈琳、人造奶油、人造白脫，它是利用植物油經氫化後添加乳製品、調味料、食鹽、著色劑、乳化劑、維生素等作成。

五、乾酪的種類與特性

乾酪或稱起司(cheese)，其製法是將乳汁以凝乳酶或乳酸作用使之凝固，形成含多量蛋白質和少量脂肪的凝乳，再經細切、壓榨、鹽漬和熟成的一種醱酵食品。乾酪的製造流程如表 4-14，乾酪熟成過程的變化如表 4-15。

乾酪概分為天然乾酪和再製乾酪。天然乾酪保有良好風味的期限較短，再製乾酪是將天然乾酪先溶解、殺菌、添加乳化劑然後包裝，亦可添加酸、乳油、食鹽、色素、香辛料及水果丁等。國內市售紐西蘭芝士樂起司就是再製乾酪。

依凝乳方法不同分為凝乳酶乾酪和酸乳乾酪，前者利用凝乳酶凝固，後者使用乳酸來凝固。

↘ 表 4-14　乾酪(cheese)的一般製造流程

步驟	說明
原料乳(milk)	新鮮牛乳經風味試驗、酒精試驗、甲基藍試驗、醱酵試驗等判定合格者。
標準化(standardization)	調整酪蛋白與脂質的比率。
巴斯德殺菌(pasteurization)	63℃ 30 min 殺滅病源菌及內生性酵素。
冷卻(cooling)	冷卻至 31℃以利菌酛生長。
醱酵(fermentation)	加入 1%的菌酛進行乳酸醱酵，使酸度達 0.2%左右。
凝固(coagulation)	加入凝乳酶靜置約 40 min，酶最適作用溫度約為 45℃，若超過 65℃則失去活性。
分離(separation)	去除乳清蛋白、鹽類、乳糖、水分等。
截切(cutting)	將凝乳塊切成薄片。
定型與壓榨(shaping and pressing)	將凝乳片進行定型與壓榨。
加鹽(salting)	添加 2.5%食鹽。
熟成(ripening)	16℃熟成。
包裝(packaging)	真空包裝。
產品(product)	乾酪。

依熟成程度分為熟成乾酪和未熟成乾酪，所謂熟成，就是將乾酪放置一段時間，使變為風味特殊、柔軟而香醇的產品，熟成過程質感變化可能變軟、變硬，或形成氣孔，瑞士起司就是一種多孔起司。熟成是利用微生物和酵素作用，使產生酸、醇、酯、醛等香氣成分，過分熟成會使品質劣變。

依水分含量不同分為超硬質乾酪、硬質乾酪、半硬質乾酪、軟質乾酪。超硬質乾酪的水分量為 35%以下如帕梅森乾酪(Pammesan cheese)，硬質乾酪的水分量為30~40%如切達乾酪(Cheddar cheese)，半硬質乾酪的水分量為 38~45%如伊頓乾酪(Edam cheese)、軟質乾酪的水分量為 40~60%如卡達乾酪(Cottage cheese)。

↘ 表 4-15　乾酪熟成過程的變化

變化	原因
質地的變化 （變軟）	蛋白質基底被蛋白酶水解 胺基酸裂解產生氨導致酸鹼度上升 鈣離子轉移到乾酪表面
水活性的變化 （下降）	氯化鈉的滲入 因表面蒸發喪失水分 大分子水解為小分子 水分子結合到羧基
外觀的變化	黴菌生長 芽眼形成 出現菌落顏色
風味的變化	蛋白質水解產生風味物質
功能性的變化	蛋白質水解產生機能性胜肽

奶類是人類高營養價值的食物，利用各種加工方法，奶類可製成液體、半固體和固體等相關產品，提供消費者在奶類製品之形態、風味及健康等方面的多元選擇。李斯特菌汙染問題與三聚氰胺乳粉事件曾造成消費者對乳品衛生安全的疑慮，儘管如此，奶類一直是人類最喜歡的飲料和食物，未來低鈉鮮乳、低膽固醇鮮乳、有機鮮乳、高褪黑素乳、高乳鐵蛋白乳等保健乳的開發，將會使牛乳的消費更加普遍。

第七節　植物奶的相關製品

　　植物奶是由植物成分製成的非動物乳製品，可以作為動物奶的替代品，特別適用於素食主義者和乳糖不耐症患者。目前市售的植物奶包括豆奶、杏仁奶、椰奶、燕麥奶、花生奶、紅豆奶等。

1. **豆奶(soy milk)**：以大豆為原料加工製成，豆奶富含蛋白質和纖維，而且味道濃郁。它可以單獨飲用，也可做為烹飪和烘焙的副原料。

2. **杏仁奶(almond milk)**：由杏仁製成，味道香甜，口感滑順。它是低卡路里、低糖、低碳水化合物和高脂肪的飲品。而且富含維生素 E、鈣和鎂。

3. **燕麥奶(oat milk)**：由燕麥製成，味道濃郁，口感綿密。它是一種低脂肪、低糖、低卡路里的穀奶，富含維生素 B 和 E、鐵和鈣。

4. **椰奶(coconut milk)**：由椰子製成，味道濃郁，質地濃稠。大部分使用於烹飪和烘焙，少部分也可單獨飲用。它富含中鏈脂肪酸，可以提供身體所需的能量。

5. **核桃奶(walnut milk)**：核桃整顆現磨製成，口感滑順，帶有堅果香味，且富含 omega 3 不飽和脂肪酸。

6. **米奶(rice milk)**：使用食米為原料製成，不同於豆漿，顏色較深，呈現咖啡色，口感較濃稠，在中式早餐店是熱門的飲品。

7. **花生奶(peanut milk)**：由花生製成，味道香甜，口感濃郁。花生奶富含蛋白質、纖維和健康的不飽和脂肪酸。

8. **紅豆奶**：由紅豆製成，味道香甜，口感綿密。它含有豐富的蛋白質、維生素 B 群和 E、鈣和鐵。

9. **芝麻奶(sesame milk)**：芝麻富含維生素 E、芝麻素及不飽和脂肪酸，芝麻通常混和其他植物奶一起製作，如芝麻杏仁奶、芝麻燕麥奶等。

　　相對於動物奶，植物奶有較低飽和脂肪酸，較高纖維質的特性，適合於素食消費者或乳糖不耐症患者，植物奶提供大眾對健康養生的另一個選擇。

習　題　　　　　　　　　　　　　　　EXERCISE

一、是非題

（　）1. 牛乳比重可作為純度判定的參考，牛乳冰點可作為是否摻水的參考。

（　）2. 牛乳的酸度包括固有酸度和真酸度。前者是鮮乳的酸度，後者是經醱酵後的酸度。

（　）3. 牛乳的均質化在於利用均質機高壓過濾破壞酪蛋白球提高黏稠度與消化性。

（　）4. 全脂鮮乳是指乳脂肪含量 3.0% 以上，非脂固形物 8.0% 以上。

（　）5. 調味乳是以 10% 生乳為原料，添加香料、甜味劑、色素、安定劑等製成的嗜好性飲料，如巧克力牛乳、咖啡牛乳、果汁牛乳等。

答案：1.○；2.○；3.✕；4.○；5.✕

二、選擇題

（　）1. 所謂初乳是指分娩後泌乳期在多久時間內者？　(A)一天內　(B)一週內　(C)一個月內　(D)一年內。

（　）2. 下列何種因子適合作為牛乳純度的指標？　(A)比重　(B)比熱　(C)沸點　(D)黏度。

（　）3. 營養強化牛乳通常添加何種成分以降低兒童發生軟骨病？　(A)維生素 A　(B)維生素 B_6　(C)維生素 D　(D)維生素 C。

（　）4. 鮮乳製作過程經過均質化處理的主要目的為何？　(A)防止脂質氧化酸敗　(B)防止乳糖結晶沉澱　(C)防止蛋白質變性　(D)分散乳脂肪球。

（　）5. 下列何種維生素在牛乳中含量最少？　(A)維生素 A　(B)維生素 B_2　(C)維生素 D　(D)維生素 C。

答案：1.(B)；2.(A)；3.(C)；4.(D)；5.(D)

三、問答題：

1. 試述牛乳均質化的方法與目的。

2. 試比較牛乳各種滅菌的方法與目的。

3. 試述影響牛乳化學組成分的因子有哪些。

4. 試述牛乳加工品的種類與特性。

5. 試述醱酵乳的菌酛種類及保健功效。

6. 試述植物奶的種類與特性。

參考文獻　REFERENCES

1. 林慶文（民 82）。**乳品加工學**。臺北市：華香園。

2. 林慶文（民 87）。**乳品加工學實習手冊**。臺北市：國立編譯館。

3. 賴祥玲（民 93）。乳蛋白中的機能胜肽。**食品工業**，**36**(2)：37-44。

CHAPTER 05

肉　類

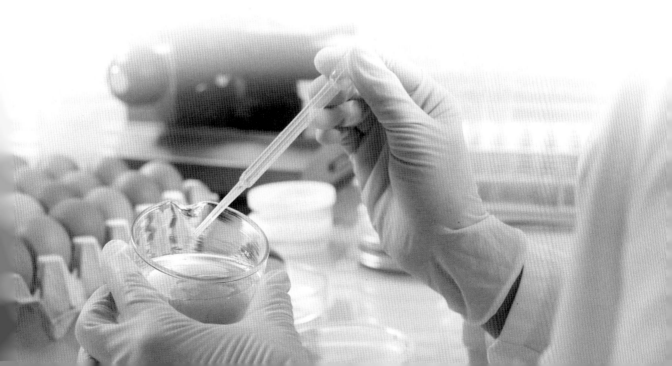

第一節　臺灣肉品工業發展之現況

　　肉類為食品中蛋白質營養來源不可獲缺的重要物質，截至目前為止已衍生成為臺灣第一大農畜產物（表 5-1 及 5-2）。之前因受到口蹄疫的影響，鮮肉外銷受到影響，只剩下加工過的肉製品始能外銷，使畜牧產業受到很大衝擊。而在家禽產銷方面，其重要性僅次於毛豬，禽肉供銷成長極快，電宰場之紛紛設立，交易量已超過傳統零售市場攤，並有垂直整合生產、屠宰至連鎖店興起的速食餐業，其成長幅度似有超過肉豬的態勢。另著眼於雞肉單價比一般豬肉、牛肉便宜，恃此優點，禽肉加工隱已浮現無窮的商機（表 5-3）。

↘ 表 5-1　農林漁牧生產結構

民國	農業生產總值（億元）	結構比(%)			
		農產	林產	漁產	畜產
106	5,455	53.31	0.03	16.62	30.04
107	5,256	51.26	0.03	17.00	31.71
108	5,124	51.23	0.03	16.94	31.80
109	5,038	52.32	0.03	14.14	33.51
110	5,361	50.77	0.04	14.53	34.66

資料來源：農業部。

↘ 表 5-2　畜產品生產量

民國	牛(公噸)	豬(公噸)	羊(公噸)
107	7,059	828,645	1,611
108	7,351	819,735	1,603
109	7,590	843,856	1,571
110	7,743	824,963	1,425
111	8,272	808,847	1,387

資料來源：農業部。

肉的種類相當多，而要了解每種肉的製備與烹調的原理十分困難，目前只能針對其共通的部分加以研究。因此，在讀完本章節之後會了解到食肉之營養價值與肌肉構造，屠宰過程中肉的變化，肉類嫩度受哪些因素影響及鮮肉的包裝與品質及製備方法等。除了討論其品種及特性外，尚需了解烹調時的變化。

↘ 表 5-3　畜產品生產值　　　　　　　　　　　　　　　　　　　單元：千元

民國	家畜			家禽		
	牛	豬	羊	雞	鴨	鵝
106	2,487,780	75,558,002	941,887	39,393,061	8,039,318	1,540,644
107	2,468,226	70,359,506	883,018	44,120,225	7,591,471	1,525,745
108	2,464,928	70,944,362	816,143	40,295,300	8,036,637	1,767,439
109	2,449,491	71,487,340	827,340	46,647,119	7,480,819	1,932,760
110	2,451,875	76,696,565	920,384	53,072,743	8,138,242	1,746,868
111	--	--	--	56,054,769	9,696,351	2,485,103

資料來源：農業部。

 ## 第二節　食肉之營養價值

蛋白質、脂肪、碳水化合物、維生素及礦物質等為決定食肉的營養價值，而蛋白質、脂肪和少量的碳水化合物為熱量的主要來源。肉類對膳食的最大貢獻是其含高品質及多量的蛋白質、維生素 B 群、某些礦物質及必需脂肪酸。肉類的組成隨動物種類、性別、年齡、部位及營養狀態等因素而異（表 5-4）。脂肪組織含有 80~90% 脂肪，熱量高達 3,500 kj/100g 或 830 kcal/100g，這是消費者最擔心的地方，因此調理或攝食前應盡量減少外部被覆脂肪，以降低熱量的過度攝取。瘦肉含各類維生素，最重要的是維生素 B 群（水溶性），如 B_1、B_2、B_6 與 B_{12}；脂溶性維生素 A 與 D，在肝臟中含量最高；如將調理過的肉品與其他食品的維生素含量進行比較，其中豬肉之維生素 B_1 含量最高，而其中 B_1、B_2、B_6 含量均超過牛肉（表 5-5）。維生素 B_{12} 幾乎來自動物性食品，肉類中亦含菸鹼酸、泛酸及葉酸等。肉類與肉製品可提供人

體所有必需的礦物質，其中鐵質在動物食品以有機鐵形式存在，在人體內的吸收率比植物來源者高出甚多（圖 5-1）。

肉與肉製品的膽固醇、嘌呤與殘留物的含量，近年來被認為與動脈粥狀硬化症(atherosclerosis)有關聯，常造成人們對畜產品的極大誤解。其實，瘦肉中所含膽固醇量比蛋類和魚類低很多（表 5-6）。由表可知瘦肉的膽固醇含量很低，但內臟含量偏高是不爭的事實。

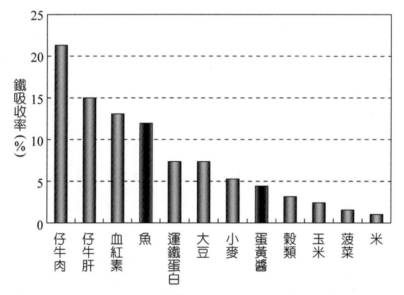

● 圖 5-1　不同食物來源中鐵在體內的吸收率（財團法人陶聲洋防癌基金會）
資料來源：楊止護、林慶文（1000），食肉與防癌。聲洋防癌之聲，77，19。

↘ 表 5-4　鮮禽畜肉與肉製品的平均組成與熱量

營養成分 種類	水分 (g/100g)	蛋白質 (g/100g)	脂肪 (g/100g)	灰分 (g/100g)	熱量 (kj/kcal)
豬肉	75.1	22.8	1.2	1.0	489/112
牛肉	75.0	22.3	1.8	1.2	485/106
仔牛肉	76.4	21.3	0.8	1.2	411/98
鹿肉	75.7	21.4	1.3	1.2	-
雞肉	75.0	22.8	0.9	1.2	411/105
豬背脂	7.7	2.9	88.7	0.7	3,400/812
牛皮下脂	4.0	1.5	94.0	0.1	3,570/854

↘ 表 5-4　鮮禽畜肉與肉製品的平均組成與熱量（續）

營養成分 種類	水分 (g/100g)	蛋白質 (g/100g)	脂肪 (g/100g)	灰分 (g/100g)	熱量 (kj/kcal)
仔牛肉凍	72.9	18.0	3.7		460/110
蒸煮火腿	68.5	16.4	11.1		715/170
肝香腸	45.8	12.1	38.1		1,656/395
醱酵香腸	33.9	24.8	37.5		1,856/444

資料來源：楊正護、林慶文（1996）。食肉與防癌。聲洋防癌之聲，77，19。
（財團法人陶聲洋防癌基金會）

↘ 表 5-5　不同食品 100 克中平均維生素之含量

維生素 食品	B_1(g)	B_2(g)	B_6(g)	B_{12}(g)	A(g)	C(mg)
煎瘦豬肉	700	360	420	8	10	1
煎瘦牛肉	100	260	380	2.7	20	1
煎瘦仔牛肉	105	280	150	2.6	45	1
煎瘦羊肉	105	280	150	2.6	45	1
乾酪	50	370	70	1.9	230	-
水煮蛋	75	280	115	13	160	0
鮮乳	40	180	40	0.4	30	1
黑麥麵包	160	120	120	0	0	0
煮馬鈴薯	80	10	-	0	2	20

資料來源：楊正護、林慶文（1996）。食肉與防癌。聲洋防癌之聲，77，19。
（財團法人陶聲洋防癌基金會）

↘ 表 5-6　各種動物食品的膽固醇含量

品　　　名	膽固醇含量(mg/100g)
牛肉	70
仔牛肉	90
豬肉	70
雞肉（腿部） （胸部）	65~85 40~65
豬心	130
豬腎	320
豬肝	300
豬腦	2200
香腸類	85~100
鰻魚	190~240
蝦	63~182
章魚	112
乾酪（40~60％脂肪）	102
乳酪（80％脂肪）	140
雞蛋(57g)	270

資料來源：楊正護、林慶文（1996）。食肉與防癌。聲洋防癌之聲，77，19。
（財團法人陶聲洋防癌基金會）

第三節　食肉的構造與成分變化

一、肉的構造

　　構成肌肉最基本的單位為肌肉纖維(muscle fiber)，許多肌肉纖維集合起來，形成肌束(fiber bundle)，許多肌束再集合起來，而形成肌肉。肌肉外圍有一層很厚的筋皮組織叫外肌膜(epimysium)。

　　肌纖維：如圖 5-2 所示。在圖 5-2 中細的纖維為肌動蛋白(actin)所構成，而粗的纖維是由肌凝蛋白(myosin)構成。肌動凝蛋白(actomyosin)乃肌凝蛋白與肌動蛋白結合時所形成，當其滑動時便造成肌肉的收縮。至於收縮所需的能量則來自腺嘌呤核苷三磷酸(ATP)。肌纖維中未重疊處叫 I（明）帶(isotropic band)，而重疊較暗的地方叫 A（暗）帶(anisotropic band)。Z 線(Z line)為 I 帶中央具高密度處。兩條 Z 線間之距離叫肌節(sarcomere)。肌肉收縮發生的基本構造單位是肌節，構成肌肉收縮主要是 I 帶縮短，而 A 帶長度不變。

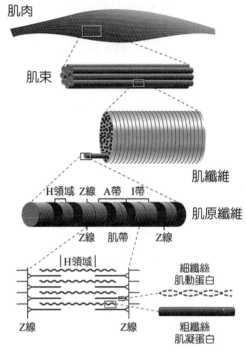

● 圖 5-2　肌肉之構造

◎ 肌肉中蛋白質之種類

1. **水溶性蛋白**：溶於低離子強度($\mu<0.1$)食鹽溶液者，占 30%。如肌漿蛋白中的球狀蛋白及白蛋白(Mb)等。

2. **鹽溶性蛋白**：溶於 $\mu=0.5\sim0.6$ 者占 60%。如肌纖維蛋白中的 myosin、actin、tropomyosin、troponin 及 a-acuion 等。

3. **結締組織蛋白**：(<10%)包括：

   (1) 膠原蛋白(collagen)：含多量羥脯胺酸(hydroxyproline)，為三條胜肽鏈以氫鍵互相緊密纏繞所形成，類似繩索般非常堅韌的一條纖維。水解時會形成動物膠(gelatin)，而在低溫時會形成凝膠(gel)。

   (2) 網狀組織蛋白(reticulin)：構造與膠原蛋白相類似，具有維持組織的功能。

   (3) 彈性蛋白(elastin)：主要存在於韌帶中，具有強的彈性與伸展性；其外觀較黃，似橡膠狀，不受酸、鹼、熱的影響。

而 Cheftel et al. (1985)進一步指出以下列式子表示成膠機制：

$$xPn \xrightarrow{\text{denaturation}} xPd \xrightarrow{\text{aggregation}} (Pd)x$$

x＝Number of protein molecules

n＝Native state

d＝Denaturated state

第一步驟為蛋白質受熱變性展開，第二步驟為凝集作用，蛋白質受熱而形成膠體。當蛋白質的變性速＞凝集速時，會形成高彈性的膠體；若變性速＝凝集速或變性速＜凝集速時，則膠體彈性較差，因為凝集速較慢時，變性的蛋白質會有更多的時間排列整齊以形成結構細微的膠體。而影響蛋白質凝集凝聚的因素有 pH、加熱條件、蛋白質的種類及濃度。加熱可使蛋白質變性展開有助於雙硫鍵的形成與疏水鍵的交互作用，酸鹼度可以影響蛋白質之表面電荷，較高或低的酸鹼值可以增加表面的斥力，抑制蛋白質的凝集。以上的因子會互相作用，而對凝膠形成不同的影響 (Schmidt, 1981)。

二、肉類的成分變化

（一）肉類的死後變化

1. 死後僵直(rigor mortis)

畜體屠殺後，肝糖分解產生乳酸使肌肉 pH 值降低。肌肉中的肌凝蛋白和肌動蛋白結合形成交差鍵的肌動凝蛋白，產生變硬、僵直、不可伸縮、無彈性、肌肉短縮、張力增加等現象。

(1) 死後僵直可分為三個階段：
　　A. 遲滯期(delay phase)：即屠後初期仍具有相當的伸展性，如加以外力，肌肉仍可伸長、展延；如移去外力，肌肉由於其自然性又可恢復原狀，此時期幾乎尚無肌動凝蛋白的形成。

B. 僵直期(onset phase)：當肌肉中肝糖已耗盡，磷酸肌酸(Creatine phosphate, CP)可與 ADP 再經磷酸化作用而形成 ATP，當 CP 逐漸消耗則 ATP 的形成漸無法維持肌肉的鬆弛現象，而使肌肉失去彈性及伸展性。

C. 僵直完成期(completion of rigor mortis)：即 CP 已完全用盡，ATP 不再能形成，到肌肉彈性、伸展性完全失去為止。死後僵直現象之發生及持續時間，依動物種類、年齡、肌肉部位及屠宰方式而有 10 分鐘至數小時之差。僵直中之大畜肉硬而無味，故要待熟成後才可使用；但幼畜之肌纖維較細，結締組織柔軟，則不需經熟成而可於僵直期間調理。

2. pH 改變

屠體經過屠殺後，肉的 pH 會下降，此乃由於乳酸形成之故。屠殺前肉的 pH 為 7.0~7.2，而屠殺後會降至 pH 5.5。此時的肉具有最適當的保水性、味道、柔嫩度及含汁性。若 pH 過高或過低會有下列現象：

(1) 暗乾肉(DFD-muscle)：屠體在屠殺前因為緊張、運動等消耗了大量肝醣，使在屠殺時沒有足夠乳酸形成，而使 pH 維持在 6.6 左右，無法降至 5.5，此種肉組織緊密、乾燥和閉塞而使光之反射受阻，又因為肌紅蛋白在高 pH 下吸光特性的改變，該肉的色澤因此變的暗紅無光彩而食味不佳。在公牛身上有較高 DFD 的產生就是因為它們比較具有攻擊性。除了上述內在因素所致的高 pH 鮮肉較易受微生物的侵襲而產生能與肌紅蛋白結合成綠色色素的硫化氫 (H_2S)，這類的綠色斑紋偶而會在微生物嚴重汙染之真空成不透氣的包裝中發現。

(2) 水樣肉(PSE-muscle)：屠殺後的肉在高體溫的狀態堆積了大量乳酸，使 pH 降至 5.1~5.4 間，此種肉色蒼白，沒有彈性且濕濕的，保水性差，煮後水分流失，食而無味。在豬肉上 PSE 的情況能被減少是因為屠宰前壓力較低導致高的 pH 比例。在紅肉上的 pH 一般比白肉來的高，是因為這兩種形態的肉類本身所具有的生化特性。在不同的肉類上最終 pH 的不同或許可解釋為紅肉與白肉比例的不同。

3. 自家消化(autolysis)

　　屠後的鮮肉，僵直後繼續進行以蛋白質分解為主之自家消化以軟化肉，使肉風味更佳，此亦可稱為肉之熟成(aging)。肉熟成後會產生的變化為 pH 上升，保水性增加，柔軟度增加，蛋白質因細胞中細胞自溶素(cathepsin)之分解而形成胜肽、氨基酸等風味物質，增加風味。例如將牛肉貯存於冷藏溫度為 0℃左右一段時間，利用牛肉本身的天然酵素和其外在的微生物作用來改進牛肉的嫩度(tenderness)、風味(flavor)和多汁性(juiciness)。

4. 腐壞(putrefaction)

(1) 0℃以上溫度貯存肉類時，在進行自家消化不久，即成為腐敗微生物之最適增殖的培養基，在加上微生物酵素的作用，肉類蛋白質產生分解現象，此種因微生物引起的蛋白質分解過程稱之為腐敗(putrefaction)。然而，真空包裝可抑制肉品破壞性細菌的生長，同時亦可使肉的自然嫩化作用照樣的進行。因此，真空包裝被廣泛的使用於肉品的運銷，用來延伸其冷藏的保鮮壽命至 60 天或更長。為慎防漏袋，對漏封袋率較高的含骨產品，可以護骨布(bone guard)覆蓋來避免包裝常被刺穿。

(2) 肉類腐敗後會產生氨(NH_3)、二氧化碳(CO_2)、硫化氫(H_2S)、胺(amine)、吲哚(indole)、糞臭素(skatole)，揮發性脂肪酸等具有特別不快臭味生成物。

三、肉之生化特性

（一）肉的保水性

　　肉的保水性在於肉的調理或是加工上面甚為重要。肉汁游離量少的肉即是保水性佳的肉。肉的保水性與蛋白質的水合作用有關，會受到 pH 或金屬離子的影響。死後僵直中的肉由於一般 pH 低，所以保水性差。此外，鹼土族金屬（鈣、鎂）會降低保水性，而鹼金族的金屬（鈉、鉀）會增加保水性。食鹽自古以來吾人即已知具有提高保水性的作用，近來對於製品上特別會發生保水性的壓形火腿(pressed ham)及香腸類的製造時，使用有焦磷酸鹽($Na_4P_2O_7$)、聚合偏磷酸鹽（$mn(PO_3)n$；M=1 價的金屬）、三聚磷酸鹽等。這些磷酸鹽的作用功能在改變 pH、增強離子強度以及使肌動凝蛋白解離等。

（二）肉的柔嫩度

　　長久以來都認為肉類嫩度的改善，可藉由後期烹調而來，但嫩度的比率則因動物的種類有所不同。對牛肉而言溫度在 5℃，至少 14 天才可達到 80%的嫩度；豬肉只要 5 天，羊的嫩度期間則是介於二者之間。對家禽而言則是非常快的，通常只要冷藏 48 小時即可。溫度控制最大在 5℃，而相對濕度也要控制，除非肉類是用真空包裝或者是那種不可穿透保鮮膜包裝的。高濕度會導致快速微生物的生長，然而低濕度在經濟上又是不可行的，因為肉會太乾且重量會流失，嫩度對消費者考慮肉類的品質是很重要的，因為在美國以及其他國家肉類是主要的飲食成分之一。一般而言，偏好牛排而非絞牛肉或者是烤肉者較多，高品質的牛排成本較高，所以可利用品質較差的肉，譬如說取牛肉部分較大的區域，做成價格較低的牛排或者是牛肉。另外有許多的方法，來增強肉類的嫩度，然而大部分是無效的，譬如說用薄刀切割使嫩度增加的方法，它破壞了肌肉的組織，薄刀的切割使肉類嫩度增加的方法有效是在僵硬後期的肉類上，譬如說在雞禽儲存期後，然而用薄刀切割嫩度的肉，儲存期通常會比較短，因為它會有大幅度水分的流失。對於食物加工處理過程的業者，特別喜歡使用高壓來做為肉類增加嫩度的方法，通常這個方法，能夠使僵硬前或僵硬後的肉，嫩度能夠因為高壓法而有所增加，對於僵硬前的肉類，這個效果是更大的，因為它的肌肉組織是很薄的或微細的。另外，若是結合了高壓及 45~60℃ 的高溫處理的話，能夠提高肉類的嫩度，於屠殺後的後期處理，若是使用高壓的方法，通常是為了要將品質不好的肉類升級。目前常用肉的嫩化方法如下：

1. **機械處理**：利用敲打、穿刺、磨、攪拌等方法以解離肌肉組織，擴大肌肉面積，以達嫩化目的。

2. **酵素處理**：添加鳳梨酵素(bromelin)、木瓜酵素(papain)、無花果酵素(ficin)等蛋白質水解性酵素，以分解肌肉纖維蛋白，達到肉品嫩化目的。想要提高等級較差的牛肉，應在宰殺前注射或塗在肉的表面上，這些酵素通常在比較高的溫度下具較大的活性。

3. **加熱處理**：加熱處理使肌纖維變硬，結締組織隨加熱老化而越益柔嫩，因此具有不同數量結締組織的肌肉，其烹調方法應不同。

(1) 如結締組織多的腿肉以煮燒方式來嫩化最適當。一般以牛排中心溫度達 60℃ 時，其柔嫩度、含汁性及風味最理想。

(2) 結締組織少的腰脊肉則應以高溫乾熱，短時間方式烹調，以避免肌肉纖維過於老化。

(3) 以市售烤牛排為例，當牛排中心溫度達 60℃仍保持原有生鮮紅色且肉質柔嫩；65~70℃時，肉色粉紅，肉質嫩度適中；而肉中心溫度達 75℃則完全喪失粉紅肉色，且肉質硬而老化。

(4) 其他：如肉加工品添加 2%食鹽，則可增加其保水性、含汁性及蛋白質溶解度以提高柔嫩度。此外加適當酸、鹼或裹粉亦可達到嫩化肉品的目的。另外企圖想要使牛肉及小羊的嫩度提高的方法就是注射鈣氯化物於肉中，但會引起肉類的苦澀。鹼性對於一些特別難處理的肉類，譬如含很高膠質的雞腿，通常是使用酯酸及乳酸混合得的乳泡方式，來使其提高它的嫩度，乳泡通常是有效的，但是它會給予酸味，在最後完成品是可查覺到的，因此乳泡的方法，只使用最後半成品本身。

第四節　肉的檢驗、分類與選擇

一、肉品的檢驗

　　肉類的檢查以及品質的確保，主要是預防不當肉類的銷售，確保肉類對消費者的安全。在工業發展國家肉類的檢驗是很普遍的，肉類的檢查應在屠宰後立即進行，而屠宰業者被要求使用 HACCP 的觀念處理，但目前僅少部分使用在肉類以及家禽業。肉類的檢查，應加以分級，分級制度通常是比照國家的標準，但是仍然有很多的相似性，通常肉類的檢查是當屠體全部包裝，而且是在分解成大塊之後。這些檢查包括屠體的型態，以及瘦肉跟肥肉的正確比例、肉的含量色澤、大體外寬、肉販的標準等，分級是基本的工作，而且常包括著很大數量的肉眼評估。然而，雞與肉類若以嫩度做為分級，是有其實質的利益。在美國 HACCP 系統是廣泛被介紹使用的，以做為提高衛生標準，以及降低病菌的感染，其他的類似規則也被使用著，以確保肉類的品質。

　　依據我國食品衛生管理法第二條規定，食用之家畜及其屠體，應實施屠宰衛生檢查（圖 5-3），包括牲畜屠前、屠後檢查及其他有關檢查工作。前項檢查施行時，

得依牲畜種類，對其屠體作必要之剖切分割。屠宰人員應剖開屠體之胸腔及腹腔，並取出內臟排列整齊，以供檢查。經屠宰後檢查之屠體，依規定必須加蓋「合格」、「複檢」、「廢棄」、「煮後合格」或「冷凍後合格」標記。

(a)甲式屠宰衛生檢查合格標誌

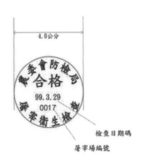

(b)乙式屠宰衛生檢查合格標誌

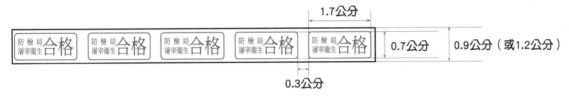

(c)丁式屠宰衛生檢查合格標誌（束口膠帶）

💬 圖 5-3 我國屠宰衛生檢查之標誌

　　檢驗的目的在確保肉的衛生及是否有疾病或其他影響衛生的問題。其中旋毛蟲病、中華肝吸蟲病、有勾及無勾條蟲病為常見的由肉感染的寄生蟲病（表 5-7）。旋毛蟲可在−29℃凍結 6 天即死亡，因此，義大利政府對豬肉的輸入有嚴格規定，除不得有旋毛蟲及條蟲外，尚規定至少要在−30℃凍結 12 天。在螺體內可發現肝吸蟲病，而吃牛肉易感染無勾條蟲病。近日又被提起的歐洲國家「狂牛症」，這些疫區國家將牛羊組織及器官製成化妝品，如胎盤素或膠原蛋白等，用於唇膏、美髮及護膚，目前已被我國衛生單位禁止進口，除非能提出非疫區國家輸出證明。另鉤端螺旋體病是透過老鼠、豬、牛、羊等動物為媒介的一種人畜共通傳染病，其分泌物及排泄物透過水和土壤接觸而感染，可經由口、皮膚、黏膜等傷口接觸病原菌而致病，但不會經由吃肉傳染。其症狀初期為肌肉酸痛及發燒等，爾後則有黃膽及肺積水等疾病。獸醫及屠宰場工人等，應著長靴並戴手套，處理完後並應立即洗手。

↘ 表 5-7　食用畜肉易感染之寄生蟲

寄生蟲	感染途徑	症狀	預防措施
旋毛蟲 (*Trichinella spiralis*)	哺乳類（人）皆可能因食用未充分加熱之豬肉而感染	發熱、貧血、肌肉酸痛	1. 不食用非必要時用之肉品如鳥類、螺鮂等 2. 勿購買來路不明或不新鮮之肉品 3. 充分洗淨後加熱煮熟
有鉤條蟲 (*Taenia solium*)		寄生於人體後引發障礙，形成囊孢而產生膿腫或瘻管	
無鉤條蟲 (*Taenia aginata*)	人因攝食未充分加熱之牛肉而感染	貧血、腹部壓痛、慢性腸黏膜炎	

　　豬的屠宰應為活體，才能保持鮮度，死豬因有病毒感染，依法應銷毀，可是在臺灣夏天天氣炎熱，每天有 50~60 頭以上死豬，假日有 70~80 頭死豬，甚至高達上百頭。因此，有些不肖業者聯合獸醫師，將死豬屠宰後蓋上「合格」標記，在市場販售而流落於消費者手中。

二、肉品的分級

　　脂肪的含量及其分布、特徵、屠體部位的厚度、色澤等為一般畜肉分級所需考慮的，但以後腿及背脊肌肉飽滿度與結實度所占分數最大，脂肪的含量則可用背部穿刺法得知，茲將臺灣外銷肉豬屠體分級標準列表如表 5-8。

↘ 表 5-8　屠體外觀評級標準（瘦肉部分）

項目	滿分	外觀等級	
		等級	評分
後腿與背脊肌肉飽滿度與結實度	18	1	24~27
肌肉色澤	3	2	20~23
		3	16~19
脂肪生長情形	3	4	9~15
脂肪顏色	3	5	8及以下

（豬屠體重以 70~90 公斤為限）

　　而零售肉塊能標準化的分切和命名是良好交易及適切運用之先決條件，肉排或肉片通常比烤肉要薄，一般而言，我國肉豬屠體分切方式（圖 5-4），肉牛屠體分切方式（圖 5-5），分別為肩胛肉、胸肉、肋部、背肌、沙朗、上肢肉及腿部。

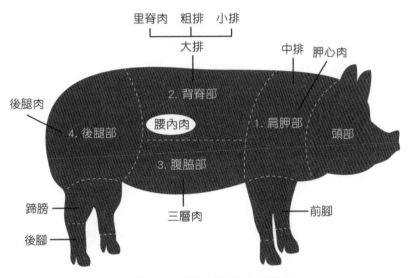

🔍 圖 5-4　豬肉屠體分切部位

1. 肩胛部(shoulder)：胛心肉、中排。
2. 背脊部(loin)：大里脊、粗排、小排、腰內肉（小里脊）。
3. 腹脇部(belly)：三層肉（五花肉）。
4. 後腿肉(ham)：後腿肉、蹄膀、後腿。

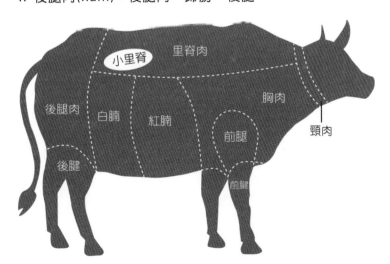

🔍 圖 5-5　牛肉屠體分切部位

經獸醫人員的檢視合格的屠體，應置於低溫冷卻 24 小時，使大腿中心溫度降至約 5℃後，在已經對剖成左右兩邊之半屠體的第十二和十三肋骨間將其切開並暴露肋眼肌面，用以評定屠體的可切割等級和品質等級。在評級後的 24 小時內，屠體則被移至分割區予以分切。屠宰商將屠體分切成的大部和次部分切體是依肉品標準販賣規格(Institutional Most Purchase Specifications)為準。由於省產牛肉只占國內市場一成左右，大部分牛肉皆為美國、澳洲及紐西蘭進口，而多以使用部位來分類。牛肉的等級分為八等，肉的品質多汁、細嫩、味道特佳且形成似大理石花紋般(marble)被評為極上級牛肉，且脂肪及瘦肉有最佳的結構，因此價格特別貴。品質較差的肉類，通常自商業式以下的等級多用於加工產品。

豬肉則多依組織特性及部位區分。一般習慣分為極上肉（里肌肉）、上肉（前、後腿肉）、中肉（五花肉）、下肉（頸肉）及板肉。而美國農業部將其分為四級，一級豬肉瘦肉和肥肉的比值最佳，質地最好，二級及三級成熟度較佳，但肥肉較一級多，而水化肉一般不受消費者所喜愛。

羊肉的分級亦可分為五級。特級羊肉其肉有平滑的紋路且呈粉紅色，來自一個月大的羊，骨骼柔韌而多孔。

三、肉的分類

一般市場銷售屠宰後之家畜，必須加以分割，分割的目地不僅可使加工業者及消費者依製品需要以合理的價格購置適當的原料肉，以提供不同用途及可減小商品之體積。

1. **牛肉**：一般需畜養二年才能販售，且需經熟成及嫩化作用才可食用（可生食）。但顏色隨著年齡的增加，顏色越深。牛肉經粗分後，需再經細分才能零售，各部的細分方式不同，用途亦不同（表 5-9）。

↘ 表 5-9　牛肉原料肉品項的稱呼及零售主要料理用途

部位	中文名稱	零售主要料理用途
肩胛部 (chuck)	下肩胛眼肉捲（梅花、前腿心）	火鍋片及燒肉片、炒肉片
	前頸肩肉（上肩胛肉）	炒肉片、咖哩、紅燒肉
	下肩胛肉肋眼心（沙朗）	烤肉、牛排
	下肩胛翼板肉	烤肉
	下肩胛襯底板肉	烤肉、牛排
	肩胛小排	烤肉
	修整上肩胛肉	火鍋片、燒肉片
	肩胛里肌（黃瓜條）	咖哩、紅燒肉、烤肉
前胸部 (brisket)	前胸肉（牛腩）	紅燒、炒、烤肉
	修清前胸腋肌（修清牛腩）	紅燒、炒、烤肉
	前小腿腱	
肋背部 (rib)	修清肋眼肉捲（沙朗）	牛排、火鍋片、燒肉片
	肋脊皮蓋肉	烤肉
	牛腩條（腩條）	
	帶骨牛小排（牛仔骨）	烤
	肋排骨	
	帶骨肋眼肋脊肉	
前腰脊部 (short loin)	修清前腰脊肉（紐約克；西冷）	牛排
	去腰里脊肉（腓力；牛柳）	牛排
	帶骨前腰脊肉（丁骨）	
後腰脊部 (sirloin)	下後腰脊球尖肉	牛排、烤
	下後腰脊角尖肉	烤、紅燒、咖哩燒
	下後腰脊翼尖肉	牛排、烤
	上後腰脊肉	牛排
	上後腰脊蓋肉	烤、紅燒、咖哩燒

↘ 表 5-9　牛肉原料肉品項的稱呼及零售主要料理用途（續）

部位	中文名稱	零售主要料理用途
後腿 (round)	上內側後腿肉（頭刀）	烤、牛排
	外側後腿肉（三叉）	
	外側後腿肉眼（鯉魚管）	炒、紅燒、大塊燉
	外側後腿板肉	炒
	後腿股肉（和尚頭）	牛排、烤、燒、火鍋
	後腿腱子心	燉、滷
腹脇 (flank)	腹肉排	火鍋、烤
胸腹 (short plate)	胸腹肉	烤、燒

資料來源：美國肉類出口協會（王志明譯，1991）。

2. **豬肉**：一般需畜養 6 個月即可販售，不需嫩化作用即可食用（不可生食）。每頭重量大致為 100kg 價格為 7,000 元。豬肉之切割方式與牛肉大致相同，經大部分切後，需再經細分才能零售。大部分切為後腿部(ham)、腹協部(belly)、背脊部(loin)及肩胛部(shoulder)。而腰內肉(tenderloin)，又稱小里肌，乃去脂肪及筋膜之肉。

3. **雞肉**：白肉雞畜養 5 週即可販售，而土雞需畜養 6~12 個月才可販售。一般均用自動切割裝置，將胸肉取下後，另將翅（二截）、脖子、腿及腳分裝，再整筒出售。目前有些業者利用機械去骨機來增加新產品的開發及淘汰蛋雞的利用。雞肉為菸鹼酸良好的來源，另富含維生素 B_1、B_2 及維生素 C，營養豐富，亦屬低熱量的食物，其熱能含量比同重量的豬、牛、羊低很多。一般肉雞適合炒，土雞適合滷、燻、燉等方式烹調。

4. **鴨肉**：分菜鴨、番鴨及北京鴨等。切割方式與雞肉同，將翅（三截）、脖子、腿及腳分裝，再整筒出售。

5. **鵝肉**：分白色及有色（褐色），切割方式與雞鴨相同。

四、肉類的選擇

　　鮮肉在購買時，應先考慮用途，才能買到適當部位的肉。至於選購的原則應先觀察肉色（豬肉為粉紅色、牛肉為暗紅）、觸摸肉體（如有黏液狀，表示受假單胞桿菌汙染所致）、檢查肉品氣味（脂肪酸敗耗味及腐敗氨臭味）及特徵（毛孔粗細及肌肉彈性）等，最好能選購有衛生品質保障檢驗標誌的肉品及至良好的販賣場所購買，另外提醒讀者最好在早上九點以前買肉，因臺灣屬高溫多濕的環境，屠體沒有在低溫操作下，很容易變壞。以烹調方式論，肌纖維短且較嫩的部位，適合高溫短時間的加熱，可大火快炒及煎、炸、烤等乾熱方法，例如快炒里肌肉。結締組織（筋腱）含量較多及肉質粗的部位，比較適合低溫長時間的濕熱法，例如燉豬蹄、滷牛腱及雞爪凍等。另三層肉的脂肪多，肉較嫩，宜滷及烤，尤其是牛之腹脇肉。因此，只要把握上述的原則，及對肉品的使用具有正確的觀念，就能烹調出一道理想的菜餚。

第五節　禽畜肉品危害分析重點管制之引導

一、建立肉品 HACCP 之認知

　　肉品 HACCP 相關規定在美國方面是由美國農業部(USDA)主辦相關安全法規，食品安全及檢驗服務處(FSIS)草擬；HACCP 系統已是世界各國普遍認定是目前最佳的食品安全控制方法。FSIS 要求禽畜肉品工廠訂立這方面的書面衛生作業程序(SSOP)，並據以執行之。此項衛生措施應包括每日例行、維持、不生產時，多方面的清潔與維持食品加工安全的必要措施。SSOP 八大主要衛生條件主要規定禽畜肉工廠要對設備、器材、機械等衛生負責；且禽畜肉的加工處理時所使用的房間、隔間、器具、設備等均須保持在清潔衛生的狀況。

　　禽畜肉品中常見的病原菌，主要有沙門氏桿菌、金黃色葡萄球菌、肉毒桿菌、產氣夾膜桿菌、病原性大腸桿菌、李斯特菌等。禽畜肉品意外事件之危害因素，不同畜產品有不同種類的危害因素，一般影響禽畜肉品致病微生物有其最適及限制條件，影響其生長之因素包括溫度、pH、水活性等（黃俊儒，1998；鄭金慶，1997）。例如：

（一）肉製品一般標準

原料肉應鮮度良好，乾燥肉製品的水活性在 0.86 以下；非加熱肉製品的水活性在 0.94 以下，微生物方面則大腸桿菌檢測為陰性。

（二）肉製品製造規格

原料肉應於屠後 24 小時內冷卻至 4℃ 以下，並在 4℃ 下保存，pH 為 6～5。非加熱肉製品方面，肉品（整塊肉）的燻煙乾燥條件，因其水活性在 0.94 以下，須在 20℃ 以下及 50℃ 以上，縮短其處理時間。

（三）肉製品保存標準

冷藏肉製品應在 7℃ 以下保存，冷凍肉製品應在 −18℃ 以乾燥肉製品或密閉包裝 (HT，120℃，40min)（王炳烈，1997）。

二、禽肉工廠如何實施 HACCP 制度

家禽電宰肉品廠如何有效實施 HACCP 計畫，工廠須鑑定與規劃影響品質之製造、包裝、儲存、運銷至消費者手中等所有作業，均在管制下進行。至於禽肉工廠的 HACCP 之實施要項包括下列幾點：

1. 危害分析（包括微生物、抗生素殘留、重金屬）。

2. 重要管制點（如屠體中心穩溫度之管制、用水管制及鮮度等）。

3. 設定管制界限（包括微生物、抗生素殘留、重金屬及鮮度指標）。

4. 鮮度要求（採用電腦自動分級控制）。

5. 預防與矯正措施（包括不合格品處理及品質衛生訓練等）。

6. 文件與記錄（包括獸醫檢體、磺胺劑檢驗、屠體中心溫度檢驗、冷卻水槽溫度、冷卻水槽殘氯檢驗及不合格品處理記錄；

7. 稽核（包括每日巡迴稽核及每月定期檢討改善）（鄭金慶，1997）。

HACCP 的目標在於「從生產到零售所有相關的廠商均根據 HACCP 理論執行產品品質保證系統」，最終做到讓消費者對禽畜肉品有信心，以確保消費者能得到安全的禽畜肉製品。

第六節　肉品的製備與加工

　　肉的熟度（表 5-10）是指在烹煮過程中的各個不同階段，由肉的顏色、濕潤程度和耐嚼度來定義。熟度的不同是因為肉類含有對溫度十分敏銳的纖維蛋白分子。肌肉纖維一旦受熱，其中的蛋白質就會彼此黏接，且距離越來越近，肌肉也變得越來越緊實，同時釋放出更多水分，直到所有水分都喪失殆盡。

↘ 表 5-10　牛排的加熱程度

一分熟(rare)	肉的中心溫度約為 55~65℃，仍是生肉，用刀切開時有紅色血水流出，但肉質最嫩。
五分熟(medium)	肉的中心溫度約為 65~70℃，切口及中心部位為桃紅色，有少許肉汁流出，肉塊的大小會有些許收縮。
完全熟(well-done)	肉的中心溫度約為 70~80℃，肉色隨著加熱條件的不同而變成灰色，肉質較硬。
過熟(very well-done)	肉的中心溫度約為 90~95℃，肉塊的重量減少，無肉汁流出，肌纖維變乾的狀態。

一、鹽漬(curing)

　　鹽漬目的在使醃漬液成分（鹽、硝酸鹽、亞硝酸鹽、糖及調料、香辛料等）均勻分布於肉中，為早期肉的鹽漬保存方法之一，但因加工技術演進，如採用熱處理及冷藏保存，已不再視鹽漬為保存肉品的唯一方法。但鹽漬可改變肉類的色澤、風味與耐藏性，仍為廣被採用的一種加工技術。鹽漬的方法很多，一般將之區分為乾鹽法與濕鹽法兩種，乾鹽醃漬肉食鹽用量通常以肉重 3%為之。醃漬速率視時間及溫度而定，溫度越高，滲透速率越快，但溫度太高會促進腐敗菌滋生，在醃漬成分完全滲透前，肉早已變酸。對於亞硝酸鹽的使用量必須依食品添加物使用範圍及用量標準，肉製品以不超過 70 PPM 為主，生鮮肉類則不得使用。而美國在 1977 年曾提出對亞硝酸鹽的建議用量，顯然較我國用量為高，如表 5-11 所述。

↘ 表 5-11　美國 1977 年對亞硝酸鹽之建議使用量及殘留量

製類	鹽漬液 亞硝鹽酸	製品中的量 亞硝酸鉀	製品中殘留量 亞硝酸鈉
添加火腿、肩肉、醃牛肉、罐製挽碎肉、火腿肉醬、罐裝火腿	156PPM	192PPM	125PPM
臘肉	120PPM	156PPM	80PPM
法蘭克福香腸、伯樂納、羅浮、午餐肉	156PPM	192PPM	100PPM
鄉村醃火腿	624PPM	768PPM	200PPM
夏季香腸	156PPM	193PPM	200PPM

　　亞硝酸鹽的主要功能為保持肉之鮮色、具抗氧化能力、給予特殊風味及控制微生物之生長，尤其是肉毒桿菌(*Clostridium botulinum*)。其呈色機構如下圖。

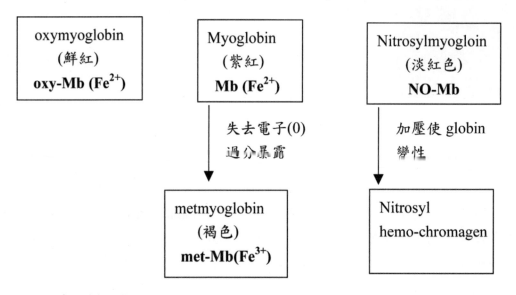

　　而 $NO_3^- \xrightarrow{\text{硝酸還原菌}} NO_2^- \longrightarrow NO+NO_2$，亞硝酸鹽易與 2 級胺形成致癌物質。

　　濕鹽法在鹽液浸漬(brine soaking)中，因滲透速率較低，大塊肉醃漬較易腐敗，故需受到嚴格的限制。商業上仍然用於小塊肉，如培根(bacon)、肩肉、後腿肉塊等。一般肉重與醃液適當比例為 3：1，醃液總鹽量約 18%。肉塊要定時翻轉，以使滲透均勻。醃漬室內溫度 5~12℃，濕度 65~75%，室內不能太亮或太潮濕，以利醃漬。

鹽漬強度與時間依最終產品所需鹽度而不同。醃液雖可重複使用，但要殺菌及調整鹽度，因醃液會被稀釋而遭細菌所汙染。將醃漬液直接強迫注入肉中即可加速達成，並縮短醃漬時間，且能均勻地使醃漬成分分布於肉中，此為醃液注射法關鍵所在。醃液的注射量不要超過原來肉重的 10%。

通常使用在完整的肉塊如整隻後腿，找到骨動脈(femoral artery)，將醃液注入並隨著脈系統分布到整隻後腿，置於冷藏庫 5~7 天，即可改進醃漬液分布的均一性，此為動脈灌注法(artery pumping)之加工要領。動脈灌注法之缺點速度慢且耗勞力。欲使動脈灌注成功，在屠宰、分切及隨後的操作中，需特別小心以確保動脈的完整。另有一種真空鹽漬法，此法是將經醃漬的肉塊利用特殊的真空包裝，再置於冷藏庫內，以達到醃漬及熟成的目的，此法在歐洲甚為流行。

二、燻製(smoking)

燻製乃利用木材不完全燃燒所產生的煙來燻食品，同時將食品乾燥，如此可提高貯藏性並具有特殊風味的一種加工方法。為使肉品有穩定醃漬的色澤，肉品在燻煙之前，必先經乾燥處理，以利煙的附著與滲透。

肉製品燻煙的主要目的在於增加風味、保存作用、創造新產品、增強產品的色澤及防止產品的氧化。有些肉製品藉助燻煙處理來增強肉製品表面的褐色效果，此褐色反應(browning)或稱梅納反應(Maillard reaction)，主要由蛋白質中的游離胺基酸或其他含氮化合物與蔗糖或其他碳水化合物之羰基(carbonyl group)的化學反應。因為羰基物質是煙材的主要成分，因此肉製品燻煙時，它就是促成褐色反應的成分。燻煙方法大致可分為冷燻法、溫燻法及熱燻法三種，還有特殊的液燻法與電燻法。

三、乾製(drying)

將食品中的水分去除之操作並因此降低水活性，稱為乾燥。食品乾燥的主要目的為抑制微生物及酵素作用，以提高食品的保存性；減少重量，便於運輸及保存；改善食品的風味；為食品加工製程的一部分，例如配合醃漬、燻煙與蒸煮的操作。一般常用熱風乾燥機，乾燥速率受空氣的濕度、溫度、風速及風向等因素的影響。另冷凍乾燥、噴霧乾燥等法可用於不同的加工途徑上。

四、焙烤(roasting)

將原料肉及配料打成肉漿後，充填入特定模型中，利用烤爐予以烤熟，即為焙烤原理所在，如特殊的肉製品肉羅扶(meat loaf)。一般烤爐設有自動溫度控制器可調整烘焙溫度，起初熱溫度 130~140℃，加熱 5~10 分鐘後，提高至 170~180℃，繼續加熱 30~40 分鐘後即可取出。此時經焙烤後肉品外表乾燥結皮，色呈金黃的褐變反應。焙烤也可利用微波爐及遠紅外線烤爐來進行直接加熱與烤熱。

五、水煮(boiling)

通常燻煙後的肉製品要同時配合水煮處理，例如腿肉、肩肉等大塊肉燻煙製品和許多香腸製品，皆需經燻煙與水煮處理。水煮鍋常用蒸氣的雙重釜、恆溫水煮鍋或是多功能的燻煙室(smoke house)。水煮的最後溫度以製品水煮時所達到的中心溫度來表示。燻煙塊肉如後腿肉、肩肉等之水煮最低限度必須破壞旋毛蟲(trichinae)，即 58.3℃以上，但在工廠實際作業時都用 60℃，而法蘭克福、大口徑香腸及肉羅扶類製品，一般中心溫度是 68.3℃，水煮式火腿製品之中心溫度是 65.5~68.3℃。實際上水煮作業時，水槽溫度設定在 80~85℃，使用製品在較長時間慢慢加熱，以獲得較高的製成率。自動調節的燻煙室利用乾、濕球溫度間的升降率來控制濕度（可自動噴水來提高濕度），才能獲得燻煙及水煮所需的溫度、濕度及操作時間的精確控制。

 第七節　各種肉製品之特性

我國傳統肉製品的種類很多，而香腸、火腿、臘肉是加工肉品中消費最普遍，且生產量最高的肉製品，其中又以香腸居首。茲將使用豬肉為原料的肉製產品，整理如表 5-12。

↘ 表 5-12　原料為豬肉的肉製產品

產品	使用原料之種類
中式火腿	豬後腿肉經醃製熟成醱酵而成
臘肉	五花豬肉
中式香腸	瘦肉+肥肉
貢丸	乳化狀態
肉鬆	後腿瘦肉
肉酥	豬肉放血完全之前腿或里肌肉
肉腳	後腿瘦肉
肉脯	後腿部分較大塊的瘦肉
醬肉	五花肉

一、香腸

　　製法可分為醃漬、灌製、乾燥等三步驟。一般將原料肉絞切後，瘦肉混合各種配料攪拌生黏，加入切塊的碎油，均勻後置於冷藏庫，隔夜充填入腸衣中並乾燥之。香腸的分類如表 5-13 所述，至於原料與配料比例則依香腸種類不同而不同。

↘ 表 5-13　香腸的分類

分類	特性	例子
新鮮香腸	新鮮肉類（未鹽漬） 絞碎、調味且常充入腸衣中、在食用前必須完全煮熟	新鮮豬肉香腸
乾燥和半乾燥香腸	鹽漬肉類：空氣乾燥；乾燥前可能燻煙，可冷食的	義大利香腸
煮熟香腸	鹽漬肉類：絞碎、調味、充入腸衣中煮熟的，有時還燻煙，通常是冷食的	肝香腸 肝酪香腸
煮熟、燻煙香腸	鹽漬肉類：絞碎、調味、充入腸衣中、燻煙，而且完全煮熟、並不需要再煮過，但是有些人在食用前會先熱過	法蘭克福香腸、波哥那香腸、義大利香腸
未煮熟、燻煙香腸	新鮮肉類：鹽漬或未鹽漬、充腸、燻煙，但是並未煮熟，在食用前必須小心的煮熟	燻煙的中國式豬肉香腸
煮熟的特殊肉類	特別製備的肉品：鹽漬或未鹽漬，煮熟但很少燻煙，經常以切片出售；通常是冷食性的	肉片、烤肉餅

新鮮豬肉香腸，瘦肉含量為 65%；半乾式香腸是以豬肉或牛肉或二者混合做原料。而香腸製造中添加物之功能為 NaCl：添加 4.0~4.5%以抽取鹽溶蛋白；磷酸鹽：提高 pH 增加保水和乳化效果，另可螯合鈣、鎂等影響乳化的離子。脫脂乳粉：可增進保水性、乳化性。大豆分離蛋白、穀物及馬鈴薯澱粉亦可增進保水性。

二、火腿

中式火腿係由豬後腿經醃漬陳藏（熟成）醱酵而成，往昔多利用冬季醃腿，回春氣溫上升陳藏醱酵而成製品。

臺式火腿以豬後腿肉為原料，經切塊去筋腱後與鹽漬劑、調味料混合醃漬，置於冷藏室隔夜，或經按摩混合後即可充填。經乾燥燻煙 3 個小時後，再經蒸煮 45分鐘後取出冷卻。若原料肉品質好，衛生安全，且加工環境均符合衛生要求時，這種製品在室溫存放大約可維持一個月不會變壞，但為安全起見乃建議冷藏為宜。

三、臘肉

原料肉為整型過之腹脇肉（三層肉）或豬前腿肉切成寬約 3 公分的肉條。醃漬液之配製是以肉重之 40%為原則。製法分為：1.醃漬：將肉條浸入醃漬液，置入冰箱(5~8℃)冷藏醃漬，每隔 6 小時翻轉一次，共兩天；2.燻煙：取出肉條穿繩吊掛於乾燥器內，以 60℃乾燥 2 小時，次以 65℃燻煙 1 小時。欲獲得良好之外觀，可加紅糖或砂糖，再放入金屬製烤肉網架燻製。

四、肉鬆

肉鬆入口即酥化且具纖維咬感，乃為新鮮原料肉經過水煮和焙乾處理。將原料肉煮至肉纖維易於捶開，次將捶開的肉纖維與配料及約 10%肉汁以焙炒至乾。豬油加熱至香味出來再潑至肉鬆上，以增加其香味及光澤。

五、貢丸

貢丸的製造是利用鹽將豬肌肉中的鹽溶性蛋白質溶出，使原料中之脂肪及水乳化成一種安定的乳濁狀態。成品的好壞受到原料肉品質、溫度、pH 及加工方法的影響。

六、西式肉製品

世界各國中，德國肉製品加工精細種類繁多，首屈一指。目前，其香腸製品已超過 1000 種，如人們所熟悉的維也納香腸、法蘭克福香腸等。其肉製品大體可分為：香腸類製品和醃製品兩大類。香腸類製品包括：1.生香腸類如沙拉米(Salami)、車維拉香腸(Cervelatwurst)、普羅克香腸(Plockwurst)、茶香腸(Teewurst)；2.蒸煮香腸類如啤酒火腿(Bierschinken)、肉香腸(Fleischwurst)、法蘭克福小香腸(Frankfurter Wurstchen)、肉羅扶／肝羅扶(Fleisch-Leberkaese)；3.煮式香腸類如肝香腸(Leberwurst)、脂血香腸(Speckblutwurst)、舌血香腸(Zungenrotwurst)、紅／血香腸(Rotwurst/Blutwurst)、肉凍類(Suelzen/Aspikwaren)。醃類製品包括：1.生醃製品如肥背脂(Fetter Speck)、培根(bacon)、帶骨里脊肉塊(Kasseler Rippespeck)、燻牛肉塊(Rinderrauchfleisch)、帶骨火腿(Knochenschinken)、仿鮭肉火腿(Lachsschinken)；2.熟醃製品如熟煮火腿(Schinken, Gekocht)等。

 第八節　優良農產品肉品項目驗證基準

一、品質規格

項目	品質規格
原料肉規定	一、冷藏、冷凍豬肉、牛肉及禽肉（以下統稱冷藏、冷凍生鮮肉品）
	(一) 供製原料肉之毛豬、牛隻及家禽，應於主管機關認可之屠宰場屠宰，並經屠宰衛生檢查合格，且經優良農產品驗證現場審核小組現場評核者。
	(二) 前項供製原料肉者，不得為種豬肉或淘汰禽肉。
	(三) 豬肉屠體應於1小時內進行預冷，後腿中心溫度應在18小時內達到0~5℃。
	(四) 家禽屠體應於30分鐘內進行預冷，腿部中心溫度應在4小時內達到7℃。
	(五) 牛肉屠宰後屠體應預冷至中心溫度5℃以下。
	(六) 原料肉均應於15℃以下之作業環境進行分切包裝。冷藏肉移入–2~7℃冷藏庫儲存；冷凍肉須經急速凍結後再移入–25℃之凍藏庫儲存。
	(七) 冷藏豬肉、牛肉及禽肉之中心溫度應在–2~7℃。冷凍豬肉、牛肉及禽肉之中心溫度應在–18℃以下。
	(八) 非一貫作業之廠商，其原料肉應為優良農產品驗證肉品
	(九) 不得使用任何食品添加物。

項目	品質規格
原料肉規定（續）	二、中式香腸、臘肉／培根、西式火腿（去骨火腿、壓型火腿、禽肉原型火腿、禽肉壓型火腿）、西式香腸（完全乳化型香腸、含肉顆粒乳化型香腸、禽肉乳化型香腸）、中式乳化型肉品、肉酥、肉絨、肉乾、裹粉裹麵肉品、調理肉製品等，冷藏、冷凍生鮮肉品以外之所有肉品品項（以下統稱加工肉品），其所使用原料肉，均須符合下列規定： （一）供製原料肉應符合前項冷藏、冷凍生鮮肉品之品質規格規定。 （二）非一貫作業之廠商，其原料肉應為優良農產品驗證肉品。 （三）原料肉均應新鮮而無異味者。
其他原料	一、所有加工肉品使用之其他原料，如：食鹽、糖、醬油、香辛料、單離黃豆蛋白、玉米糖漿、蛋白粉、黃豆粉、脫脂乳粉、穀類物、穀類澱粉、植物性澱粉、全脂乳粉、黃豆蛋白濃縮物及其他非肉類原料（包括各式蔬菜）等，應符合《食品安全衛生管理法》之規定。 二、中式香腸、臘肉／培根、西式火腿（去骨火腿、壓型火腿、禽肉原型火腿、禽肉壓型火腿）、西式香腸（完全乳化型香腸、含肉顆粒乳化型香腸、禽肉乳化型香腸）及中式乳化型肉品 （一）西式香腸（完全乳化型香腸、含肉顆粒乳化型香腸）得添加可食性副產物：豬與牛的心臟、舌頭等，不得超過原料肉10%。 （二）腸衣應採用可食性人造腸衣、不可食性腸衣或健康牲畜腸管製成之清潔、無破損可食性天然腸衣。 （三）染色腸衣之色素需符合〈食品添加物使用範圍及限量暨規格標準〉規定。 （四）腸衣之甲醛管制量 　　1. 游離性甲醛 　　　可食性腸衣：10 ppm 以下 　　　不可食性腸衣：100 ppm 以下。 　　2. 結合性甲醛 　　　可食性腸衣：10 ppm 以下 　　　不可食性腸衣：200 ppm 以下。 三、肉酥、肉絨、肉乾 （一）食用豬脂：應符合 CNS 2421 食用豬脂規定。 （二）豆粉：應新鮮、無污物及雜質混雜。含有人工色素者應於產品標示上註明。 （三）麵粉：應符合 CNS 550 麵粉規定。

項目	品質規格
其他原料（續）	（四）紅糖：新鮮清潔，無不良氣味，確係發酵製成者，並不得含有人工色素。 （五）豆粉及麵粉等之總量，於肉酥產品不得超過煮熟原料肉重之15%，於肉絨產品不得超過煮熟原料肉重之 7%。肉乾產品不得添加；若澱粉來自其他原料，則其容許度為 1%以下。 四、裹粉裹麵肉品 　　裹漿或裹粉材料：單離黃豆蛋白、玉米糖漿、蛋白粉、黃豆粉、脫脂乳粉、穀類物、穀類澱粉、植物性澱粉、全脂乳粉、黃豆蛋白濃縮物等，應符合《食品安全衛生管理法》之規定。 五、調理肉製品 　　調理肉製品材料：單離黃豆蛋白、玉米糖漿、蛋白粉、黃豆粉、全脂或脫脂乳粉、穀類物、植物性澱粉、黃豆蛋白濃縮物及其他非肉類原料（包括各式蔬菜）等，應符合《食品安全衛生管理法》之規定。
官能性質	一、冷藏、冷凍生鮮豬肉、牛肉及禽肉 　（一）肉質生鮮，無瘀血，表皮無膿瘡，肉表面無污染毛屑及異物。 　（二）氣味與色澤正常，無嚴重失色及水化現象。 　（三）無骨折。 二、中式香腸、西式火腿（去骨火腿、壓型火腿、禽肉原型火腿、禽肉壓型火腿）、西式香腸（完全乳化型香腸、含肉顆粒乳化型香腸、禽肉乳化型香腸）及中式乳化型肉品 　（一）表面無嚴重滲出之汁液及油脂者，且汁液不得呈混濁狀。 　（二）無汙物、黴斑或其他異物附著。 　（三）色澤正常、氣味與風味良好。 　（四）組織結著性良好。 　（五）切面組織均勻，且無大的空隙存在。 三、臘肉／培根 　（一）形狀：表面平直，修割整齊，無毛骨及乳頭附著之塊狀或薄片狀。 　（二）色澤：赤褐色或黃褐色（片狀者：赤肉部分呈粉紅色、脂肪白色）。 　（三）清潔：表面清潔無塵汙及雜質附著。 　（四）氣味：無腐敗或其他異味。 　（五）鹹度：食鹽成分適量。 　（六）蟲黴：無蟲、黴斑或其他異物附著。 　（七）肉質：良好、無汁液分離，赤肉與脂肪結著良好其比率適當。

項目	品質規格
官能性質（續）	四、肉酥、肉絨 （一）色澤：外觀鮮美呈無焦化物。 （二）氣味：具固有之甘香，不得有焦臭、油臭或其他不良氣味。 （三）口味：鹹甜適口，入口鬆酥易碎，不得有油脂酸敗味。 （四）粗細：肌肉纖維酥鬆，油結凝塊之大小均勻，不得含有硬固不化之渣質。 （五）純度：不得含混筋腱、焦化纖維，植物或骨粉汙物及異物。 五、肉乾 （一）形狀方形、長方形或長條形，同一包裝之產品大小及形狀應略一致。 （二）無汙物、黴斑或其他異物附著。 （三）色澤正常，具鮮美之光澤，氣味及風味良好，不得有油脂酸敗味。 六、裹粉裹麵肉品 （一）產品外觀完整，無破損。 （二）無汙物、或無其他異物附著。 （三）色澤正常、氣味與風味良好。 （四）組織結著性良好。 七、調理肉製品 （一）無汙物、黴斑或其他異物附著。 （二）色澤正常、氣味與風味良好。 （三）組織結著性良好。 （四）表面無嚴重滲出液及油脂，且汁液不得呈混濁狀。
食品添加物	食品添加物應符合衛生福利部所定「食品添加物使用範圍及限量暨規格標準」之規定。
包裝規定	1. 優良農產品標章之使用應符合〈農產品標章管理辦法〉規定。 2. 應符合衛生福利部所定〈食品器具容器包裝衛生標準〉之規定。 3. 包裝材料，例如塑膠紙（袋）、保麗龍盒、吸水紙、紙箱等均應為清潔堅牢之新品。 4. 紙箱以符合 CNS 1454 瓦楞紙板 A、C 兩類為原則。 5. 不得使用騎釘。 6. 產品名稱須與內容物相符。

二、標示項目及方法

一、冷藏、冷凍生鮮豬肉、牛肉及禽肉

(一) 標示項目應包括下列各項,並請依實際情形標明。

1. 品名:以屠體名稱或分切部位方式命名為原則。並標示英文名稱。

(1) 豬肉:梅花肉、里肌肉、後腿肉、五花肉塊、絞肉、火鍋肉片、肉絲⋯等。

(2) 牛肉:牛小排、腱子肉、沙朗、紐約克⋯等。

(3) 禽肉:全雞、全鴨、雞翅、雞腿、雞胸肉、雞里肌肉⋯等。

2. 淨重或數量:以公斤或公克(或數量)為單位,清楚標示。應標示實際重量之最小值,不得以範圍、正負值、不一致或其他不確定之方式標示。

3. 有效日期:按下列任何一種方式標示。

(1) 民國〇〇年〇〇月〇〇日。

(2) 〇〇.〇〇.〇〇(民國年.月.日)。

(3) 〇〇〇〇.〇〇.〇〇(西元年.月.日)。

4. 保存條件:須確實標明「冷藏 7℃以下」或「冷凍-18℃以下」,僅能標示其中一項。

5. 保存期限:冷凍小分切肉品,業者應自行評估及訂定保存期限,且應提出相關評估證明。若保存期限內產品品質發生劣變,廠商應自行負擔相關法律責任。

6. 製造業者的名稱、地址及電話。

7. 委託代工之產品須標示受委託生產廠商與委託者之名稱、地址及電話。

牛肉原料原產地:以其屠宰國為原產地(國),應以中文顯著標示其原產地(國)或等同意義字樣。

(二) 超市販售之驗證產品其標示規定如下:

應包括:(A)品名 (B)淨重 (C)有效日期 (D)保存條件 (E)製造商名稱、地址及電話。

(三) 淨重應扣除包裝袋、包材及內附調味醬料包等之重量。

二、中式香腸、臘肉/培根、西式火腿(去骨火腿、壓型火腿、禽肉原型火腿、禽肉壓型火腿)、西式香腸(完全乳化型香腸、含肉顆粒乳化型香腸、禽肉乳化型香腸)、肉酥、肉絨、肉乾、禽肉火腿、禽肉乳化型香腸、中式乳化型肉品、裹粉裹麵肉品及調理肉製品

(一) 標示項目應包括下列各項,並請依實際情形標明。

1. 品名:

(1) 需註明〇〇香腸、〇〇臘肉、〇〇培根、〇〇火腿、〇〇貢丸、〇〇肉酥、〇〇肉絨、〇〇肉乾、〇〇雞塊或〇〇咕咾肉等產品品名。並標示英文名稱。

標示項目及方法

標示項目及方法（續）

(2) 肉酥、肉絨：

- 肉酥為現今國家標準之正名，如有必要以俗名肉鬆出現，則請在肉酥（大字體）正名之右下方以肉鬆（小字體）出現之。 例：○○肉酥（肉鬆）
- 肉絨為現今國家標準之正名，如有必要以俗名肉脯出現則請在肉絨（大字體）正名之右下方以肉脯（小字體）出現之。例：○○肉絨（肉脯）

2. 原料：依重量百分比由多至少排列標出，依常用名稱標示。

3. 淨重或數量：以公斤或公克（或數量）為單位，清楚標示。應標示實際重量之最小值，不得以範圍、正負值、不一致或其他不確定之方式標示。淨重與數量可同時標示，如：500 公克／包，每包含 1 隻或 4~6 塊。

4. 食品添加物名稱：食品中如添加防腐劑、抗氧化劑、人工甘味料者， 應同時標示其用途名稱及品名或通用名稱。如己二烯酸（防腐劑）。未添加食品添加物，則請標示為「食品添加物：無」。

5. 營養標示：應符合衛生福利部所定〈包裝食品營養標示應遵行事項〉與〈包裝食品營養宣稱應遵行事項〉之規定辦理。

6. 裹麵率（僅裹粉裹麵類肉品須標示）：不可高於 50%以上，並只能視實際產品標示以下六種規格之一：25%以下者標示 25%，30%以下且高於 25%者標示 30%，35%以下且高於 30%者標示 35%，40%以下且高於 35%者標示 40%，45%以下且高於 40%者標示 45%，50%以下且高於 45%者標示 50%。

7. 水分（僅肉乾須標示）：如 25%以下。

8. 固形量及含肉百分比(%)（僅調理肉製品須標示）：由廠商自行標示，並送驗證機構核可。

9. 有效日期：按下列任何一種方式標示。

(1) 民國○○年○○月○○日。

(2) ○○.○○.○○（民國年.月.日）。

(3) ○○○○.○○.○○（西元年.月.日）。

10. 保存條件：

(1) 冷藏、冷凍肉製品：須確實標明「冷藏 7℃以下」或「冷凍-18℃以下」，僅能標示其中一項。

(2) 室溫保存產品：如肉酥、肉絨、肉乾請標明室溫。

11. 使用方法：依產品特性描述烹調或食用方法。

12. 製造業者的名稱、地址及電話。

標示項目及方法（續）	13. 委託代工之產品須標示受委託生產廠商與委託者之名稱、地址。 14. 產品包裝內另附之調味包（或沾料）應符合衛生福利部食品標示之規定，標明其原料、添加物名稱及製造日期…等。 15. 其他事項應符合衛生主管機關相關規範，例如：〈市售真空包裝食品標示相關規定〉。
禁止標示事項	(一) 讓消費者誤認是食品品評會得獎的措辭（若與品評會得獎之製品採同一規格製造，並標上得獎年度者不在此限），和讓消費者誤認是政府單位推薦的字樣。 (二) 與上列標示事項規定內容相矛盾的用語。 (三) 其他會令人誤解內容物的文字、圖案等標示。 (四) 醫藥療效。
營養標示範例	<table><tr><td colspan="3" align="center">營養標示</td></tr><tr><td colspan="3">每一份量　　公克（或毫升） 本包裝含　　份</td></tr><tr><td></td><td>每份</td><td>每日參考值百分比</td></tr><tr><td>熱 量</td><td>大卡</td><td>%</td></tr><tr><td>蛋白質</td><td>公克</td><td>%</td></tr><tr><td>脂肪</td><td>公克</td><td>%</td></tr><tr><td>　飽和脂肪</td><td>公克</td><td>%</td></tr><tr><td>　反式脂肪</td><td>公克</td><td>*</td></tr><tr><td>碳水化合物</td><td>公克</td><td>%</td></tr><tr><td>　糖</td><td>公克</td><td>*</td></tr><tr><td>鈉</td><td>毫克</td><td>%</td></tr><tr><td>宣稱之營養素含量</td><td>公克、毫克或微克</td><td>%或*</td></tr><tr><td>其他營養素含量</td><td>公克、毫克或微克</td><td>%或*</td></tr><tr><td colspan="3">*參考值未訂定 每日參考值：熱量 2000 大卡、蛋白質 60 公克、脂肪 60 公克、飽和脂肪 18 公克、碳水化合物 300 公克、鈉 2000 毫克、宣稱之營養素每日參考值、其他營養素每日參考值</td></tr></table>

註：衛生福利部所定應標示項目如有修正時，依新公告或發布者為準。

三、冷藏與冷凍豬肉、牛肉及禽肉檢驗項目、方法及基準

項目		方法	基準		備註
			冷藏肉	冷凍肉	
標示	品名	感官測試	正確名稱		
	淨重		足重(gm)		
	有效日期		年月日，天		
	保存條件		-2℃～+7℃	-18℃以下	
	製造商		符合規定		
	CAS 標示		符合規定		
官能性質	包裝	感官測試	完整無破損		
	色澤	感官測試	正常		
	滲出液	以磅秤定量	2%以下	豬肉：7%以下 牛肉：5%以下禽肉：8%以下	滲出液檢驗值之有效數字為整數，檢驗結果採小數點一位經四捨五入後之整數。
	氣味	感官測試	正常		
	肉質	感官測試	良好		瘀血之容許度為小於 3cm²
動物用藥	檢驗項目如四	檢驗方法如四	判定基準以衛生福利部所定〈動物用藥殘留標準〉，惟牛肉之乙型受體素除外，判定基準為不得檢出。		檢驗頻率如四
微生物	檢驗項目如五	檢驗方法如五	判定基準如六		檢驗頻率如五

註一：檢驗方法及衛生標準如有修正時，以新公告或發布者為準。
註二：其他動物用藥及農藥殘留檢測，配合主管機關或偶發事件機動進行檢測。

四、藥物殘留檢驗項目、方法及每年最低取樣頻率表

項目	方法	每年最低取樣頻率	
		畜肉及其製品	禽肉及其製品
四環黴素類	依據部授食字第 1031901795 號公告修正食品中動物用藥殘留量檢驗方法－四環黴素類抗生素之檢驗	2 次／大類	2 次／大類
氯黴素類	依據部授食字第 1031900630 號公告修正食品中動物用藥殘留量檢驗方法－氯黴素類抗生素之檢驗	2 次／大類	2 次／大類
磺胺劑及奎諾酮類	依據部授食字第 1021950329 號公告修正食品中動物用藥殘留量檢驗方法－多重殘留分析（二）	1 次／大類	2 次／大類
乙型受體素	依據部授食字第 1021951106 號公告修正食品中動物用藥殘留量檢驗方法－乙型受體素類多重殘留分析	豬肉產品 1 次／大類，牛肉產品 3 次／大類	1 次／大類（僅適用於鴨肉與鵝肉產品）
荷爾蒙	依據部授食字第 1021950329 號公告修正食品中動物用藥殘留檢驗方法－黃體荷爾蒙助孕酮、17α-羥基助孕酮、4-雄烯-3,17-二酮及睪固酮之檢驗	1 次／大類（僅適用於牛肉產品）	1 次／大類（僅適用於鴨肉與鵝肉產品）
抗原蟲劑	依據部授食字第 1021950329 號公告修正食品中動物用藥殘留量檢驗方法－抗原蟲劑多重殘留分析	／	1 次／大類
硝基呋喃類抗生素	依據部授食字第 1021950758 號公告修正食品中動物用藥殘留量檢驗方法－硝基呋喃代謝物之檢驗	1 次／大類	1 次／大類
內醯胺類抗生素	依據部授食字第 1021950329 號公告修正食品中動物用藥殘留量檢驗方法－β-內醯胺類抗生素之檢驗	1 次／大類	1 次／大類
離子型抗球蟲藥	依據部授食字第 1021950535 號公告修正食品中動物用藥殘留量檢驗方法－離子型抗球蟲藥之檢驗	／	1 次／大類

註一： 檢驗方法如有修正時，以新公告或發布者為準。
註二： 其他動物用藥及農藥殘留檢測，配合主管機關或偶發事件機動進行檢測。
註三： 判定基準以衛生福利部所定「動物用藥殘留標準」為準，牛肉之乙型受體素除外，判定基準為不得檢出。

五、微生物檢驗項目、方法及每年最低取樣頻率表

	項目		黴菌及酵母菌 CFU/g	生菌數 CFU/g	大腸桿菌群 MPN/g	大腸桿菌 MPN/g	沙門氏桿菌	金黃色葡萄球菌 MPN/g	李斯特特菌
	方法		依據部授食字第1021950329號食品微生物之檢驗法－黴菌及酵母菌之檢驗	依據部授食字第1021950329號食品微生物之檢驗方法－生菌數之檢驗	依據部授食字第1021950329號食品微生物之檢驗方法－大腸桿菌群之檢驗	依據部授食字第1021951163號食品微生物之檢驗方法－大腸桿菌之檢驗	依據部授食字第1021951187號食品微生物之檢驗方法－沙門氏桿菌之檢驗	依據部授食字第1041901818號食品微生物之檢驗方法－金黃色葡萄球菌之檢驗	依據部授食字第1021951354號食品微生物之檢驗方法－單核球增多性李斯特菌之檢驗
每年最低取樣頻率	生鮮肉品	冷藏豬／牛／禽肉	/	每次檢驗	/	2次	2次	/	/
		冷凍豬／牛／禽肉 鮮肉類	/	每次檢驗	/	每次檢驗	2次	/	/
		冷凍豬／牛／禽肉 絞肉類	/	每次檢驗	/	每次檢驗	2次	/	/
	加工肉品	發酵類肉製品	/	/	/	2次	1次	1次	/
		乾燥類肉製品	1次	/	每次檢驗	每次檢驗	每次檢驗	2次	/
		未全熟類肉製品 冷藏品	/	2次	/	每次檢驗	2次	2次	/
		未全熟類肉製品 冷凍品	/	每次檢驗	/	每次檢驗	2次	2次	/
		全熟類肉製品 冷藏品	/	2次	每次檢驗	每次檢驗	2次	2次	2次
		全熟類肉製品 冷凍品	/	每次檢驗	每次檢驗	每次檢驗	2次	2次	2次

說明：「每次檢驗」：係指各產品抽驗頻率每年有 2~6 次不等，於每次抽驗時均檢驗該項目。

六、優良農產品肉品項目微生物基準

分類		黴菌及酵母菌 CFU/g	生菌數 CFU/g	大腸桿菌群 MPN/g	大腸桿菌 MPN/g	沙門氏桿菌	金黃色葡萄球菌 MPN/g	李斯特菌
生鮮肉品	冷藏 豬／牛／禽肉	／	*3×10^{7}以下	／	／	*陰性	／	／
	冷凍豬／牛／禽肉 鮮肉類	／	*3×10^{6}以下	／	*50以下	*陰性	／	／
	冷凍豬／牛／禽肉 絞肉類	／	*5×10^{6}以下	／	*50以下	*陰性	／	／
加工肉品	發酵類肉製品	／	／	／	*50以下	陰性	*100以下	／
	乾燥類肉製品	*200以下	／	10^{3}以下	陰性	陰性	*陰性	／
	未全熟類肉製品 冷藏品	／	／	／	*50以下	／	*100以下	／
	未全熟類肉製品 冷凍品	／	3×10^{6}以下	／	50以下	陰性	*50以下 裹粉／麵肉品25以下	／
	全熟類肉製品 冷藏品	／	*1×10^{6}以下	10^{3}以下	陰性	陰性	*陰性	*陰性
	全熟類肉製品 冷凍品	／	1×10^{5}以下	10以下	陰性	陰性	*陰性	*陰性

說明：

1. 須或不須再調理始（即）可供食之肉品，歸屬未全熟或全熟加工品，係依其加工方式、加熱條件判斷，或依據廠商之產品標示。

2. 未全熟類肉製品係依據其加工方式為加熱至中心溫度 72℃以下（禽肉為 74℃以下）之產品。全熟類肉製品係依據其加工方式為加熱至中心溫度 72℃以上（禽肉為 74℃以上）之產品。

3. ＊：表食品衛生標準中無規定，而優良農產品驗證規定者。

4. 生鮮肉品檢出沙門氏桿菌呈陽性、生菌數、大腸桿菌超標者，判定為「衛生管理缺失」，並加強追蹤抽驗。生菌數、大腸桿菌 1 年內累計 3 次衛生管理缺失，判為 1 次產品檢驗不合格。

5. ／：為平常不需檢驗，必要時加強追蹤檢驗。

七、加工肉製品之一般成分基準

分類	中式香腸	西式火腿[a]	西式香腸[a]	禽肉火腿[a]	禽肉香腸	中式乳化型肉品	肉酥	肉絨	肉乾	裹粉裹麵肉製品
水分 Moisture (%)	參考用	75 以下	68 以下	75 以下	68 以下	/	4 以下	15 以下	25 以下	/
灰分 Ash (%)	6 以下	5 以下	5 以下	5 以下	5 以下	/	7 以下	9 以下	/	/
脂肪 Fat (%)	32 以下	7 以下	30 以下	7 以下	28 以下	22 以下	25 以下	16 以下	/	13 以下
蛋白質 Protein (%)	16 以上	15 以上	12 以上	15 以上	11 以上	14 以上	28 以上	31 以上	/	/
水活性 Water Activity	/	/	/	/	/	/	/	/	0.80 以下	/

[a] 以完整肉塊製成產品之一般成分，僅供參考。

第九節　肉製品之相關研究

　　鑑於傳統加工食品市場的飽和及利潤下降及未來加入 WTO 進口食品增加之衝擊，食品業正處於轉型的關鍵期，必須提高食品加工技術之水準，以帶動整體產業競爭力的提升。因此，農委會長期支持國內各大專院校及學術研究機構，從事各種畜產加工相關研究，開發關鍵性及實用性之加工及品質管理技術，已有顯著成果及提升產業水準。目前對肉製品之相關研究相當多，其研究主題如下：雞肉蒸煮火腿之製造；淘汰蛋雞之加工利用－雞肉火腿、貢丸、雞肉羅浮、雞肉棒、雞肉法蘭克福香腸及重組肉排或炸雞肉塊的製造利用；煙燻鴨排之製造；淘汰雞腿肉對低脂法蘭克福香腸品質之影響；雞肉中式香腸之製造；半乾性雞肉產品之開發與研究；雞

肉餅的製造及影響其品質及貯存性因素的探討;浸漬條件對調味浸漬雞肉品質的影響;調味雞肉醬的開發及其品質探討;漢堡肉餅中去骨肉的適當用量;生鮮與蒸煮鴨肥肝的品質探討;延長冷藏豬絞肉之儲藏壽命之研究;低亞硝基法蘭克福香腸之研製;以豬皮試製組織化食品之研究;淘汰母豬肉注射鹽漬液及滾打處理製作中式香腸;CO_2 氣體昏迷對家禽屠體品質的影響;調味雞肉產品之開發及保存;注射及滾打處理對調味雞肉產品品質之影響;豬肉之衛生收集與血液之利用;鹿角菜膠及橄欖油對中式香腸化學、微生物及官能特性之影響;傳統中式燒滷肉品製造之改進;真空調理加工方式對中式調理肉製食品品質之影響;殺滅香腸中金黃色葡萄球菌之二段式烘乾處理;常溫貯藏期間燻煙雞腿之化學及微生物特性;豬血機能成分之研發與血醬製造;血漿粉對熱狗品質影響之研究;低脂、預煮、可微波再加熱之中式香腸的研究開發;遠紅外線處理對冷藏豬里肌肉儲存品質之影響;滷汁與保溫對油雞微生物品質之影響;生鮮及冷凍雞肉對重組雞排品質之影響;萃取雞精後副產物利用之研究;燻煙及亞硝酸鈉對常溫貯藏調味雞腿製品品質變化之影響;添加雞胸肉及漿製造中式低脂高蛋白質香腸所造成之變化及品質保持之研究;藻酸／鈣之添加對重組雞排品質之影響;茶鵝製造之研究;EPA 和 DHA 法藍克福雞肉香腸之開發;高價值肉製品之開發:肉泥產品;燻煙液、乳酸鉤及包裝對煮熟豬肋小排氧化酸敗值之影響;自血漿中萃取血纖維蛋白原做為重組肉結著劑;梅納反應產物對烹調豬肉餅的抗氧化與抑菌作用;肉品黏結劑對法藍克福雞肉香腸品質之研究;「真空調理」和「含氣調理」對土雞藥膳食品品質之影響;調節氣體包裝對低脂香腸品質影響之研究;沖泡式雞精粉產品開發製造之研究;即食性中式調味豬肝之製造及特性之研究;肉類中式食品(燕餃皮)之開發研究;紅麴米、紅糟與紅糟肉的製作及品質評估;改進低脂中式香腸貯藏安定性之研究;傳統中式熟製香腸製程與品質改進;調理「豬肉爐」商業化生產之研究;血液中 transglutaminase 之分離及其運用於重組肉製備之研究;傳統中式肉品製程改善;真空滲透脫水應用於傳統臘肉之製造;最終中心溫度及貯藏時間對叉燒肉品質之影響;包裝及貯藏時間對叉燒肉微生物及化學特性之影響;冷凍雞塊的危害分析及重要管制點之探討;中式調理食品糖醋排骨之開發;鱈魚對法蘭克福香腸品質及品評之影響;紅糟醬理化特性之探討及紅糟肉產品之開發。至於詳細的內容及結果討論可參閱食品工業研究所出刊的禽畜加工產品研究成果彙編。

習 題

EXERCISE

一、是非題

( ) 1. 瘦肉精在美國訂為 40ppb 以下。

( ) 2. 肉製品添加亞硝酸的目的為抑制大腸桿菌。

( ) 3. 肉類選購盡量選擇電動屠宰，衛生冷藏、冷凍的肉品。

( ) 4. 大豆醱酵之多胜肽當飼料餵食豬隻，可增加肥肉中長出瘦肉的部分。

( ) 5. 將死後僵直的肉類貯存於冷藏下一段時間，稱為熟成作用。

答案：1.○；2.×；3.○；4.○；5.○

二、選擇題

( ) 1. 請問萊克多巴胺用於治療人類的何種症狀？ (A)心臟病 (B)高血壓 (C)氣喘 (D)腦中風。

( ) 2. 請問當牛排的中心溫度達到幾℃時，則完全喪失粉紅肉色，且肉質硬而老化？ (A)60℃ (B)65℃ (C)65~70℃ (D)75℃。

( ) 3. 請問 Chuck 為何種稱呼？ (A)前胸部 (B)肩胛部 (C)肋背部 (D)前腰脊部。

( ) 4. 請問醃牛肉製類的製品中，亞硝酸鈉殘留量為多少 PPM？ (A)156PPM (B)192PPM (C)125PPM (D)120PPM。

( ) 5. 請問香腸的瘦肉和肥肉的比例為何？ (A)1:4 (B)4:1 (C)1:2 (D)2:1。

答案：1.(C)；2.(D)；3.(B)；4.(C)；5.(B)

三、問答題

1. 動物屠宰前為何需要休息？

2. 動物屠宰後肉之理化性質變化為何？

3. 以人工嫩化肉類的方法有哪些，請簡述。

4. 醃漬肉加硝之目的及呈色機構為何？

5. 試述禽肉工廠如何實施 HACCP 制度。

6. 試述臘肉（培根，bacon）之製造流程。

7. 肉類如何分級及品質選擇標準為何？

8. 肌肉中蛋白質的成膠機制為何？

參考文獻

1. 臺灣農業年報（民 85、86、87），行政院農業委員會農糧署。

2. 黃書政（民 87）。畜肉品危害分析重要管制點。**食品工業月刊**，13-21。

3. 吳碧堅（民 85）。危害分析重點管制與良好作業規範。**食品工業月刊**，25-30。

4. 鄭金慶（民 86）。禽肉工廠 HACCP 制度的實施。**品質管制月刊**，30-32。

5. 黃俊儒（民 87）。HACCP 系統導入對肉品加工衛生管理之重要性。**食品資訊**，59-62。

6. 王炳烈（民 86）。家禽工廠中的作業分析與重點控制計劃。**畜牧半月刊**，78-80。

7. 衛生署 1991 衛署食字第 971990 號公告。

8. FIRDI 1994 八十二年度禽畜加工及副產物利用研究成果彙編，食品工業發展研究所編印，新竹。

9. FIRDI 1995 八十三年度禽畜加工及副產物利用研究成果彙編，食品工業發展研究所編印，新竹。

10. FIRDI 1996 八十四年度禽畜加工產品研究成果彙編，食品工業發展研究所編印，新竹。

11. FIRDI 1997 八十五年度禽畜加工研究成果彙編，食品工業發展研究所編印，新竹。

12. FIRDI 1998 八十六年度禽畜加工研究成果彙編，食品工業發展研究所編印，新竹。

13. FIRDI 1999 八十七年度禽畜加工研究成果彙編，食品工業發展研究所編印，新竹。

14. 施明智（民 85）。**食物學原理**。臺北市：藝軒。

15. 簡松鈕、張近強（民 83）。**肉品選購保存與調理**。臺北市：臺灣區肉品發基金會。

16. 王瑤芬（民 86）。**食物烹調原理與應用**。臺北市：偉華。

17. 陳明造（民 72）。**肉品加工理論與應用**。臺北市：藝軒。

18. 陳淑瑾（民 81）。**食物製備原理與應用**。屏東縣：睿煜出版社。

19. 王志明（民 80）。美國牛肉成功行銷之道。**美國肉品新知**，15，29-30。

20. 林坤俊（民 81）。美國牛肉之生產。**美國肉品新知**，16，1-3。

21. 林坤俊（民 81）。鮮肉的包裝與品質。**美國肉品新知**，16，16-17。

22. 林坤俊（民 81）。真空包裝牛肉之簡介。**美國肉品新知**，16，19-20。

23. 楊正護、林慶文（民 85）。**食肉與防癌**。臺北市：聲洋防癌之聲（陶聲洋防癌基金會會刊）。

24. 陳明造（民 84）。**畜產加工**。臺北市：三民。

25. 施明智（民 111）。**食物學原理**。臺北市：藝軒。

26. 陳肅霖等（民 110）。**食物學原理與實驗**。臺中市：華格那。

27. 徐詮亮等（民 109）。**食品加工學**。臺中市：華格那。

28. http:/www.sift.org.tw/法規/屠宰衛生檢查規則 html

29. USDA 1995 NEW Food Safety rules for U.S. meat and poultry.

30. Shimada, K., & Matsushita, S. (1981). Effects of salts and denaturants on thermocoagulation of proteins. *J. Agric. Food Chem. 29*:15.

31. Cheftel, J. C., Cuq, J. L., & Lorient, D. (1985). *Amino acids, peptides, and proteins In Food Chemistry*. O. R. Fennema,(Ed). Pp.290-294. Marcel Dekker, Inc.

32. Hsu, C., Peterson, R. J., Jin, Q. Z., Ho, C., & Chang, S. S. (1982). Characterization of new volatile compounds in the neutral fraction of roasted beef flavor. *J. Food Sci. (47)*: 2068-2073.

33. Varnam, A. H., & Sutherlnd, J. P. (1995). *Meat and Meat Products Technology, Chemistry and Microbiology*. New York: CHAPMAN & HALL.

CHAPTER
06

魚貝類

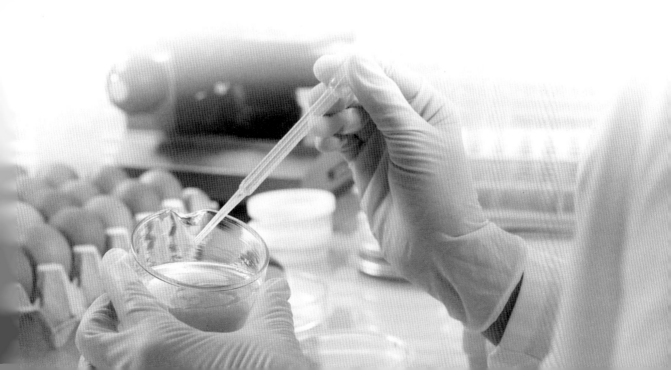

第一節　魚貝類的分類

魚貝類依下列方式加以分類：

一、魚類(fin fish)

指帶有鰭及骨頭的海產，依捕獲地區之不同又可分為淡水魚與海水魚：

（一）淡水魚

指淡水所產的魚類，經濟上具有高度價值，多為養殖漁業，如：鯉魚、鰱魚、鰻魚、吳郭魚，由於淡水魚養殖場環境易受汙染，較易含寄生蟲，食用時宜完全煮熟。

（二）海水魚

指由遠洋或近海捕獲的魚類，依捕獲方式不同又可分為：

1. 表層海水魚

係以大型圍網、流刺網、刺網、魚鏢等漁具加以捕獲的魚類。如臭肉鰮、烏魚、旗魚、鰹魚、黃鰭鮪、高麗鮪、銅鏡鰺、眼眶魚等，表層魚類肉中含較多的游離組胺酸，若受微生物汙染或在高溫下放太久會形成組織胺，會使人產生食物中毒現象。

2. 養殖海水魚

指以養殖方式來蓄養的海水魚類，如虱目魚、鱸魚、石斑魚、花身雞魚、海鱺等，具高度營養價值。

3. 軟骨魚類

具軟骨的魚類，一般指鯊魚類。

4. 底棲海水魚

係以拖網方式所捕獲的魚類，為白色肉的魚，如狗母、海鰻、扁魚、白帶魚、瓜子魚、白鰻、黃魚、秋姑魚。

二、貝殼類(shellfish)

貝殼類又可分為貝類(mollusk)、甲殼類(crustaceans)、頭足類(cephalopoda)。

（一）貝類

具有堅硬的外殼，現今由海洋捕獲較少，以養殖者居多，如牡蠣、文蛤、蜆、西施舌、九孔等。

（二）甲殼類

具有硬的肢節，以蝦類及蟹類最具有食用價值，購買此類以鮮度最重要，它們極易因酵素作用而分解，因此有異味時最好不要買。

（三）頭足類

此類海產身軀分為頭部、胴部與足部三部分。頭部在中央，足部變成許多支腕圍繞在頭部，又分為烏賊、管魷、章魚三大類。烏賊類包括花枝、墨賊；管魷類包括鎖管與魷魚；章魚類則以章魚為代表。

另從食物利用立場來看，魚貝類具有一些特殊的性質，如漁獲的不安定性、漁獲物的多樣性、生理活性物質(physiological or biological active substance)，洄游性魚類所含血合肉(dark muscle; dark meat)，容易變質、腐敗及其有毒種類的出現。例如河豚毒(tetrodotoxin)、熱帶海魚毒(ciguatoxin)、麻痺性貝毒(paralytic shellfish poison)。因此，我們在利用魚貝類為食物時，應該要避免選購不常見之可疑魚貝類或從已受毒化之水域所捕獲的魚貝類。

第二節　魚貝類的一般成分及其營養價值

魚貝類一般組成因種類而相異，但即使同一種類也因個體的部位、雌雄、成長度、季節、棲息水域、飼料等許多因素而變動，其中產卵季前後對魚肉的組成（如蛋白蛋、脂質）的影響較大(Sato et al., 1978)。

一般魚體肌肉中，約含水分 70~85%、蛋白質 15~20%、脂質 1~10%、碳水化合物 0.5~1.0%，而灰分為 1.0~1.5%(Suzuki, 1981)。一般魚類組成分（如表 6-1）及其營養價值分述如下：

↘ 表 6-1　魚貝類肌肉或可食部之一般組成(%)

種類	水分	蛋白質	脂質	醣質	灰分	種類	水分	蛋白質	脂質	醣質	灰分
六線魚	76.2	19.1	3.3	+	1.4	鯽	78.0	18.2	2.5	0.1	1.2
鯛	75.6	16.8	6.2	0.1	1.3	鰤（天然）	59.6	21.4	17.6	0.3	1.1
鰺（真鰺）	72.8	18.7	6.9	0.1	1.5	鰤（養殖）	61.1	21.2	16.1	0.3	1.3
康吉鰻	71.0	17.3	10.2	+	1.5	魚花	76.8	17.0	4.7	0.1	1.4
方頭魚	77.4	18.8	2.4	+	1.4	烏魚	72.0	22.0	4.7	0.1	1.2
香魚（天然）	74.6	18.3	5.5	0.1	1.5	黃鰭鮪	73.7	24.3	0.5	0.1	1.4
香魚（養殖）	69.5	17.8	10.4	0.6	1.7	黑鮪（紅肉）	68.7	28.3	1.4	0.1	1.5
鮟鱇	79.1	18.7	0.8	0.1	1.3	黑鮪（脂肉）	52.6	21.4	24.6	0.1	1.3
三線雞魚	76.0	17.2	5.3	0.1	1.4	南方鮪（紅肉）	65.6	23.6	9.3	0.1	1.4
真鰡	64.6	19.2	13.8	0.5	1.9	南方鮪（脂肉）	63.9	23.1	11.6	0.1	1.3
鰻（養殖）	61.1	16.4	21.3	0.1	1.1	鱒	71.0	22.0	5.3	0.1	1.6
旗魚	72.1	23.4	3.0	0.1	1.4	大目鮪	77.2	18.1	3.5	+	1.2
鰹	70.4	25.8	2.0	0.4	1.4	赤貝	78.0	15.7	0.5	3.5	2.3
鰈	76.9	19.0	2.2	0.3	1.6	蜊	86.8	8.3	1.0	1.2	2.7
青沙鮻	77.7	19.2	1.5	0.1	1.5	鮑	83.9	13.0	0.4	0.6	2.1
鯉（養殖）	75.4	17.3	6.0	0.2	1.1	牡蠣（養殖）	81.9	9.7	1.8	5.0	1.6
大麻哈魚	69.3	20.7	8.4	0.1	1.5	榮螺	76.7	19.9	0.4	0.9	2.1
鯖	62.5	19.8	16.5	0.1	1.1	蜆	87.5	6.8	1.1	2.7	1.9
鋸峰齒鮫	77.2	18.9	2.3	0.1	1.5	牛角蚶	86.0	11.6	0.1	1.0	1.3
塞氏鰆	78.0	19.6	1.1	+	1.3	馬蚵	84.4	11.8	0.6	1.0	2.2
鰭	68.6	20.1	9.7	0.1	1.5	文蛤	84.2	10.4	0.9	1.9	2.6
秋刀魚	61.8	20.6	16.2	0.1	1.3	海扇貝	81.2	13.8	1.2	1.8	2.0

↘ 表 6-1　魚貝類肌肉或可食部之一般組成(%)（續）

種類	水分	蛋白質	脂質	醣質	灰分	種類	水分	蛋白質	脂質	醣質	灰分
鱈	74.6	21.3	2.7	+	1.4	魷	81.8	15.6	1.0	0.1	1.5
比目魚	77.7	19.5	1.2	0.1	1.5	章魚	81.1	16.4	0.7	0.1	1.7
鱸	76.4	19.3	2.5	0.1	1.7	蝦	80.9	17.0	0.5	+	1.6
黑鯛	75.7	21.2	1.7	+	1.4	日本龍蝦	75.9	21.2	1.5	+	1.4
嘉鱲	76.4	19.0	3.4	0	1.2	斑節蝦	77.2	20.5	0.7	+	1.6
鱈	82.7	15.7	0.4	+	1.2	虫鐵仔	78.0	18.9	0.9	0.1	2.1
飛鳥	77.0	21.0	0.7	0.1	1.2	毛蟹	78.8	18.8	0.3	+	2.1
虹鱒（養殖）	70.2	20.0	8.2	0.1	1.5	慈愛蟹	82.8	14.8	0.5	0.1	1.8
鰊	65.3	16.0	17.0	0.1	1.6	鱈場蟹	80.0	15.9	1.3	0.5	2.3
彈塗魚	82.2	15.4	1.0	0.1	1.3	海參	91.6	3.4	0.1	0.5	4.4
海鰻	65.9	19.5	12.7	0.1	1.8	海鞘	88.8	5.0	0.8	0.8	4.6
鮃	78.0	19.1	1.2	0.1	1.6						
河魨	78.6	20.0	0.1	0.1	1.2						

一、水分(moisture; water)

　　大部分魚貝肉水分含量在 70~85%範圍內，但是也有極少種類超過此範圍者，例如：水母（95%以上）和海參（91%以上），是大家所熟知的水分很多的水產動物。

　　生物組織的水分，依其存在的狀態而分為自由水(free water)和結合水(bound water)。大部分是屬於自由水，具有作為溶媒之功能，在生物體組織內移動而進行營養素和代謝產物之輸送，並且維持電解質的平衡和滲透壓的調節。結合水與蛋白質和碳水化合物的羧基、羥基、胺基、亞胺基等，以氫鍵連結，不能成為溶媒，也不容易被蒸發或被凍結。結合水之結合強度有強弱之分，也有與自由水之區別不很明確之微弱結合狀態者，因此，依測定方法和條件，結合水有很大的變動，但一般認為大約是全水分的 15~25%；另一方面，在考慮食品的保存性之觀點時，沒有受到溶質影響的水分，亦即水活性，才是重要的探討對象。

水活性(Aw)，若 P 表示食品蒸氣壓，Po 表示同溫度的純水之飽和蒸氣壓，則水活性以 Aw=P/Po 表示之。Aw 之大小是取 0 與 1 之間的值，其值越小者，表示微生物越不易繁殖。

二、魚肉蛋白質(protein)

蛋白質是魚肉中重要的組成分，不僅影響到魚肉的營養價值，同時也影響到魚肉產品的官能特性。一般水產品的蛋白質含量以粗蛋白含量表示，不同種魚類、營養狀況、生殖週期、生理狀況等均會影響到魚肉中粗蛋白的含量。不同部位之魚肉所含的粗蛋白含量也會有所差異，通常魚背肉所含的粗蛋白含量高於腹部肉，而近尾部之魚肉低於頭部肉之粗蛋白含量。

魚肉中蛋白質具有不同種類及形式。依其溶解度不同，可分為水溶性的肌漿蛋白質(sarcoplasmic protein)、鹽溶性的肌原纖維蛋白質(myofibrillar protein)和不溶性的基質蛋白質(stroma protein)三大類(Ziegler and Acton, 1984)。

肌漿蛋白質是肌肉以水或低離子強度(μ<0.1)之稀鹽類就可抽出之蛋白質，約占肌肉蛋白質中的 30~35%，或占肌肉濕重的 5%。肌漿蛋白質的種類很多，如：醣解酵素(glycolytic enzyme)及肌紅蛋白(myoglobin)等(Goll et al., 1977)。不同魚種間，其肌漿蛋白質含量亦不同，洄游性魚類如鯖魚，其肌漿蛋白質含量高於底棲性魚類，如鰈魚及鯛魚(Suzuki, 1981)。

肌原纖維蛋白質是以高離子強度之鹽溶液(μ=0.3~1.2)才能將之抽出之蛋白質，為肌纖維(myofibrillar)的主要成分，占魚肉蛋白質 65~85%，具有凝固、成膠的作用，在水產加工上扮演極重要角色(Suzuki, 1981)。若依其生理生化功能特性可區分為收縮、調節及結構蛋白質。收縮蛋白質以肌凝蛋白(myosin)及肌動蛋白(actin)為主。調節蛋白質主要功能是調節肌肉的收縮及鬆弛，主要包括 tropomyosin、troponin、α-actinin 及 β-actinin（四者皆在 actin 上）。調節蛋白質除上述外尚包括 C、F、I、H、M、X、Z-protein 等，結構蛋白則包括 connectin、nebulin、desmin 等(Ashgar and Yeates, 1986)。

基質蛋白通常不溶於水、酸、鹼及中性鹽類(0.01~0.1M)之蛋白質，主要有膠原蛋白(collagen)及彈性硬蛋白(elastin)，約占魚肉蛋白質的 3~5%，較畜肉之 10~15%

為低；而基質蛋白質的含量會影響肉品之嫩度(Goll et al., 1977)，故魚肉之嫩度比畜肉為佳。

三、脂質(lipid)

在魚貝類的肌肉和肉臟等器官，含有由三酸甘油酯(triglyceride)、固醇(sterol)、固醇酯(sterol ester)、蠟酯(wax ester)、二醯甘油醚(diacyl glyceryl ether)、碳氫化合物 (hydrocarbon) 等所組成之非極性脂質 (nonpolar lipid) 及由卵磷脂(phosphatidylcholine)、磷脂醯乙醇胺(phosphatidylethanolamine)、磷脂醯絲胺酸(phosphatidylserine)、神經鞘磷脂(sphingomyelin)等磷脂質所組成之極性脂質(polar lipid)，這些總稱為脂質(lipid)。

魚貝類的脂質構成成分特徵，在於除了含有飽和脂肪酸及不飽和脂肪酸之油酸、亞油酸、亞麻油酸之外，更含高比率之碳鏈長 20~24，雙鍵數 4~6 之多元不飽和脂肪酸，例如：EPA、DHA（在陸上的動植物油中所不存在）。魚貝類的脂質成分含有多量的多元不飽和脂肪酸，所以容易引起氧化問題，造成酸敗變味現象，甚至於油燒變色問題，因此，如何防止魚貝類食物的脂質氧化問題，對維持品質上是最重要的課題，所以關於乾製品和柴魚等加工原料必須選擇脂質含量低之季節性漁獲物較為適宜。

在生理活性方面，魚貝肉中脂肪含量由 0.1~22%，其中所含脂肪為 ω-3 系列的脂肪酸可與蛋白質形成高密度之脂蛋白(HDL, high density lipoprotein)，高密度脂蛋白可將器官組織中多餘的膽固醇運送至肝臟，將膽固醇排出體外，魚油中又含eicosapentaenoic acid(EPA)之脂肪酸，可減緩血液凝固時間，預防心血管疾病。魚貝體含有牛磺酸，對人肝細胞具有保護作用，亦可降低膽固醇。

四、醣類(carbohydrate)

魚貝類的醣類主要以肝醣（動物澱粉；glycogen）的型態存在，但肝醣含量不但依魚種、營養狀態而異，並且會因捕獲之際的激烈掙扎，而被急速分解，所以其確實含量很難確定。一般在魚體剛死後肌肉中肝醣含量有 0.1~1.0%，洄游性之紅魚比底棲性白肉魚較多，而貝類的含量比魚肉多，尤其牡蠣是大家所熟知的高肝醣含量，可達 5%以上。

五、維生素

魚類肝臟含有豐富的維生素 A、D，魚肉及內臟則含維生素 B 群，如 B_6、B_2、菸鹼酸。

六、礦物質

魚貝類含豐富的鐵、銅、碘、鉀、鈉、鈣、磷，其中紅色魚肉較白色魚肉含較多鐵質，貝類則較魚類含更多鐵、銅、鋅、碘、鈣，軟骨魚類因整隻進食為良好的鈣質來源。

 第三節　魚貝類死後生理變化

一、死後僵硬(rigor mortis)

動物死後體內生理狀態會逐漸產生變化，其中最重要而明顯的是會出現死後僵直現象。發生的原因是由於死後體內血液循環系統中止，導致體內缺氧而形成無氧狀態，但此時體內的生化反應仍持續進行(Khan and Frey, 1971)。當因缺氧使細胞內補充 ATP 來源的反應減緩，肌細胞內 ATP 的含量消耗下降至一定量時，細胞內的胞器就會逐漸失去保持完整性的能力，特別是膜的構造(Pate and Brokaw, 1980)。而肌肉中肌漿內質網膜的滲透性會增大，對 Ca^{2+} 的束縛能力逐漸下降甚至喪失，進而導致細胞的肌漿內或肌細胞內 Ca^{2+} 濃度上升，直接活化 ATPase 之活性，使肌肉傾於收縮硬化、不透明的現象發生(Ebashi and Endo, 1968)。在此過程中，肌肉中 ATP、肝醣、磷酸肌酸(creatine phosphate, CP)的量被消耗而下降，乳酸含量、ATP 分解產物的量則逐漸增加(Penny, 1980)。

這種僵直現象會影響魚肉的食用價值，和豬、牛等畜肉比較，魚肉的肉質本來就很柔軟且易腐敗，所以處於僵直前或僵直中的魚，表示其鮮度仍相當良好，可作為生魚片用之上等材料，而畜肉則經過某種程度的自體消化之後（熟成），其肉質軟化且風味也有所增加，再加以烹調食用比較合適。

二、自體消化(autolysis)

自體消化定義為動植物本身酵素的分解作用稱之，死後魚體進行無氧醣解作用產生多量乳酸，造成膠原蛋白的三級結構被破壞，而使膠原蛋白溶出量增加，維持魚體構型之結締組織遭水解，魚肉中的蛋白分解酵素活性、膠原蛋白溶出量有上升趨勢，魚肉組織逐漸軟化，稱之為解硬或解僵，之後由於組織中內因性蛋白酶作用，還有其他各種酵素的作用持續進行，因此，魚貝肉的成分如蛋白質、脂質、肝醣及其他有機物，在魚貝類死後受到自體酵素分解而產生較小分子的成分，此種現象稱為自體消化。

自體消化雖可增加具有呈味效果的胺基酸成分的含量，使風味性較佳，但是下一個階段的腐敗作用會伴隨出現，若魚貝類的貯藏條件不當，則不易保持其鮮度品質，因此，魚貝類與畜肉不同，選擇在其自體消化之前的狀態來食用是比較安全。

三、魚體腐敗(putrefaction)及儲藏期間鮮度鑑識指標

魚貝類腐敗是因為所附著微生物的繁殖，將氧化三甲胺、胺基酸等成分分解，生成具有臭味及毒性的揮發性成分。腐敗的程度或其進行速率，因魚貝肉的種類、所存在或汙染細菌的種類及數量、貯存溫度等的不同而異。一般衛生條件不好，附著的腐敗細菌越多，則越容易腐敗。

（一）影響魚肉腐敗的因子

1. 魚的種類

一般體型扁平的魚較體型為圓形的魚較快引起自體消化而易於腐敗，僅鰈魚因其 pH 值較低，因而腐敗較慢。

2. 捕獲時之狀態

捕捉時花費時間長或經掙扎者較快引起腐敗，空腹魚類較滿腹魚不易腐敗，因細菌汙染較少。

3. 細菌汙染程度

捕獲時立即去除內臟洗淨，同時避免損傷魚體時，細菌汙染少較不易腐敗。

4. 溫度

捕獲的魚速冷卻至 0~1℃抑制微生物生長，延長鮮度貯藏，因在 0~30℃時海洋細菌增殖快。

（二）魚體儲藏期間鮮度鑑識指標

1. 揮發性鹽基態氮(VBN)

氨(ammonia)、三甲胺(trimethylamine, TMA)、二甲胺(dimethylamine, DMA)等構成易揮發的含氮鹼性物統稱為揮發性鹽基態氮(volatile basic nitorgen, VBN)，會隨著鮮度的降低而增加(Matsumoto, 1979)。在魚體死亡初期，VBN 的增加主要是來自 ATP 分解過程中 AMP 脫氨反應生成氨，接著是 TMAO 分解成 TMA 及 DMA 增加 VBN 的數量，最後胺基酸等含氮化合物分解成氨及各種胺類化合物也會增加 VBN 的數量。對魚肉而言，VBN 值大約在 5~15mg%時被認為是最新鮮的狀態，15~25mg%為普通鮮度，30~40mg%屬於初期腐敗，50mg%以上則為已進入腐敗階段。但對原本即含多量尿素(urea)或 TMAO 易生成氨或 TMA 之板鰓類魚種不適用。

2. pH 值

一般魚介類存活時肌肉 pH 值約在 7.2~7.4 之間，死後因醣解作用產生乳酸及 ATP 分解產生的磷酸會造成 pH 的下降，最後由鮮度下降所生成鹼性物質會再造成 pH 的上升(Sigholt et al., 1997; Nakayama et al., 1992)。一般洄游性魚類死後最低 pH 約在 5.6~6.0，底棲性白肉魚則在約 6.0~6.4。

3. K 值

魚介類死後，肌肉中的高能核苷酸會逐漸分解代謝。以 ATP 分解產物的 Inosine (HxR)與 Hypoxanthine (Hx)，對核苷酸衍生物總量的比值，即稱為 K 值。

一般而言，魚體於宰殺前受到壓迫(stress)則其 K value 會在魚肉儲藏的初期迅速增加，高過於未受壓迫之魚體肌肉(Sigholt et al., 1997)。因為宰殺前魚體受到壓迫後，會消耗肌肉中 ATP 並加速 ATP 及其代謝產物的降解速率，因此受壓迫之魚體其魚肉在儲藏過程中 K value 在初期快速增加，但在儲藏後期其 K value 則與未受壓力的魚體之魚肉相近。一般無掙扎宰殺魚類，其 K 值約在 10%以下，供作生魚片的新鮮魚肉，其 K 值約在 20%上下(Iwamoto et al., 1985)。

第四節　魚貝類保鮮

　　魚貝肉鮮度降低的主要原因，是自體的酵素作用以及接踵而來的微生物繁殖作用(包括其所產生之酵素作用)，所以要保持魚貝肉的鮮度則必須設法抑制這些作用，而這些作用受溫度的影響很大，因此低溫貯存是維持魚貝類鮮度的有效方法。

一、冷卻貯藏(cooling storage)

　　即溫度在魚貝肉冰點（約-2℃~-0.5℃）以上的貯存方式，其實用溫度範圍為 0℃~15℃，而使溫度降低的方法，有使用碎冰的冰藏法、有使用冰水的水冰法，或一般電冰箱的冰箱冷藏法等。這種冷藏法只能維持短時間的保鮮效果，例如：0℃冰藏法對魚貝類的保鮮期限只有兩週左右。

二、冷凍貯藏(frozen storage)

　　是將魚貝類原料經前處理後，急速凍結至-18℃以下再予以冷凍貯藏，使魚貝肉大部分之水分已凍結。此時魚貝肉之水活性降低，與鮮度變化有關之化學反應、酵素及微生物作用均受到抑制，而可達到長時間貯藏保鮮之目的，故大部分的魚貝類在-18℃貯藏，期限可達六個月以上。貯藏溫度越低，越能避免品質之惡化。

第五節　魚貝類的選購原則

一、魚類

　　魚類的選購可由其外觀、氣味來判斷，外觀則以看其鰓、眼、膚色、腹部之性狀，來判斷其品質，如新鮮魚肉質有彈性、魚鰓為淡紅色或暗紅色無腥臭味，眼球微凸透明，魚體有特有的膚色，魚鱗不脫落，腹部結實，稍具海藻味；腐敗的魚肉則肉質軟化沒彈性，鰓具黏液成灰褐色，眼球出血變混濁，魚鱗脫落，腹部膨脹破裂，腥味及氨臭味增加，化學檢驗上以魚所含氨在 30mg 以上，三甲胺在 4~6% 以上視為腐敗魚。

二、貝類

貝類中如牡蠣應以形狀完整、不黏手、肉質具彈性為佳；其他如文蛤、蜆以貝殼緊閉的活貝為佳，若殼已開啟表示為死貝不宜購買。

三、甲殼類

甲殼類中的蝦，草蝦為灰綠色，斑節蝦具紅褐色斑紋，頭部與身體應緊密相連接，生蝦在貯存過程中因本身所含酵素將蛋白質分解成酪胺酸或 3,4 胺基二羥苯丙胺酸(DOPA)而形成黑變，魚販為防止此現象常將蝦染成紅色，但經煮熟後較新鮮的蝦缺乏光澤，有時在蝦上灑硫酸氫鈉使蝦身呈現白斑，且摸起來如肥皂般滑滑的，因此蝦類以買活蝦是最理想的。

蟹類中公蟹之臍成尖形，母蟹為圓形，以母蟹所含之膏較多、味較美，在蟹的選購要注意其肢節不要斷掉或脫落，外殼稍壓應結實且有硬的質感，所烹調出來組織緊密、品質好。

 第六節　魚貝類加工

魚貝類經捕獲為延長貯存期限及其產品多樣化和特殊風味，依原料種類、特性及加工處理方式不同，可分為乾製品、鹽藏品、醱酵品、煉製品罐頭及殺菌軟袋食品、冷凍食品，分述於下：

一、乾製品

魚貝類原料經過脫水乾燥，以降低產品之水活性、防止微生物作用，而能延長保存期限之製品，依其處理方式及乾燥方法之不同可概分為：

1. **素乾品**：原料未經加熱或調味而直接乾燥製成之產品，如：魷魚乾、風鰻、魚翅、魚皮、丁香、扁魚乾等。

2. **煮乾品**：原料先用淡水或鹽水煮熟後，再行乾燥而成之製品，如：鰛魚乾、鱙仔魚乾、蝦米、丁香魚乾、堆翅、小卷乾、海參、干貝等。

3. **鹽乾品**：原料經前處理、鹽漬後再乾燥而成者，如：烏魚子、鹽乾鰮、鹽乾鯖等。

4. **燻乾品**：原料先經煮熟後，再利用煙燻乾燥而成者，例如：柴魚（鰹節）為其代表產品。

5. **凍乾品**：原料經前處理後凍結，再利用真空（減壓）方法乾燥之產品，如：速食麵調味料中之蝦仁即為凍乾品，此類產品經泡水後具有良好之復原性。

6. **調味乾製品**：將魚貝類以調味液浸漬或煮熟後加調味料，然後經乾燥、焙烤、壓榨、裂絲等加工處理而成之產品，如：魷魚絲、魷魚片、魚鬆、調味海苔片、香魚絲（以魚漿為原料）、香魚片（以鯖河豚、剝皮魚為原料）、鮪魚果等。

　　乾製品常有脂肪氧化造成油燒的現象，因此乾燥前原料魚應加 BHA 抗氧化劑來處理。

二、鹽藏品

　　魚肉加入食鹽，使魚肉中的水分因食鹽之滲透作用，造成水活性下降延長貯存期限。魚貝類的鹽藏法有撒鹽於魚身的撒鹽醃法與將魚浸以濃厚食鹽水的方法，另為防止油燒，可加魚重量 0.005% 之 BHA 等抗氧化劑來防止油脂氧化，主要產品如鹽鯖、鹽煙仔魚（鰹魚）、鹽鰮、海蜇皮、曹白魚等。

三、醱酵品

　　以魚蝦貝類之肌肉、肉臟等添加大量食鹽以抑制腐敗作用，並經由自體消化酵素及微生物作用之醱酵釀造方法，所製造含有特殊風味之產品，可分為三大類：

1. **魚醢類**：醱酵後魚貝形狀尚完整者，主要產品如：丁香魚醢、珠螺醢、蝦醢、加冬（樹都魚）醢、蠔（牡蠣）等。

2. **魚醬類**：醱酵後已成泥狀之海產醬，如：蝦醬、蟹醬、海膽醬等。

3. **魚醬油類**：經長時間醱酵後取其汁液者，主要利用為調味料，如：魚醬油、蠔油及蝦醬油等。

四、煉製品

煉製品亦稱為魚漿製品，係以魚肉為原料，經水洗（或不經水洗）、除筋、添加 2~3%的食鹽經充分擂潰使鹽溶性蛋白質溶出並加入調味料，形成肉糊後再予以成型、加熱而製成具有彈性之食品，主要產品包括：

1. **魚丸類**：成品型態如球狀，如：魚丸、花枝丸及蝦丸等。

2. **魚糕類**：成型於木板上面者，故又稱為魚板。

3. **仿製品類**：以魚漿為原料，經調理加工後仿製成類似蟹肉、干貝等之產品。

4. **天婦羅**：俗稱甜不辣，色澤較深，無一定形狀之油炸產品。

5. **竹輪**：將魚漿捲附在不鏽鋼之圓形棒上而成型之烘烤產品。

6. **魚肉香腸、火腿**：以魚肉為原料經混煉、調味而成型類似香腸或火腿之產品。

五、罐頭及殺菌軟袋食品

魚貝肉經處理後裝入金屬罐、玻璃罐或塑膠容器，脫氧、密封，對內容物施以可達到殺死肉毒桿菌(*Clostridium Botulinum*)芽孢及商業性滅菌之加熱處理，所製成之產品是為罐頭及殺菌軟袋食品。主要種類為：

1. **水煮罐頭**：加入少許食鹽後注入水或僅注入鹽水之產品，鮪、鰹魚水煮罐、蝦仁水煮罐及蟹肉水煮罐為主要產品。

2. **油漬罐頭**：加入少許食鹽注油而成者，鮪、鰹油漬罐為代表產品。

3. **調味罐頭**：使用番茄醬、糖、醋、醬油、明膠、咖哩等調味或添加蔬菜等副原料之罐頭產品，主要產品有：番茄漬鯖魚罐、蔥豆魚罐、紅燒鰻罐、筍魚罐、小卷調味罐、魚肉醬罐、苦瓜魚罐等。

罐裝魚類有時會因罐頭鐵皮含鐵與魚肉中的硫化氫形成黑色的硫化鐵，此時可改用特殊琺瑯鋅罐抑制其反應，另加工中以醋、檸檬酸調整產品酸鹼值，亦可抑制（$MgNH_4PO_4 \cdot 6H_2O$（稱之為 Struvite）玻璃狀的結晶物形成）。

六、冷凍食品

冷凍加工品依原料種類、加工層次及產品型態之不同，可概分為：

1. **未處理魚**：以原魚型態凍結貯藏者，主要原料為大宗魚類。

2. **精處理魚**：除去鰓、內臟、頭、尾、鱗、鰭者，主要原料為鮪魚和旗魚等大型魚。

3. **魚片**：將精處理魚除去中骨後剖片之產品，原料包括：鮪魚、旗魚、鱰魚、赤海、鯧魚、鯊魚、沙腸魚、吳郭魚等。

4. **魚段塊**：將魚片橫切數段者，主要原料有鮪魚、旗魚、鯊魚等。

5. **魚排**：將魚片沿體軸方向輪切成 1/2~5/8 吋之片狀者，主要原料有鮪魚、鯊魚等；還有墨魚和魷魚經去除頭足、內臟、耳鰭再剝皮切片成型者亦屬此類。

6. **裹粉魚排**：魚排（或重組魚排）經裹漿(battering)、裹屑(breading)處理者。

7. **白燒鰻**：鰻肉不經調味而直接燒烤者。

8. **調製鰻**：鰻魚經調味再燒烤而成者，亦稱蒲燒鰻。

9. **全蝦**：以原蝦型態凍結貯藏者。

10. **去頭蝦**：蝦類經去頭、除筋者。

11. **蝦仁**：蝦類經去頭、剝殼、除筋者。

12. **裹麵蝦**：留尾之蝦仁經裹漿、裹粉處理者。

13. **魚漿**：魚肉經擂潰形成肉糊狀者，可直接作為煉製品的原料。

14. **調理產品**：如魚餃、蝦餃、裹粉魷魚圈等冷凍調理水產品，部分煉製品經冷凍者亦可歸於此類。

冷凍過程中生鮮魚貝類在貯藏過程中會有顏色改變的情形，可分為因酵素所造成的蝦類黑變、胡蘿蔔素氧化所造成的赤色魚類褪色、脂肪氧化所造成的多脂魚肉的油燒、因梅納反應所造成寡脂魚肉的褐變及紅色魚肉變綠等現象發生，其中蝦類的黑變是由於酪胺酸經酪胺酸酶作用產生類黑素(melanin)，現用控制蝦的 pH 在 4 以下、將蝦去頭、包冰中加入維生素或亞硫酸鈉可防止黑變產生。

第七節 結 論

　　魚類被宰殺後儲藏中主要影響肉質的生理作用，受到僵直作用、嫩化作用和腐敗作用三者互相競爭所造成的複合性影響。魚體宰殺前的生理狀況（如禁食、疲勞、季節和馴養水溫等因素所影響）、致死條件、儲藏溫度皆會影響僵直的進程；而魚肉中魚白質分解酵素活性被活化，嫩化作用發生，造成肉質軟化；隨即微生物增生，促使鮮度下降，揮發性鹽基態氮(VBN)、pH 及 K 值增加，導致肉質腐敗，而魚貝類實為人類很重要蛋白質來源及具高經濟價值，因此如何利用現代冷凍、冷藏及不同加工技術，保持魚類新鮮度及營養價值，實是當前努力目標。

習 題 EXERCISE

一、是非題

（　）1. 貝殼類(shellfish)分類：分為貝類(mollusk)、甲殼類(crustaceans)、頭足類
(cephalopoda)。

（　）2. 海水魚養殖場環境較淡水魚易受汙染，較易含寄生蟲部適合做生魚片。

（　）3. 一般魚體肌肉中水分 70~85％。

（　）4. 魚肉中蛋白質(protein)：水溶性的肌漿蛋白質(sarcoplasmic protein)、鹽溶
性 的 肌 原 纖 維 蛋 白 質 (myofibrillar protein) 、 不 溶 性 的 基 質 蛋 白 質
(stromaprotein)。

（　）5. 魚貝類的醣類主要以肝醣（動物澱粉，glycogen）的型態存在，其中以牡
蠣的肝醣含量最高。

（　）6. 魚類內臟含維生素 B 群，如 B_6、B_2、菸鹼酸。

（　）7. 魚貝類含豐富的鐵、銅、碘、鉀、鈉、鈣、磷，其中白色魚肉較紅色魚肉
含較多鐵質。

（　）8. 選購貝殼緊閉的活貝為佳，若殼已開啟，表示為死貝不宜購買。

（　）9. 蟹類中公蟹之臍呈圓形，母蟹為尖形。

（　）10. 蝦因酪氨酸(tyrosin)關係，易黑變。

答案：1.○　2.✕　3.○　4.○　5.○　6.○　7.✕　8.○　9.✕　10.○

二、選擇題

（　）1. 下列何者魚類屬於底棲性的白肉魚？　(A)海鰻　(B)白帶魚　(C)扁魚　(D)
以上皆是。

（　）2. 魚肉蛋白質依其溶解度不同，可分為哪幾類？　(A)myofibrillar protein　(B)sarcoplasmic protein　(C)stroma protein　(D)以上皆是。

（　）3. 魚貝體中哪個成分具有保肝功效？　(A)EPA　(B)DHA　(C)牛璜酸　(D)以上皆是。

（　）4. 下列何者是影響魚貝類腐敗因子？　(A)細菌汙染程度　(B)魚種類　(C)溫度　(D)以上皆是。

（　）5. 下列何者是影響魚體儲藏期間鮮度鑑識指標？　(A)VBN　(B)pH 值　(C)K 值　(D)以上皆是。

（　）6. 供生魚片的新鮮魚肉，其 K 值約在多少％以下？　(A)20　(B)25　(C)30　(D)40。

（　）7. 下列何者是魚貝肉的冰點？　(A)−10∼−5℃　(B) −5∼−2℃　(C) −10∼−5℃　(D) −2∼−0.5℃。

（　）8. 抑制蝦類黑變，可控制 pH 值多少以下？　(A)7　(B)6　(C)5　(D)4。

答案：1.(D)；2.(D)；3.(C)；4.(D)；5.(D)；6.(A)；7.(D)；8.(C)

三、問答題

1. 請說明魚貝類分類方式。

2. 請說明魚貝類的營養價值。

3. 請說明魚貝類死後生理變化。

4. 請說明魚貝類的選購原則。

5. 請舉例說明魚貝類加工產品種類及特色。

參考文獻 REFERENCES

1. 吳清熊、邱思魁（譯）（民 85）。**水產食品學**。臺北市：國立編譯館。

2. 吳清熊（譯）（民 87）。**水產利用化學**。臺北市：國立編譯館。

3. 黃韶顏（民 95）。**食物製備原理**。臺北市：華香園出版社。

4. Ebashi, S., and Endo, M. (1968). Calcium and muscle contraction. prog, Biophys. Mol. Biol, 18: 123.

5. Khan, A. W., and Frey, A. R. (1971). A simple method for following rigor mortis development in beef and poultry meat. Can. Inst. Food Technol. J. 4: 139.

6. Penny, I. F. (1980). The enzymology of conditioning. In "Developments in Meat Science" (R. Lawrie, ed.), Vol. 1, p.232. Appl. Sci. Publ., London.

7. Suzuki, T. (1981). Characteristics of fish meat and fish protein. In "Fish and Krill protein", processing technology. p.1-56. Appl. Sci. Publishers Ltd., London.

8. Sato, B., Sasaki, Y., and Abe, S. (1978). Developing technology of utilization of small pelagic fish. pp.105-116. Fisheries Agency, Japan.

9. Ziegler, G. R., and Acton, J. C. (1984). Mechanisms of gel formation by proteins of muscle tissue. Food Technol. 38: 77.

10. Goll, D. E., and Robson, R. M. H. (1977). Muscle protein. In "Food protein". Whitaker, J. R., and Tannebaum, S. R. (Ed.). AVI publishing co., Westport, Connecticut. U. S. A.

11. Nakayama, T., Liu, Da-Jia., and Ooi, A. (1992). Tension change of stressed and unstressed carp muscle in isometric rigor contraction and resolution. Nippon Suisan Gakkaishi. 58: 1517.

12. Sigholt, T., Eriskson, U., Rustad, T., Johansen, S., Nordtvedt, T. S., and Seland, A. (1997). Handling stress and storage temperatue affect meat quality of farmed-raised Atlantic salmon (Salmo salar). J. Food Sci. 62: 898.

13. Iwamoto, M., Ioka, H., Saito, M., and Yamanaka, H. (1985). Relation between rigor mortis of sea bream and storage temperatures. Bull. Jap. Soc. Sci. Fish. 51(3): 443.

14. Matsumoto, J. J. (1979). Denaturation of fish muscle proteins during frozen storage, In "Protein at Low Temperature", (Ed.), pp.205-224. By O. Fennema, Acs. Washington D. C.

CHAPTER 07

豆類及其製品

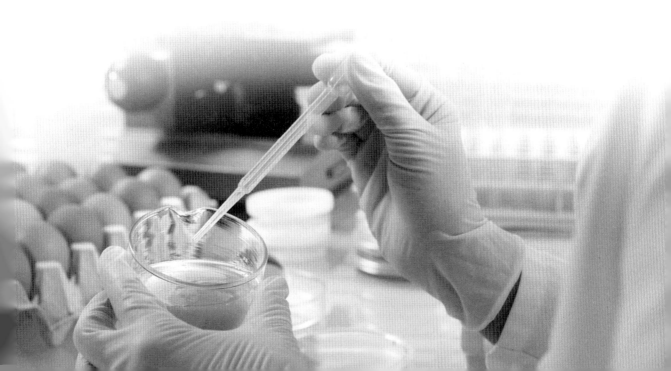

我國使用的豆類品項很多,包括黃豆、紅豆、綠豆、花生、黑豆、樹豆及米豆等。使用最大量為黃豆、花生、紅豆及綠豆,尤其是黃豆。豆類製成的加工產品很多,包括黃豆油、花生油、豆腐、豆乾、豆漿、豆花、豆腐乳、豆瓣醬、豆皮、花生糖、花生醬、紅豆餡、豆沙包、羊羹及冬粉等。

第一節 黃 豆

黃豆又名大豆原產於中國大陸,大豆學名 *Glycine max* (L.) Mett.,蝶形花科,屬短日照植物,為一年生草本植物。種子成卵形或接近球形,種皮乳黃或黑色,乳黃色者稱為大豆,黑色者稱為黑豆。大豆是極優良的蛋白質來源,不僅蛋白質含量高、品質好、價格便宜,更廣泛使用為各種加工產品。大豆之營養價值是到最近幾十年才真正獲得各國醫學界、科學家及營養學家之重視與肯定。2009 年美國國家癌症研究中心公布最新研究發現,孩童時期經常食用大豆的亞裔美國女性,罹患乳癌的風險減少 58%,指出大豆可能具防癌功效。對素食者而言,食用大豆除能提供優質的蛋白質之外,尚能提供足夠的營養成分如鈣、鐵、鋅、葉酸等。流行病學研究亦發現:多吃蔬菜、全穀及豆類可能與預防或減少慢性疾病有關。

一、黃豆的生產

2020~2021 年大豆全球總產量約 3 億 6,327 萬公噸,巴西是世界最大的大豆生產國,占比為 38%左右,其次為美國大約為 31%;世界前五大大豆生產國依次為巴西、美國、阿根廷、中國大陸及印度,占全球產量 86%以上。中國是世界最大的消費國約占 30%、其次為美國約占 18%、第三為巴西約為 14%。國內生產情形,2013年大豆年產量為 879 公噸,2019 年達到最高 4,776 公噸,至 2021 年減少為 4,194 公噸。國內前五大生產縣市則依序為臺南市、花蓮縣、屏東縣、嘉義縣及桃園市,約占全國產量 75.48%。

2018~2022 年間,臺灣各年度大豆進口總量(含籽實及粉)約在 24,045~25,932 萬公噸不等,進口來源則以美國及巴西為主,近五年平均進口總值則為 3,333.11 億美元(表 7-1)。國內約九成大豆用於壓榨食用油,豆渣供飼料蛋白質來源使用,另

一成則用於製作豆腐、豆漿等加工食品。由於臺灣對於大豆之進口依存度高於 99%，且進口集中於少數業者，故與大豆供應相關之下游產業（如油脂業、飼料業及養殖業）生產成本，受制於國際供應甚深。

↘ 表 7-1　2018~2022 年大豆進口情形

年度	進口總值 （千美元）	進口總量 （公噸）
2018	284,791,673	259,328,546
2019	285,651,450	250,768,008
2020	286,147,643	240,456,601
2021	381,957,539	258,941,906
2022	428,009,581	245,130,028
平均	333,311,158	250,926,818

資料來源：海關進出口統計。20230430。財政部關務署 https://portal.sw.nat.gov.tw/APGA/GA30_LIST

二、黃豆的化學組成

黃豆在我們健康生活中可以提供我們人體所需的營養素－蛋白質、油脂、醣類、維生素及礦物質等。黃豆的化學組成如表 7-2 所示。

（一）蛋白質

黃豆的固形物中約有 40%的蛋白質，可將其分為酸沉澱蛋白或大豆球蛋白(soybean globulin)及大豆乳漿蛋白(soybean whey protein)。大豆球蛋白由四個主要成分組成，依超速離心後，分為 2S、7S、11S 和 15S。大豆乳漿蛋白主要成分包括胰蛋白酶抑制劑(trypsin inhibitor)、血球凝集素(hemagglutinin)、脂氧合酶(lipoxygenase)、β-葡萄糖苷酶(β-glucosidase)、澱粉糖化酶(β-amylase)、磷酸酶(phosphatase)、細胞色素 C(cytochrome C)等。這些蛋白質含量雖然不高，但大部分具有生物活性，在食品加工上的影響很大，如豆漿及豆腐的品質即受脂氧合酶及β-葡萄糖苷酶的影響。

　　大豆蛋白由於營養價值高，且為純植物性蛋白質，除含有完整的必需胺基酸外（如表 7-3），零膽固醇為其特點，因此常被添加於食品中，在營養方面可以下降食品的熱量、增加蛋白質含量及調整胺基酸組成。大豆蛋白因具備許多功能性，如溶解度、水合能力、乳化能力、起泡能力及流變性等，常被用來改良食品外觀、口味及質地。

↘ 表 7-2　黃豆的一般成分(生，乾物)

成分	百分比(%)
水分	11.3
粗蛋白	35.6
粗脂肪	15.7
碳水化合物	33.0
灰分	4.50

資料來源：食品藥物管理署食品營養成分資料庫。20230429。
https://consumer.fda.gov.tw/Food/tfndDetail.aspx?nodeID=178&f=0&id=771。

↘ 表 7-3　大豆不同蛋白質之胺基酸組成(g/16gN)

氨基酸	大豆球蛋白	大豆乳漿蛋白	不溶殘渣	種皮
精胺酸	0.00	0.04	7.44	4.00
組胺酸	2.83	3.25	2.70	2.54
離胺酸	5.72	8.66	6.14	7.13
酪胺酸	4.64	4.67	3.30	4.66
色胺酸	1.01	1.28	-	-
苯胺基丙酸	5.94	4.46	5.24	3.21
胱胺酸	1.00	1.82	0.71	1.66
甲硫胺酸	1.33	1.92	1.63	0.82
絲胺酸	5.77	7.62	5.97	7.02
酥胺酸	3.76	6.18	4.67	3.66
白胺酸	7.91	7.74	8.91	5.93
異白胺酸	5.03	5.06	6.02	3.80

▶ 表 7-3　大豆不同蛋白質之胺基酸組成(g/16gN)（續）

氨基酸	大豆球蛋白	大豆乳漿蛋白	不溶殘渣	種皮
纈胺酸	5.18	6.19	6.37	4.55
麩胺酸	23.40	15.64	17.76	8.66
天冬胺酸	12.87	14.08	12.39	10.05
甘胺酸	4.56	5.74	5.21	11.05
胺基丙酸	4.48	6.16	5.73	3.98
脯胺酸	6.55	6.66	5.35	5.76

資料來源：（江孟燦等，2001）。

（四）油脂

　　大豆的油脂占全殼粒的 20%，其中飽和脂肪酸含 14%，不飽和脂肪酸含有 86%，且不含膽固醇；必需脂肪酸中的 linolenic acid（次亞麻油酸）和 linoleic acid（亞麻油酸）含量更高達 62%，脂肪酸的組成如表 7-4 所示。次亞麻油酸是一種 ω-3 的多元不飽和脂肪酸，不僅是前列腺素的先質，而且有降血脂的功能。但不飽和脂肪酸易氧化，在加工及貯藏上需特別注意。

▶ 表 7-4　大豆油之脂肪酸組成

飽和脂肪酸 (saturated acids%)	含量 (%)	不飽和脂肪酸 (unsaturated acids%)	含量 (%)
月桂酸(lauric acid)	0.0~0.2	dodecenoic acid	
肉豆蔻酸	0.1~0.4	tetradecenoic acid	0.05~0.64
軟脂酸(palmitic acid)	6.5~9.8	棕櫚油酸(palmitoleic acid)	0.42~1.60
硬脂酸(stearic acid)	2.4~5.5	油酸(oleic acid)	10.9~60.0
花生油酸(arachidic acid)	0.2~0.9	亞麻油酸(linoleic acid)	25.0~64.8
俞樹酸(behenic acid)	-	次亞麻油酸(linolenic acid)	0.3~12.1
木脂酸(lignoceric acid)	0.0~0.1	花生四烯酸(arachidonic acid)	Traces
total saturated acids	16.0	total unsaturated acid	86.0

資料來源：（陳世爵，1995）。

（三）醣類

大豆幾乎不含澱粉，但含有 10%的寡醣類，如蔗糖、水蘇四糖(stachyose)、棉籽糖(raffinose)等碳水化合物。這些醣類是造成腸道蠕動的主要因子，為大豆相當獨特的地方。除此之外，大豆尚含纖維素及半纖維素 19%。黃豆的醣類成分如表 7-5 所示。

↘ 表 7-5　大豆醣類之組成

成分	平均含量(%)
纖維素	4.0
半纖維素	15.0
四醣	3.8
蜜三糖	1.1
蔗糖	5.0
其他醣類	微量

資料來源：陳世爵，1995。

（四）微量成分

大豆中的微量成分包括約 5%的灰分，如鉀(1.67%)、磷(0.69%)、鈣(0.28%)等。亦含有卵磷脂(lecithin)、維生素、異黃酮(isoflavones)、胰蛋白酶抑制劑(trypsin inhibitor)、植酸(phytic acid)及皂素(saponins)等。

1. 卵磷脂

黃豆原油約含有 2.5%的卵磷脂。粗卵磷脂含有 65~75%的磷脂，其餘為黃豆油。卵磷脂的功能有微細胞膜的主要成分、油脂的輸送(HDL、LDL)、細胞的呼吸、離子輸送及細胞中之多種酵素作用等功能。黃豆卵磷脂可減少血小板之聚合，避免形成血栓或血液凝塊。同時卵磷脂也是一良好的乳化劑，在食品加工上具有潤濕作用及抗氧化性，在食品工業的用途非常廣泛，如圖 7-1 所示。

2. 維生素

黃豆所含的維生素以維生素 E 及維生素 B 群較多，如表 7-6 所示。大豆油的維生素 E 為天然抗氧化劑，可防止體內過氧化脂質的增加、消除疲勞、預防老化、促進成長與生殖機能等生理功能。

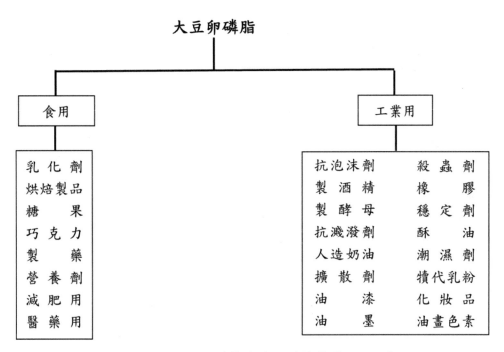

● 圖 7-1　大豆卵磷脂之應用（陳世爵，1995）

↘ 表 7-6　黃豆的維生素含量

維生素	含量 (μg/of soybean)	維生素	含量 (μg/of soybean)
維生素 B_1(thiamine)	11.0~17.5	膽素(choline)	3,400
維生素 B_2(riboflavin)	3.4~3.6	葉酸(folic acid)	1.9
菸鹼酸(niacin)	21.4~23.0	胡蘿蔔素 carotene(as provitamin A)	0.18~2.43
鹽酸吡多醇(pyridoxine)	7.1~12.0	肌醇(intsitol)	2,300
生物素(biotin)	0.8	維生素 E(vitamin E)	1.4
泛酸(pantothenic acid)	13.0~21.5	維生素 K(vitamin K)	1.9

資料來源：陳世爵，1995。

3. 異黃酮

大豆中平均含 0.2~0.4%(w/w)的異黃酮素，廣泛分布於種皮、子葉和胚軸之中，其中以胚軸的含量最高，每克胚軸之總異黃酮含量高達 1.40~1.76%，其次為子葉含 0.15~0.32%及種皮的 0.01~0.02%。異黃酮素是大豆中主要的類黃酮，有 12 種衍生物，包括 3 種不含葡萄糖基的 alycones (daidzein、genistein、和 glycitein)及 9 種含有葡萄糖基的 glucosides (daidzin、genistin、glycitin、6"-O-acetyldaidzin、6"-O-acetylgenistin、6"-O-acetylglycitin、6"-O-malonylgenistin 及 6"-O-malonyl-glycitin)。異黃酮素可阻止新血管的生成、抑制蛋白酪胺酸激酶的作用，而達到防癌的作用。除此之外，異黃酮素還具有心臟血管疾病之預防（降低血膽固醇含量）、減少骨質疏鬆症及改善更年期症狀等生理功效。

4. 皂素

皂素存在黃豆中，為煮豆漿時易產生泡沫之主要因素。黃豆粉約含有 0.5%的皂素，黃豆皂素顯示可促進免疫性，阻止腫瘤細胞中 DNA 的生成。研究指出黃豆皂素有抑制結腸癌的效果。

5. 植酸

植酸為肌醇(inositol)的六磷酸鹽(inositol hexaphosphate)，在植物種籽中做為磷的儲存形態。黃豆的植酸含量為 1.0~2.3%，含量隨部位而異，如大豆皮的植酸含量為 0.1~0.5%，胚軸為 0.9%，子葉為 1.6%。植酸係植物性物質(phytoceuticals)之一，它容易與金屬形成不溶性的化合物，稱為螯合作用(chelation)，在腸道中阻礙鐵的吸收而被認為是大豆中的抗營養因子之一。但因植酸具獨特的去氧作用，減少自由基、避免脂質過氧化以及損傷 DNA，可預防心血管疾病罹患危險。因此，當攝取高植酸含量的大豆食品，除了注意其具備之抗氧化作用外，應予注意其可能會降低膳食礦物質(dietary minerals)的生物可利用率(bioavailability)，而罹患礦物質缺乏症的危險。

6. 胰蛋白酶抑制劑

對 trypsin 有阻害作用的物質，分布於植物中，尤其是豆類。為蛋白質消化酶抑制物質(protease inhibitor)，需加熱破壞，否則會影響蛋白質之吸收，連同食用之其他食品之蛋白質消化亦受阻害。

三、黃豆加工製品

黃豆在食品加工上的應用非常廣泛（圖 7-2），依各種利用方式如下所述：

1. **依全粒黃豆利用**：豆腐、脆豆、豆花、豆奶、豆芽、醬油等。

2. **依醱酵及非醱酵分類**：傳統醱酵大豆食品有味噌、醬油、納豆、豆腐乳、天貝、豆鼓、豆瓣醬及臭豆腐等。傳統非醱酵大豆食品包括鮮綠黃豆、豆芽、全脂黃豆粉、豆漿、豆腐、豆乾、豆皮等。

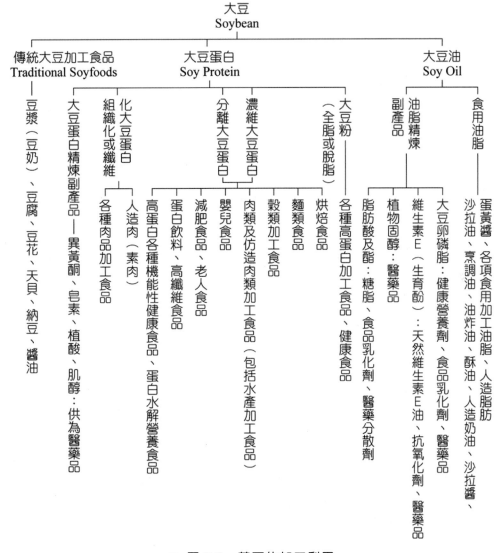

● 圖 7-2　黃豆的加工利用

資料來源：陳介武顧問，美國黃豆出口協會臺灣辦事處網站。

3. **黃豆蛋白質的利用**：依生產方式可分為三大種類：

(1) 食用黃豆粉(soy flour)：大豆精選後經粉碎、脫殼、壓片，再予以加熱、加水調濕，經擠壓機擠壓蒸煮，再給於適宜之乾燥、冷卻、研磨即得粉狀之全脂黃豆粉。脫脂黃豆粉則是將溶劑處理過之大豆薄片經乾燥磨粉製成，蛋白質含量約為 50%。

(2) 濃縮大豆蛋白(soy protein concentrated)：將脫脂大豆粉經酒精或水萃取其糖類等可溶性成分後乾燥、研磨，得到較高之濃縮產品，蛋白質含量約為 70%。

(3) 分離蛋白質(soy protein isolates)：以脫脂大豆粉為原料，經鹼液萃取其可溶性成分，並以離心去除不溶性殘渣，再以酸液使蛋白質沉澱，將沉澱與水混合，調整 pH 為 6.8~7.0 後，經噴霧乾燥即得粉狀之分離大豆蛋白質，蛋白質含量約為 90%。

黃豆蛋白質具有功能性、經濟性及營養價值三大優點。黃豆蛋白在食品加工上的功能性質有乳化性、安定性、吸水性、吸油性、黏著性、起泡性、彈性及成膜性等。其他的功能尚有改良食品的組織、貯藏性、外觀、促進味道及風味等。使用黃豆蛋白質可以降低加工成本及降低食品的價格。例如以黃豆分離蛋白所調配之豆奶，其成本只有全脂牛奶的四成多(42%)。食品中添加黃豆蛋白質可以增加蛋白質的質及量，同時亦降低熱量與油脂含量，以達到改良食品營養價值的目的。

 第二節　黑　豆

黑豆(black soybean)，在分類學上與黃豆同為豆科，蝶型花亞科(*Papilionaceae*)，大豆屬，且有相同的種名(*Glycine max (L.) Merrix.*)，又名黑大豆或烏豆，為具黑色種皮之大豆，其所含的營養成分幾乎與黃豆無異。依子葉顏色的不同，黑豆可分為綠色子葉的青仁黑豆與黃色子葉的黃仁黑豆。青、黃仁黑豆均被用於食材，而青仁黑豆則被中醫藥界使用，適合浸酒及生吞；黃仁黑豆則多用於製造高級蔭油。據本草綱目記載：服食烏豆、令人長肌膚、益顏色、填骨髓、長氣力、補虛能食，於各種豆類中，本草綱目僅將黑豆列為中藥的一種，其中最顯著的功效便是滋潤養顏、健脾益腎。

　　黑豆富含高量的蛋白質，粗蛋白值約為 34%，其中包含各種游離胺基酸：丙胺酸(alanine 21.9%)、麩胺酸(glutamic acid 18.4%)、精胺酸(arginine 17.9%)、絲胺酸(serine 15.5%)、天門冬氨酸(aspartic acid 8.3%)等。總糖量為 28%，以蔗糖、葡萄糖與果糖為主，同時也含有寡糖可促進腸道之蠕動、排除脹氣、改善便祕等。

第三節　花　生

　　花生又稱謂落花生、地豆、土豆或長生果。在臺灣，花生是屬於重要的經濟作物之一。花生(peanut)，學名 *Arachis hypogaea* L.屬一年生草本植物，是全世界重要雜糧作物之一，其質地堅實、含油脂、蛋白質高，另含豐富維生素 B 及礦物質，常供菜餚（花生湯、花生豬腳、粽子等）、點心製品（花生醬、花生豆花、炒花生、花生粉等）及食用油脂之重要原料。

一、花生的一般成分

　　花生具有豐富的營養價值，其一般組成如表 7-7 所示。

1. **蛋白質：**花生蛋白質含量 23~28%，大部分為球蛋白、少量為白蛋白，尚有花生球蛋白等。花生蛋白之胺基酸成分中缺乏離胺酸、甲硫胺酸、組織胺酸及色胺酸。

↘ 表 7-7　花生原料之一般組成

成分	含量(%)
水分	9.0
蛋白質	23.2
脂肪	46.2
灰分	2.2
粗纖維	3.5
無氮萃出物	15.9

資料來源：蔡世勇，1994。

↘ 表 7-8　花生油之一般脂肪酸組成

脂肪酸	含量(%)
16:0(Palmitic acid)	6.0~15.5
16:1(Palmitoleic acid)	<0.1
18:0(Stearic acid)	1.3~6.5
18:1(Oleic acid)	36~72
18:2(Linoleic acid)	13~45
18:3(Linolenic acid)	<1.0
20:0(Arachidic acid)	1.0~2.5
20:1(Gadoleic acid)	0.5~2.1
22:0(Behenic acid)	1.5~4.8
22:1(Frucic acid)	<0.1
24:0(Lignoceric acid)	1.0~2.5

資料來源：蔡世勇，1994。

2. **脂質**：花生脂肪含量約占 50%，富含不飽和脂肪酸（約占 80%以上），其脂肪酸組成如表 7-8 所示，其中亞麻油酸(linoleic acid)含量為 13~45%。亞麻油酸是人體中不可缺乏的重要脂肪酸，因為身體內無法合成必須取自食物，因此稱為必需脂肪酸。

3. **醣類**：花生之醣類含量不高，約占 17.4%，其中包含澱粉、蔗糖及半纖維素等成分。

4. **維生素**：雖然花生的營養價值高，但是缺少維生素 A 及 C，以維生素 B 群含量多。其他尚含有維生素 E、B_6、葉酸、泛酸等。

5. **礦物質**：含有鐵、鈣、鉀等占 2~3%，其中以鉀含量為最多。因磷含量高，所以屬於酸性食品為其缺點。

二、花生之用途

花生的主要用途有兩個，分別是供食用及榨油。花生的種仁除了可直接食用之外，可放入菜餚中如炒丁香花生、炒花生雞丁或是煮成花生湯，亦可加工製成加工產品－花生醬、花生酥、花生糖、花生粉及花生豆腐等。花生的第二個用途是榨油，在我國各類常用的食用油脂中，花生油是重要的食用油脂之一，主要是因為花生油除了具有特殊香味外，還具備良好的烹調性及安定性。

三、其他

花生較令人擔心的是黃麴毒素汙染的問題。黃麴毒素主要由 *Aspergillus flavus* 及 *Aspergillus parasiticus* 之黴菌汙染所產生之二級代謝產物。黃麴毒素的毒性極高且具有致癌性，加上該毒素的熱安定高，不易為一般的加工方法破壞或除去，因此，如何避免花生受到黴菌的汙染則非常重要。臺灣高溫且潮濕，因此採收之花生應確實將花生乾燥，避免儲藏於高濕度且不通風之場所，在加工時慎選原料，以減低黃麴毒素的汙染及攝食。

第四節　綠　豆

綠豆(*Vigna radiata* (L.) Wilczek)屬豆科豇豆屬一年生草本植作物，綠豆營養豐富，含有蛋白質 20~24%、脂肪 0.5~1.5%、碳水化合物及各種礦物質和維生素。綠豆為清熱解毒、消暑、利尿性食品，可製成多種糕點—綠豆沙、綠豆糕、粉絲及綠豆粉等。種子浸水發芽後之綠豆芽可作為蔬菜，綠豆芽含有豐富的維生素及礦物質。

第五節　紅　豆

紅豆(*Vigna angularis* L.)自古以來是東方人不可缺少的食物，神農本草綱目記載「紅豆通小腸、利小便、水散血、消腫排膿、消熱解毒、治瀉痢腳氣、止渴解酒」。紅豆種子含有 20~23%蛋白質、0.2~0.6%脂肪、55~69%澱粉及多種氨基酸和維生素，

礦物質以鉀的含量較多。種子內含有皂鹼(saponin)，有健胃、生津、去濕、益氣、利尿、消腫及解毒等多種功能，為良好的藥用及健康食品。紅豆主要用途以甜食為主，如豆餡、豆沙、蜜紅豆、紅豆湯、紅豆罐頭、羊羹、甘納豆及紅豆冰等食品。

第六節 花 豆

花豆(white dutch runner bean)，學名：*Phaseolus coccineus* L, var. *albonanus* Bailey，為豆科(leguminosae)菜豆屬植物，常供作八寶粥、糖漬甜豆及豆沙原料。豆沙不僅提供烘焙製品之內餡，亦作為羊羹及各式菜點之原料；其加工製程包括浸漬、烹煮、破碎、過濾、漂洗、脫水及加糖、油攪拌及揉煉。

不同豆類及品種會影響豆沙及產率，豆沙顆粒大小及外觀是品質判斷的重要指標；豆沙的微細構造、破損情形及澱粉顆粒之釋放及糊化程度皆會影響豆沙之質地及口感。

習 題 EXERCISE

一、是非題

( ) 1. 分離蛋白質是以全豆粉為原料，以鹼液萃取其可溶性成分加工所製成的。

( ) 2. 豆類中的胰蛋白酶抑制劑會影響蛋白質的吸收，食用時需加熱破壞之。

( ) 3. 全球黃豆生產量最大的國家是美國。

( ) 4. 黑豆與黃豆具有相同的種名，但是營養成分黑豆高於黃豆。

( ) 5. 對素食者而言，食用大豆能提供優質的蛋白質及足夠的營養成分。

答案：1.╳　2.○　3.╳　4.╳　5.○

二、選擇題

( ) 1. 大豆含有何種豐富的天然抗氧化劑？　(A)vitamin K　(B)vitamin H (C)vitamin C　(D)vitamin E。

( ) 2. 大豆中的何種微量成分是造成烹煮豆漿時產生泡沫的主要原因？　(A)植 酸　(B)皂素　(C)胰蛋白酶抑制劑　(D)卵磷脂。

( ) 3. 豆類品項中脂肪含量最高的是？　(A)黃豆　(B)花豆　(C)花生　(D)黑豆。

( ) 4. 花生或花生製品受到黴菌汙染所產生具有致癌性的二次代謝產物為何？ (A)黃麴毒素　(B)赭麴毒素　(C)新月毒素　(D)以上皆非。

( ) 5. 大豆中含有的何種醣類是造成腸道蠕動的主要因子？　(A)多醣　(B)葡萄 糖　(C)蔗糖　(D)寡糖。

答案：1.(D)；2.(B)；3.(C)；4.(A)；5.(D)

參考文獻　　　　　　　　　　　　　　REFERENCES

1. 江孟燦等（民90）。**食物學原理**。臺中市：華格那。

2. 江伯源、陳廷茹、羅悅瑜（民98）。**臺灣農學會報，10**(1)，24-41。

3. 吳昭其（民77）。**臺灣的蔬菜（二）- 花豆**。臺北市：渡假。

4. 林俊清（民83）。**藥膳與食療之生藥應用**。高雄市：富山。

5. 林宏昇、巫秉修、江伯源（民 98）。浸漬及烹煮處理對花豆沙品質之影響。**臺灣農學會報，10**(5)，410-423。

6. 林天送（民101）。大豆素食者的營養補充品。**健康世界，313**，65-68。

7. 食品藥物管理署食品營養成分資料庫。20230429。
   https://consumer.fda.gov.tw/Food/tfndDetail.aspx?nodeID=178&f=0&id=771

8. 海關進出口統計。20230430。財政部關務署
   https://portal.sw.nat.gov.tw/APGA/GA30_LIST

9. 連大進（民84）。臺灣黑豆的利用與生產展望。**農業世界，147**，39-42。

10. 農產品知識庫。20230430。
    https://www.oanda.com/bvi-ft/lab-education/agricultural_basic/soy_global_production_trends/

11. 秦大京（民79）。中國傳統的保健珍品—黑豆。**鄉間小路，16**，15-17。

12. 陳世爵（民84）。**怎樣吃的科學又活得健康**。臺北市：華香園。

13. 陳幸復、葉瑞圻（民91）。素食與腎臟病。**腎臟與透析，14**(4)，182-190。

14. 陳介武。**黃豆與健康**。美國黃豆出口協會臺灣辦事處網站
    http://www.asaimtaiwan.org/p4-1-1.php?flag=tech5-3

15. 陳昶宇（民 89）。**富含異黃酮素大豆食品之製造方法**。國立臺灣大學食品科技研究所碩士論文，未出版，臺北市。

16. 紹志忠（民 85）。豆類加工食品產業發展趨勢分析。食品工業，**28**(6)，50-51。

17. 曾富生、吳詩都（民 85）。**大豆**。臺北市：農藝。

18. 楊榮生（民 99）。素食者的骨量正常嗎？大豆類食品有利骨骼健康嗎？**健康世界**，**294**，10-10。

19. 曾一航、郭宏遠（民 105）。國內大豆市場與生產概況。**種苗科技專訊**，**93**，6-10。

20. 蔡世勇（民 83）。花生油之特性及製程介紹。食品工業，**26**(1)，52-56。

21. 楊瓊花（民 98）。**食品加工**。僑務委員會中華函授學校出版。

22. 蔡政諭（民 93）。**黃豆皂素粗萃取物抑制人類結腸癌 WiDr 細胞生長機制之探討**。臺北醫學大學保健營養學研究所碩士論文，未出版，臺北市。

23. 維根新生活推廣教育中心（民 98）。**食全食美醫學養生寶典科學實證彙編**。臺北市：全養知國際。

24. 賴茲漢、金安兒（民 80）。**食品加工學—製品篇**。臺中市：精華。

25. Birk, Y. (1996). *Protein proteinase inhibitors in legume seeds-overview*. Arch Latinoam Nutr. 44(4 Suppl 1):26S-30S. Review.

26. Chen, S. S. C. (1994). *Soybeans and Health. Journal of the Chinese Nutrition Society.* 19(3): 335-345.

27. Choung, M. G., Baek, I. Y., Kang, S. T., Han, W. Y., Shin, D. C., Moon, H. P., & Kang, K. H. (2001). *Isolation and determination of anthocyanins in seed coats of black soybean* (Glycine max (L.) Merr.) J Agric Food Chem.49:5848-5851.

28. Friedman, M., & Brandon, D. L. (2001). *Nutritional and health benefits of soy proteins*. J Agric Food Chem. 49(3):1069-86. Review.

CHAPTER
08

油脂類

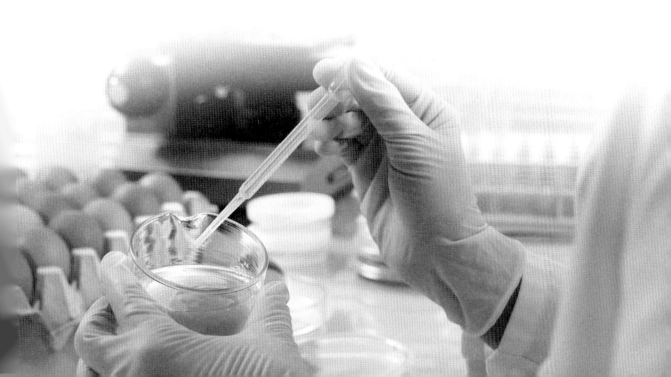

　　食品中三大成分分別為醣類(saccharid)、蛋白質(protein)和脂質(lipid)，又合稱為熱量營養素。其中脂質為提供生物體熱量、建構身體組織及調節代謝與生理功能。

第一節　脂質在生物的功能

1. 熱量的主要來源：脂肪每公克可提供人體 9 仟卡的熱量。根據中華民國飲食手冊之建議與每天熱量營養素中脂質飽和脂肪酸、單元不飽和脂肪酸和多元不飽和脂肪酸的比例應以 1：1.5：1 的比值較適合。另 2017 年美國心臟學會提出最佳比例為 0.8：1.5：1，另外一般建議 Omega 3 和 Omega 6 的攝取比例應維持在 1：1~1：2 之間。其中世界衛生組織建議之飲食營養標準中油脂占一天熱量 20~30%，其中飽和脂肪酸占 10%以下，多元不飽和脂肪酸占總熱量 3~7%。

2. 提供食品特有的風味及滑潤口感。

3. 增加吃東西時的飽足感：不同的食品成分在胃的排空時間（停留在胃的時間）不相同，食物經咀嚼進入胃後各成分停留時間不同，其中以醣類最快，其次為蛋白質，最後為脂質。因此攝取較油膩的食物會比較容易有飽足感。

4. 提供人體所需的必需脂肪酸：所謂的必需脂肪酸指的是人體所必需的，本身無法合成或合成量不足，必需由食物中攝取的脂肪酸稱之。其中有二種為 n6 系列的亞麻油酸($C_{18:2}$)與 n3 系列之次亞麻油酸($C_{18:3}$)。其中亞麻油酸主要存在於一般植物油；而次亞麻油酸則在亞麻子油及芥花油中。

5. 脂溶性維生素 A、D、E、K 的攜帶者。

6. 保護內臟器官隔絕作用。

7. 貯存能量。

8. 構造和調節體內荷爾蒙。

第二節　油脂的分類

　　油脂在化學結構上是由脂肪酸所組成。其中脂肪酸的官能基為羧基(-COOH)，故油脂經水解後會分解成甘油和脂肪酸。目前油的分類依不同方式分為下列各種：

一、原料來源分類

（一）植物性油脂

　　從植物中所萃取而來的油脂，又可分為液態植物和固態植物脂（呈現固態或軟膏狀）兩種。

1. **液態植物油**：常見的有大豆油（沙拉油）、米糠油、玉米胚芽油、菜籽油、橄欖油、芝麻油、棉籽油等。

2. **固態植物油**：如棕櫚油、椰子油、可可脂等。

↘ 表 8-1　常用植物性油脂各脂肪酸含量(%)

油脂種類	$C_{14:0}$	$C_{16:0}$	$C_{18:0}$	$C_{18:1}$	$C_{18:2}$	$C_{20:0}$	$C_{22:0}$
大豆油	2	8~10	3~4	28	53		
花生油	5	8~9	3~6	53	13	2	1
棕櫚油	2	32~40	2~6	38	5		
椰子油	17~18	9~11	2	7	1		
橄欖油	2	13	3				

（二）動物性油脂(animal fat)

　　由動物體中所萃取出來的油脂如：牛油、奶油、豬油、魚油。

二、依室溫狀態下分類

可將油脂分為油和脂兩大類：

1. **油**：在室溫下呈液態者稱之，如橄欖油、花生油、芝麻油、大豆油、葵花籽油、玉米油。

2. **脂**：在室溫下呈固態者稱之，如牛油、豬油、巧克力脂。

三、碘價來分類

油脂依碘價不同可分為乾性油、半乾性及不乾性油三種。

1. **乾性油**：碘價在 130 以上者，如魚油、肝油、胡桃油。

2. **半乾性油**：碘價在 100~130 者，如芝麻油、米糠油、菜籽油。

3. **不乾性油**：碘價在 100 以下者，如花生油、椰子油、橄欖油。

四、飽和程度分類

依油脂之鍵結結構是否含有雙鍵者，將其區分為飽和油脂和不飽和油脂。其中不飽和油脂又分為單元不飽和油脂和多元不飽和油脂。

1. **飽和油脂**：油脂中飽和脂肪酸含量較多的油脂，如動物性油脂多屬於飽和油脂，另植物油之椰子油和棕櫚油亦屬之。

2. **不飽和油脂**：油脂中含不飽和脂肪酸較多的油脂，如植物性油脂多屬於不飽和油脂，另外魚油亦屬之。

五、生物體功能分類

1. **構造性油脂**：構成生物體之組成分，如膽固醇和細胞的組成分如磷脂質等。

2. **儲存性脂肪**：平時貯存在體內以備不時之需。

3. **功能性油脂**：具調節生理功能之荷爾蒙，如前列腺素等。

六、結合分子不同予以分類

（一）單純脂質

由脂肪酸與各種醇類所結合而成的酯類(ester)化合物，其中又分為中性脂肪(neutral fat)和蠟(wax)。

1. **中性脂肪**：由一分子的甘油(glycerol)和三分子的脂肪酸經脫水縮合酯化作用而形成，又稱為三酸甘油脂(triglyceride, TG)，食物中存在的脂質約有 95%為中性脂肪。

2. **蠟**：由脂肪酸與高級醇類（含 10 個碳以上的醇類）所結合而成的酯類，此種化合物不被人體所消化吸收，如鯨蠟、蜂巢蠟質。

（二）複合性脂質

由中性脂肪與其他化合物結合所形成的脂質化合物稱為複合性脂質，一般分為三大類，其分別為：

1. **磷脂質**：由甘油、脂肪酸、磷酸等結合而成，如卵磷脂，即為磷脂質的一種。在食品中，磷脂質中的磷可吸附水分子，而脂肪酸部分吸附脂肪，故像人伸出雙手可一邊將水抓住一邊將油抓住。因此可使油和水互相溶解在一起，不會油水分離。所以可當作食品中的乳化劑。

2. **醣脂質**：由甘油和醣類所結合而成的脂質稱醣脂質，常存在於細胞之表面，其功能之一為細胞膜之分子辨識因子。

3. **脂蛋白**：為脂質和蛋白質所結合而成的化合物，其主要在人體作用為運送血液中脂質，可細分為 5 種：

   (1) 乳糜微粒：比重最小約小於 0.95，在小腸中合成，含有 98~99%的脂肪比例。

   (2) 極低密度脂蛋白(VLDL)：比重約 0.95~1.006，於肝臟中合成，含有 90~93%的脂肪比例。

   (3) 中密度脂蛋白(IDL)：比重約 1.006~1.019，含有 89%的脂肪比例，來自於 VLDL，目前已不常用此類。

   (4) 低密度脂蛋白(LDL)：比重約 1.019~1.063，來自 IDL，含有 79%的脂肪比例，以膽固醇為主。

(5) 高密度脂蛋白(HDL)：比重約 1.063~1.210，含有 43~67%的脂肪比例，以磷脂質較多，其次是膽固醇酯化物，由身體中的小腸及肝臟合成。

 ## 第三節　脂質的結構及組成

一、三酸甘油酯

1. 含有三個羥基(hydroxyl group, -OH group)的甘油與脂肪酸結合所形成，為食用油脂之主成分。

2. 合成反應如下：甘油＋脂肪酸→三酸甘油酯。

二、脂肪酸

（一）飽和脂肪酸

即脂肪酸的分子中不含有碳－碳雙鍵。

1. 食品中的飽和脂肪酸之碳數多在 4~24 之間。

2. 以棕櫚酸（軟脂酸；C16:0）和硬脂酸(C18:0)為主。

（二）不飽和脂肪酸

指脂肪酸分子中具有碳－碳雙鍵。

1. 含有一個雙鍵的脂肪酸稱單元不飽和脂肪酸(monounsaturated fatty acid, MUFA)。

2. 若具有二個雙鍵以上的脂肪酸則稱為多元不飽和脂肪酸(poly-unsaturated fatty acid, PUFA)，常見的不飽和脂肪酸有：

(1) 油酸(oleic acid)：為含有 18 個碳一個雙鍵的脂肪酸。

(2) 花生四烯酸：含 20 個碳 4 個雙鍵，存在一般動物組織與油脂中。

(3) 亞油酸：含有 18 個碳二個雙鍵的脂肪酸，其食物來源為一般植物。

(4) 次亞油酸：含有 18 個碳三個雙鍵的脂肪酸，主要存在黃豆油、芥花油及堅果中。

二十碳五烯酸：含有 20 個碳五個雙鍵，一般稱 EPA，其來源主要為深海魚類。

二十二碳六烯酸：含有 22 個碳六個雙鍵，一般稱 DHA，其來源主要為深海魚類。

3. 不飽和脂肪酸主要為 18 個碳具有 1~2 個雙鍵的油酸及亞油酸為主，其常存在於食品中。

 ## 第四節　油脂的物理性質

一、熔點(melting point)與沸點(boiling point)

1. 化合物的純度越高，熔點變化就越小。

2. 油脂結構中所含的脂肪酸碳鏈越長，其熔點便越高。

3. 反式脂肪酸(trans fatty acid)含量較多的油脂，其溶點也越高。分子大的油脂，其沸點會較分子小的油脂高。

二、黏度

1. 油脂的黏度隨其脂肪酸的平均鏈長，增加而變高，隨其不飽和度增加而變小。

2. 同一種油脂之黏度亦受溫度高低影響而不同，溫度越高，其黏度越低。

3. 重複油炸越久之油脂其黏度越高。

三、同質多晶性

在不同的熱變化條件與溫度下，油脂會有不同的固態脂產生，而此種固態油脂分子於空間中之不同排列情形，會影響油脂熔點或凝固點之改變，而此現象稱之為油脂之同質多晶性，因此常被食品應用於巧克力上，而此特性也決定巧克力是否只溶於口不溶於手的品質。

四、比重

油脂比重小於水，約略值為 0.90~0.95，當其含有較多的飽和脂肪酸或多量聚合時，其比重則會變大。

五、折射率

1. 食用油脂的折射率(refractive index)在 40℃時，約為 1.448~1.474，依脂肪酸種類之不同而異。

2. 當脂肪酸的碳鏈長度與不飽和度增加時，折射率的變化可推知氫化的程度（飽和度增加，折射率降低）。

六、發煙點、引火點及著火點

1. 油脂於加熱過程中，剛起薄煙時的溫度稱發煙點(smoke point)。

2. 引火點(flash point)是指煙與空氣混合而引起燃燒時之溫度。

3. 著火點(fire point)則是指油脂燃燒時之溫度。

4. 當油脂劣變時，若導致游離脂肪酸增多時，此三點溫度會下降。

 第五節　油脂的化學性質

一、脂質分解

1. 油脂分子中的酯鍵因受酵素、熱力及化學作用而進行水解，稱為脂質分解。

2. 脂質分解會使油脂中游離脂肪酸(free fatty acid)增多，發煙點下降，煎炸食品時吸油率增加，且縮短油脂的保存期限。

二、聚合作用

1. 聚合物可能的反應機制及產生途徑：

     依狄耳士－阿德反應(Diels-Alder reaction)：

          由一共軛雙鍵(conjugated diene)之脂肪酸分子與另一不飽和脂肪酸分子上的雙鍵結合成環狀化合物。

2. 由二個自由基結合成二元體(dimer)。

3. 自由基與不飽和脂肪酸的雙鍵結合成二元體游離鍵結合成二元體游離基，再與其他具有雙鍵之脂肪酸作用，而使聚合分子逐漸增大，最後再奪取另一分子的氫原子，終止反應。

4. 油脂中不飽和脂肪酸在加熱過程中，除可生成二元體或三元體外，亦可形成多種環狀聚合物。

三、皂化反應

     油脂與氫氧化鈉(NaOH)或氫氧化鉀(KOH)混合加熱，即生成脂肪酸的鈉或鉀鹽（即肥皂）與甘油，此反應稱為皂化反應(saponification)，如日常生活中的清潔劑或手工肥皂即利用此反應製作而成。

四、氫化作用

1. 油脂中之不飽和鍵以金屬類催化劑與氫氣於高溫、高壓下進行反應而成為飽和度較高的化合物稱之。

2. 氫化反應可能會使油脂形成反式脂肪酸，而反式脂肪酸目前有研究表示會造成人體之代謝障礙。

第六節　油脂的檢測與品質鑑定

　　油脂檢測標準及品質鑑定依不同油脂之特性不同標準亦不相同，其中，中國國家標準(CNS)規定各種食用油脂的品質檢驗包含有：一般性狀、顏色、水分及揮發物、夾雜物、比重、折射率、碘價、皂化價、不皂化物、過氧化價、銅、汞、砷、鉛、黃麴毒素等物理及化學方面的檢測項目。

　　以下將其針對物理方法及化學方法兩大類來敘述：

一、物理方法

（一）發煙點

　　油脂氧化分解，進而產生許多小分子，導致發煙點下降，故可做為油脂劣變指標。

（二）油色

　　油脂氧化後，油色會越來越深。

（三）黏度

　　油脂在加熱後產生聚合等作用，導致脂變得較黏稠，黏度上升。

（四）泡沫試驗

　　油脂受熱或氧化時，因黏性增加而易起泡，故可藉泡沫多寡測定氧化程度。

（五）官能評價法

　　可以測油耗味生成與否，藉由官能判定其接受度。

（六）紫外線之吸收

　　油脂因氧化形成過氧化物，導致雙鍵轉移而形成共軛雙鍵，故在波長 233 nm 有顯著的吸收波峰，又因形成酮類化合物，故在 268 nm 處也有吸收波峰。

（七）介電常數

油脂氧化程度越高，其介電常數(dielectric constant)會越大。

（八）烘箱試驗

將麵包裝在微量燒杯或瓶子，置於 63℃的烘箱中，利用香氣和味道的改變量測發生油耗味所需時間。

二、化學方法

（一）酸價

1. 中和 1g 油脂中的游離脂肪酸所需氫氧化鉀(KOH)的毫克數(mg)即稱為酸價(acid value, AV)。

2. 酸價越高，代表游離脂肪酸含量較多，即油脂品質越差；但不同油脂其酸價亦不相同。

（二）過氧化價(peroxide value, POV)

1. 為檢測油脂氧化程度最常用的一種方法。

2. 利用氧化還原的原理，使油脂氧化所產生的氫過氧化物與碘化鉀(KI)作用，則碘離子(I^-)被氧化成碘分子(I_2)，再以硫代硫酸鈉($Na_2S_2O_3$)滴定碘分子，即可得到過氧化物之毫克當量數。

3. 過氧化物價只適合做為油脂氧化初期劣變的指標。通常油脂過氧化價越高，表示品質越不佳。

（三）皂化價(saponification value, SV)

1. 皂化 1g 油脂所需氫氧化鉀(KOH)的毫克數。

2. 用來計算油脂中脂肪酸的平均分子量，判斷油脂的種類。

（四） 丙二醛硫法(TBA-value)

1. 利用油脂氧化產生丙二醛(malonaldehyde)與 2-丙二醛硫脲(2-thiobarbituric acid)作用。在加熱條件下，進而產生紅色物質的特性。

2. 以分光光度計檢測在波長 535nm 時會顯著的吸收，故利用吸光值與標準品之標準曲線（檢量線）對照，即可得知其值。

（五）活性氧氣法(reactive oxygen, AOM)

1. 將空氣以每秒 2.33ml 的速率打至 1g 油脂中，測量其產生 20 毫當量(meq)過氧化物所需之時間。

2. 油脂中所含的雜質越少，其 AOM 值會越大，因此可以 AOM 來測油脂之純度。

（六）碘價(iodine value, IV)

1. 定義：每 100g 油脂吸收碘或碘化物的克數(g)，用以表示油脂的不飽和度。

2. 碘價越高，代表油脂不飽和度越大。

3. 油脂劣變時，其不飽度會降低。

（七）乙醯價

　　為分析油脂中所含羥基(hydroxyl group)脂肪酸的方法。

（八）羰基價

　　利用酸敗油脂中所含有的醛、酮化合物可與 2,4- 二硝基苯肼(2,4-dinitro-phenylhydrazin)作用而產生有色物質，藉此測定油脂中的羰基量，進而判定油脂酸敗的程度。羰基價越高代表油質品質越差。

第七節　食用油脂應具備的條件

精製油脂應具備下列各條件：

1. 不含游離脂肪酸及其氧化生成物，一般要求食用油脂的酸價控制於 0.2 以下。

2. 本身為無色或淡金黃色的透明澄清狀。

3. 無臭味或油耗味：食用油脂不得有酸敗臭味或焦味，芝麻油必須具有芝麻油特有香氣。

市售油常見油脂的特性：

1. **沙拉油**：風味良好，具耐寒性。

2. **油炸油**：耐熱性要高，不易因水分及高溫而氧化分解，發煙點溫度要高，高溫加熱後著色力小。

3. **調理用油**：耐熱性強，揮發性小。

4. **蛋糕、糕餅點心烘焙用油**：高溫下具有安定性、分散性、乳化性、可塑性、酥脆性以及良好風味。

5. **人造奶油**：係由動植油脂與飽和油加水乳化，經急速冷凍所形成之混合物，其性質柔軟、具延展性及入口即化的特性。另有以純植物性油脂添加乳化安定劑及脫脂乳而製成。

6. **酥油**：添加在點心餅乾中，可提供在口中酥、脆之口感。

習 題

一、是非題

（　）1. 液體油脂經氫化後會造成油脂可塑性變差。

（　）2. 油脂經水解後會形成甘油和脂肪酸。

（　）3. 室溫下為液體狀態的油脂稱之為脂。

（　）4. 反式脂肪酸的含量越多其熔點越低。

（　）5. 重複使用越多次的油炸油其酸價越高黏度越低。

答案：1.✗；2.○；3.✗；4.○；5.✗

二、選擇題

（　）1. 下列何者屬於油脂檢驗之物理性質？　(A)發煙點　(B)酸價　(C)過氧化價　(D)皂化價。

（　）2. 下列何者屬於油脂檢驗之化學性質？　(A)比重　(B)折射率　(C)碘價　(D)黏度。

（　）3. 判斷油脂雙鍵多寡(不飽和度)的結果　(A)皂化價　(B)碘價　(C)酸價　(D)過氧化價。

（　）4. 巧克力只溶您口不溶您手的特性，是利用油脂下列哪一個特性？　(A)沸點　(B)黏度　(C)同質多晶性　(D)油脂分解。

（　）5. 油脂的反式脂肪酸是經過下列何種反應所產生？　(A)氧化　(B)氫化　(C)皂化　(D)酸化。

答案：1.(A)；2.(C)；3.(B)；4.(A)；5.(B)

參考文獻　　　　　　　　　　　　　　　　　　　　REFERENCES

1. 臺灣每日飲食指南 http://food.doh.gov.tw/nutrient/default-diet-concept.htm

2. 世界衛生組織 http://www.who.int/nut

3. 謝明哲等（民 92）。**實用營養學**。臺北市：華香園。

4. 蕭寧馨（民 93）。**食品營養概論**。臺北市：時新。

5. 鄭清和（民 90）。**食品加工經典**。臺北市：復文。

CHAPTER
09

蔬 菜

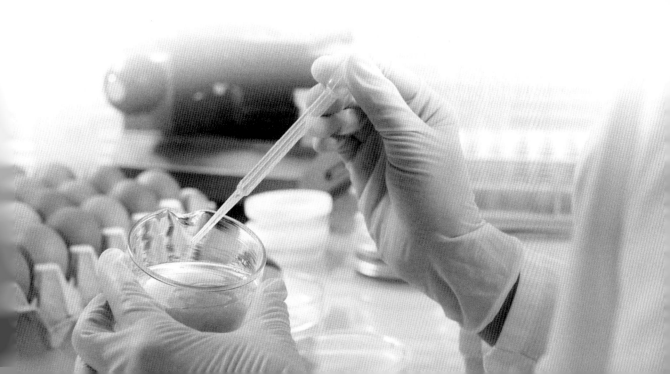

前　言

　　地處亞熱帶的臺灣，四季適於種植不同種類的蔬菜。由於臺灣濱臨海洋，又有高山多變性的生長環境，加上陽光充足，適合種植，種類繁多、外形各異、顏色多樣的各式各樣蔬菜。再者蔬菜食的部位有根、莖、葉、花、果實及種子，故其在食物製備上占著非常重要的地位。蔬菜內之水分、維生素、礦物質及膳食纖維對人體健康助益極大，近年來針對蔬菜內所含的健康成分如茄紅素、異黃酮、原花青素、β_1胡蘿蔔素等對抗氧化、防癌，以及其他保健功能一一被發現，因此蔬菜之攝食在繁忙的現代人是每餐不可或缺的一環。

 ## 第一節　蔬菜的特性

　　富含水分、維生素（尤其是 vit. C）與礦物質，因含有多量的鈉、鉀、鈣、鎂等陽離子鹽類，故偏鹼性成分，可以調節體液成鹼性。蔬菜種類多樣化，顏色、香氣、風味各異，適合搭配各種食材做出色、香、味俱全的美食。蔬菜亦含豐富的有機酸和膳食纖維可刺激腸道蠕動，增加排便順暢，故具有排毒的功能。蔬果在食物製備上有另一用途即是切雕盤飾增加菜餚在外觀造形之價值性。

 ## 第二節　蔬菜的分類

一、依食用部位分類(classification by edible part)

　　依蔬菜的食用部位、生長方式及加工特性，可分為 12 大類：

↘ 表 9-1　蔬菜食用部位分類

編號	食用部位	分類	常見蔬菜實例
1	葉菜類	白菜類	大白菜、小白菜、青梗白菜（青江白菜、湯匙菜）、山東白菜（包心白菜）、翠玉白菜。
		綠葉菜	菠菜、茼蒿、苦菜、萵苣（葉萵苣－可裝飾及炒菜食用；結球萵苣、菊苣－生菜沙拉用或炒食）、芹菜、蕹菜（空心菜、印菜）、莧菜（杏菜，分白莧、紅莧）、落葵（潺菜、皇宮菜）、芫荽（香菜）、豆苗、西洋菜、西洋芹、巴西利、川七（三七）等。
		甘藍類菜	結球甘藍（如包心菜、高麗菜）、芥蘭菜、格蘭菜（較細梗的芥蘭菜）。
		油菜類	油菜、塌菜（塌棵菜）。
		芥菜類	芥菜因多有辛辣味，又稱沖菜，可分為：大芥菜（如刈菜；長年菜）、小芥菜（如雪裡紅）、根用芥菜（多作為加工食品如榨菜、大頭菜）。
2	根莖類		白蘿蔔、胡蘿蔔、薑、牛蒡、蕪菁（大頭菜）、菜心（大芥菜的莖部）等。
3	瓜類		黃瓜（大黃瓜、刺瓜、節瓜）、冬瓜、南瓜（金瓜）、絲瓜（菜瓜）、苦瓜（涼瓜、錦荔瓜）、胡瓜（依形狀分為圓長形的扁蒲、圓形的瓠瓜、羊腿形的匏瓜、葫蘆形的葫蘆瓜）、佛手瓜（福壽瓜、準人瓜）、蛇瓜（蛇豆）、角瓜（澎湖絲瓜）、越瓜（小黃瓜）等。
4	果實類		番茄（西紅柿）、茄子、辣椒、青椒、甜椒、玉米、黃秋葵（葵）、花椰菜（白花椰、青花椰）等。
5	蔥蒜類		含有特殊辛辣味之莖葉蔬菜，亦可作為辛香材料，如大蒜、紅蔥頭、蒜苔、韭黃、韭菜、韭菜花、蔥、大蔥、青蒜、洋蔥、蕎頭等。
6	根柱類		蓮藕、茭白筍（茭瓜；也有陸生的，為黃綠色）、水芹、荸薺（馬蹄）、菱角、蕹菜（蓴菜）。
7	薯芋類		為塊根且含澱粉較多，如甘薯、馬鈴薯（洋芋）、魔芋、豆薯（涼薯）、芋頭、薯蕷（其乾製品稱為山藥，可為藥材）等。

↘ 表 9-1　蔬菜食用部位分類（續）

編號	食用部位	分類	常見蔬菜實例
8	筍類	芽筍類	金針菜（黃花菜、萱草花）、蘆筍、百合、香椿、枸杞（嫩葉、種子均可炒食或煮食）、玉米筍、金針筍（碧玉筍，為萱草花之嫩莖）、陸生茭白筍及竹筍（竹笋，中國菜的「三冬」—冬筍、冬菇、冬菜之一。以夏、冬兩季產量較多，冬季產的筍如毛竹筍（又稱冬筍，多為孟宗竹筍）；夏季產的筍如綠竹筍、麻竹筍（又稱大葉烏竹筍，適合加工為筍干、桶筍）。
9	豆類	豆莢類	碗豆（青豆、荷蘭豆）、毛豆、甜豆、碗豆莢、四季豆（敏豆）、豇豆（菜豆、豆角）、皇帝豆（萊豆）、蠶豆、扁豆（峨嵋豆）、粉豆（形似四季豆，但較寬扁）等。
10	菇體	菇蕈類	草菇、洋菇（蘑菇、口蘑）、金針（絲）菇、香菇、鮑魚菇（蠔菇）、猴頭菇、松口菇（松茸）、黃菇、羊肚菌、黑木耳、白木耳（銀耳、雪耳）、黃木耳、石耳、竹笙（竹蓀）、蟲草（冬蟲夏草）、雞土從（大陸雲南地區的野生菇蕈類）等。
11	葉菜	野生蔬菜類	蕨類（又稱過貓）、首蓿、地瓜嫩葉（甘薯葉）、何首烏、紅鳳菜、山芹（鴨兒芹）、薺菜、山蘇嫩葉、龍葵、小苦瓜、昭和草、甘蔗筍、馬齒莧、準人瓜嫩葉（龍鬚菜）等。
12	藻體	藻類	含多量的多醣類、蛋白質及鈣、碘、鐵等礦物質。一般可分為海藻類及淡水藻類。海藻類又分為綠藻（如鵝仔菜，為綠色薄膜狀，及海菜、石菜）、褐藻（如海帶、昆布、裙帶菜）、紅藻〔如紫菜、石花菜、麒麟菜、茶葉菜（俗稱茶米菜，紅褐色，如分叉的火柴棒般）、海大麵（又稱羊栖菜）〕。淡水藻類多為綠藻類，如髮菜。

二、依色澤分類(classification by color)

　　蔬菜外觀色澤鮮豔程度不一，其與所存在體表之色素含量多寡有關。蔬菜呈色之色素主要含四大類，一為油溶性的胡蘿蔔素，二為葉綠素，三為水溶性之花青素，四是藻類色素。

1. 外觀呈現深色的翠綠、豔黃、鮮紅或橙黃的蔬菜，所含的胡蘿蔔素會超過 1,000
   國際單位〔international unit, IU；1 IU 為 0.0006mg=0.6γ（伽瑪）的胡蘿蔔素〕，
   此類蔬菜如下表所示。

顏色	蔬菜名	胡蘿蔔素含量(IU)	花青素	藻青素
深綠色	菠菜(spinach)	3,100		
	青江菜(chingchiang vegetable)	1,500		
	韭菜(Chinese leek)	3,300		
	綠花椰菜(sprouted broccoli)	1,215		
	茼蒿(garland chrysanthemum)	3,500		
	蘿蔔葉(radish leaf)	2,600		
深紅色～橙色	紅番茄(red tomato)	670		
	胡蘿蔔(carrot)	7,300		
	紅莧菜(red edible amaranth)	3,100		
	南瓜(pumpkin)	850		
深紫	茄子(eggplant)		∨	
	紫蘇葉(perilla leaf)		∨	
紫黑色	紫色高麗菜(purple cabbage)		∨	
	海帶(kelp)			∨
	紫菜(asakusa laver)		∨	∨

2. 一般外觀色澤較淡的蔬菜，其含胡蘿蔔素之量低於 900IU。但有些綠色蔬菜因含
   高量葉綠素而呈色，其胡蘿蔔素卻低於 500IU 以下。如青椒、秋葵、甘藍菜。此
   類蔬菜如下表所示。

顏色	蔬菜名	胡蘿蔔素(IU)	說明
淺綠色	綠蘆筍(green asparagus)	1,000	
	毛豆(fresh soy bean)	400	
	豌豆夾(peapod)	500	

顏色	蔬菜名	胡蘿蔔素(IU)	說明
	抱子甘藍(brusels sprout)	300	
	胡瓜(cucumber)	100	
淺黃色	蓮藕(east indian lotus)		含花青素
	芹菜(cerlery)		含葉綠素
	竹筍(bamboo shoot)		少量葉黃素
	白菜(Chinese heading cabbage)		少量葉黃素
	玉米(corn)		葉黃素
	香芹菜(parsley)		少量花黃素
	苦瓜(balsam pear)		少量花黃素
	絲瓜(vegetable sponge, towel gourd)		少量葉黃素
	花椰菜(cauliflower)		花黃素

第三節　蔬菜的組織結構

細胞是植物組織的最小單位，可生長、合成與生殖等功能。植物細胞可分成細胞壁(cell wall)與薄壁細胞(parenchyma cell)兩部分。

一、細胞壁(cell wall)

細胞壁是植物特有的構造，其結構強韌，主要由纖維素(cellulose)、半纖維素(hemicellulose)、果膠物質(pectic substance)、木質素(lignin)所構成，此外，亦合其他物質，如植物膠(gum)等，存在於細胞壁中之這些物質皆無法為人體消化酵素所分解，將成為食物殘渣的一部分，通稱為膳食纖維(dietary fiber)。膳食纖維具有特殊的生理功能，由於其在腸道不被消化分解，因此可增加腸道實體感，進而促進腸道蠕動，增加排便之速率。近年來有研究指出，多攝食膳食纖維可避免便祕、腸憩室炎之發生，亦可降低心血管疾病、糖尿病及腸癌等疾病之罹患，亦具有減重之功效。

（一）纖維素(cellulose)

纖維素的化學構造是以葡萄糖為單位，經 β-1,4 糖苷鍵聚合而成的多元體，構成纖維素的葡萄糖分子約 500~10,000 個不等，分子量相當大，且不易被酸、鹼及熱所破壞。

（二）半纖維素(hemicellulose)

半纖維素是一群異質性的多醣類，含多種六碳醣及五碳醣單位，約為 50~200 個單醣所構成，主要有木聚糖(xylan)、甘露聚糖(mannan)、葡萄－甘露聚糖(gluco-mannan)等。半纖維素不溶於水，但可溶於鹼性溶液中。

（三）果膠物質(pectic substances)

果膠物質存在於細胞壁及細胞間，乃是由半乳糖醛酸以 α-1,4 糖苷鍵結合而成，與甲醇形成不同程度的酯化。依結構特性，果膠物質包括原果膠(protopectin)、果膠(pectin)及果膠酸(pectic acid)等，果膠物質與果實軟化有關，隨著植物體之成熟過程，原果膠會受酵素作用分解成果膠，而果膠亦會受到酵素作用進一步分解成果膠酸，此時果膠物質會由非水溶性轉變為水溶性，植物體之組織則由未成熟的堅硬狀態趨向於成熟時軟化之組織。

果膠物質中的果膠可與糖及酸形成凝膠，為一天然之凝膠增稠劑，廣泛應用於食品工業，如：沙拉醬、果醬之製作；由於未成熟之植物體其果膠物質以原果膠為主，而過於成熟之植物體又以果膠酸為其果膠物質之主要型式，因此未成熟或過熟之蔬果皆不適合作凝膠之形成。

（四）木質素(Lignin)

木質素為細胞壁中一種非醣化合物，由苯丙烷為單元聚合而成立體構造的多元體。一些成熟及較堅硬的蔬菜含有少許之木質素，它具有耐化學的、酵素的及細菌的作用，且蔬菜中木質素之含量不會因烹調而有所改變。

二、薄壁細胞(parenchyma cell)

薄壁細胞是指包圍在堅硬的木質組織之外的柔軟多汁的細胞，為可食之植物組織中含量最豐富之細胞，成熟的薄壁細胞有一層薄的細胞壁，且液泡占據大部分的

細胞體積。細胞內的構造如決定植物體遺傳之細胞核、進行呼吸作用之粒線體、專司細胞核與細胞質間運輸作用之內質網、蛋白質合成場所之核糖體等，其構造與功能皆與動物細胞相同。

大部分植物細胞的特徵，為含有不同形狀及大小的細胞器官，稱為質體(plastids)，這些質體可為細胞各種代謝物的堆積中心，依作用特性不同可分成白色體(leucoplasts)、葉綠體(chloroplasts)及色素體(chromoplasts)等三種。白色體為植物澱粉之貯存場所；而葉綠體含有葉綠素(chlorophyll)，為植物體進行光合作用之場所，並提供植物綠色之色素；色素體含有胡蘿蔔素(carotene)或類黃素(xanthophyll)，使蔬果呈現紅、橙、黃等顏色。

液泡(vacuole)為另一個植物細胞特殊之構造，其為細胞質中由膜所包圍之空腔，內含鹽類水溶液及一些有機代謝物，成熟的植物細胞中只有一個或少數大液泡，並占據大部分細胞體積。液泡中的水分可提供蔬果類植物體細胞之膨壓(turgor pressure)，進而維持植物體呈現飽脹之狀態，當植物體加熱或處在水分流失之狀態，皆會使液泡膨壓降低，使植物體產生萎縮之外觀。

液泡除含有水分外，亦含有水溶性色素、有機酸及鹽類等，水溶性色素如花青素(anthocyanins)為蔬果紅－藍色來源之色素；有機酸如檸檬酸、蘋果酸等，其含量除會影響植物細胞之酸鹼值外，亦是賦予蔬果酸性風味之主要來源。一般而言，大部分之蔬果，其植物體之 pH 值約在 5.0~5.6，但如玉米、豆類及馬鈴薯等，其 pH 約在 6.1~6.3，而薯類之 pH 值則較低，約在 4.0~4.6。

 ## 第四節　蔬菜的營養成分

新鮮蔬菜為一低熱量、低脂、無膽固醇之食物，屬於鹼性食品，當攝取蔬菜時主要是獲得其維生素、礦物質及膳食纖維。近年來，許多研究指出蔬果含許多特殊之植物性有機化學物質(phytochemicals)，可大幅度的降低某些疾病發生之機率，因此，蔬菜類之攝取對現代人的健康是非常重要的。

一、水分與碳水化合物(water and carbohydrates)

　　一般蔬菜水分含量約占新鮮重量的 70~90%，蔬果類的碳水化合物以膳食纖維為主，而植物體醣類的含量及形式之變化量則相當大，一般而言，蔬菜於成熟後，會將其糖類轉變成澱粉後加以貯存，如種子或塊莖類蔬菜：馬鈴薯含 15%之澱粉，而甘薯之澱粉含量更高達 25%以上，但一般葉菜類其碳水化合物之變化不大。

二、礦物質及維生素(minerals and vitamins)

　　礦物質及維生素的含量會隨不同種類之蔬菜而有所差異，一般而言，深顏色之蔬菜（如深綠色、深黃紅色之蔬菜）會有較高量之維生素與礦物質。大部分之蔬菜為鈣之輔助性來源，但有些蔬菜（如菠菜）中含有草酸，會和鈣結合成不溶性化合物，而妨礙人體對鈣的吸收。

三、植物性有機化合物(phytochemicals)

　　下表列舉常見蔬菜中之植物性有機化合物之保健功能。

植物性化學有機成分	存在蔬菜或水果	保健功能
茄紅素(lycopene)	粉紅色番石榴、粉紅色葡萄柚、西瓜、木瓜、番茄	抗氧化、降低癌症發生率、預防心血管疾病、改善胃潰瘍
兒茶素(catechins)	綠茶、未醱酵茶	抗氧化、防老功效、抗菌防止齲齒、預防感冒、消除臭味、預防心血管病
β-胡蘿蔔素(β-carotene)	含胡蘿蔔素之蔬菜	維生素 A 之前驅物、抗癌、抗氧化、降低心血管疾病、預防眼疾如夜盲症、對皮膚、頭髮、黏膜之保健
異黃酮素(isoflavone)	大豆及其製品	預防乳癌、子宮頸癌、預防動脈硬化、冠心症、預防老人痴呆症、調節血糖功能
原花青素 (proanthocyanidins, or oligomeric proanthocyanidins, OPC)	葡萄皮、葡萄籽	破壞自由基，有抗氧化防老之效、促進血管彈性、抑制過敏、增強免疫能力、降低低密度脂蛋白量

植物性化學有機成分	存在蔬菜或水果	保健功能
蘆薈素(aloin)	蘆薈肥葉片內	幫助傷口癒合（消炎、殺菌）抗氧化、促進血管收縮
天然酵素(natural enzymes)	天然蔬菜、水果	1. 幫助消化、分解 2. 促進新陳代謝
特殊的多醣體 β-D-1-3,1-6-葡萄聚醣	巴西蘑菇、靈芝 (*Ganoderma lucidum*)	預防癌症、降低膽固醇、調整血壓、改善糖尿病與骨質疏鬆症之病情
水溶性膳食纖維 (water-soluble dietary fiber)	1. 果膠(pectin) 2. 植物膠(gums)：燕麥 (oats)、大麥、車前子、愛玉子 (semen plantaginis)、乾豆類 3. 海藻酸(alginic acid)	促進腸道蠕動和毒素排泄、預防便祕、大腸癌、痔瘡與憩室症、降低血液膽固醇、預防動脈硬化、控制體重之輔助物
大蒜素(allicin)	大蒜(garlic)	殺菌、抗蟲、解毒、幫助消化、去除自由基（抗老化）、抗血栓
薯蕷皂(diosgenin)	山藥(yam)	性荷爾蒙之前驅物預防子宮頸癌、乳癌、維持正常甲狀腺素、促進凝血正常化
蘿蔔硫素(sulforophane)	綠花椰菜	防癌

 第五節　蔬菜的色素、香氣與風味

一、蔬菜的色素(pigment)

　　蔬菜色素主要可分為葉綠素(chlorophyll)、類胡蘿蔔素(carotenoid)及類黃酮色素(flavonoid)三種，每一種蔬菜的呈色都是由多種色素混合而呈現，其大都含有上述三種色素中之一種有較高含量，其他兩種色素則相對含量較少。

（一）葉綠素(chlorophyll)

葉綠素存在於所有綠色植物之葉綠體中，其化學構造為一種中心含鎂離子的醇溶性色素，葉綠素可營光合作用以合成碳水化合物，藉此作用可將光能轉變成化學能。葉綠素可分為呈現深綠色的葉綠素 a 及呈現黃綠色的葉綠素 b 兩種，該兩種葉綠素在不同處理及介質中會有不同的呈色變化。

綠色蔬菜在酸性中加熱，此酸的來源可以是由植物組織有機酸之釋出或在處理過程產生的，此時葉綠素中心的鎂離子極易被氫原子取代而成脫鎂葉綠素(pheophytin)，故顏色則由綠色轉變成橄欖綠。而若將綠色蔬菜在鹼性如小蘇打中加熱，葉綠素會轉變成葉綠酸(chlorophyllin)，使得蔬菜顏色更為鮮綠，但鹼之加入會破壞蔬菜中的營養素（如：維生素 C 及 B 群）；另外，鹼亦會使蔬菜組織變軟爛及產生不良的風味。

為保持綠色蔬菜在加熱烹煮過程中葉綠素的翠綠色澤，其一可採用烹煮時不加蓋的方式，讓水中的有機酸揮發而減弱水中之酸度；其二為大火快炒，即高溫短時(high temperature short time, HTST)的方式，盡量縮短蔬菜受熱時間；其三為殺菁，可抑制植物體酵素之作用，以汆燙定色；當然亦可利用鹼性劑（如：小蘇打）之添加，可使綠色蔬菜呈鮮綠色，但前已述此法會破壞蔬菜之營養素、組織及風味，因此，此法應盡量少用。

（二）類胡蘿蔔素(carotenoids)

類胡蘿蔔素是脂溶性色素，廣存於黃色、橘色及橘紅色之蔬果中。植物中所含的類胡蘿蔔素主要又分為三種：胡蘿蔔素(carotene)主要是賦予蔬果之紅、黃、橘色，例如：南瓜、地瓜、胡蘿蔔等；茄紅素(lycopene)為番茄、西瓜的主要色素；葉黃素(xanthophyll, lutein)如存在於玉米中的玉米黃質(cryptoxanthin, zeaxanthin)及呈橘色存在於杏子中的葉黃體(leaf corpus luteum)這兩大類。

類胡蘿蔔素不但使蔬果呈現誘人的色彩，在營養價值上亦很重要，如：胡蘿蔔素、葉黃素中的玉米黃質，可為維生素 A 的前驅物質，其中又以 β-胡蘿蔔素最為重要。

一般而言，類胡蘿蔔素在烹調過程中幾乎不受酸、鹼及鹽之影響，相當穩定，不易被破壞，仍可保持本來的顏色，但因此類色素為脂溶性，故不宜在油中加熱過

久，否則色素會被溶出；另外，類胡蘿蔔素在空氣中亦會進行氧化，因此乾燥的蔬果不易保持其色澤。

（三）類黃酮色素(Flavonoids)

類黃酮色素廣存於蔬菜中的一群水溶性的色素，以配糖體之結構存在於液泡中，其化學變化相當複雜，主要分成花青素(anthocyanin)及花黃素(anthoxanthin)兩類。

1. 花青素(anthocyanin)

花青素為蔬果呈現紅、紫及藍色的色素，它構成果實、花之鮮豔顏色，例如：紫色高麗菜、茄子、紫蘇、蜜棗(candied date)等。花青素是一種極不安定之色素，其顏色隨介質之 pH 值而有改變，pH 值越低，顏色越鮮豔，若 pH 低於或等於 1 時花青素呈現紅色，如草莓、櫻桃。pH 在 4~5 時則成為紫色，如葡萄、洋高麗菜。當 pH 在 7~8 時則呈亮眼的藍綠（或靛藍色），如桑椹、茄子。

金屬離子亦會對花青素產生顯色的影響，花青素會與鐵、錫或鋁金屬離子結合形成錯鹽，而使花青素變色，其最大吸光波長會向長波長移動，產生藍色系統的顏色，此現象稱為共色素效應(copigment effect)。花青素亦會與有機分子如：胺基酸、核酸、生物鹼等分子相互作用而形成共色素效應。

2. 花黃素(anthoxanthin)

一般黃色、白色等淺色蔬菜中最常見呈現的色素即是花黃素。許多蔬菜如黃色番茄、黃辣椒、茄子等呈色均是花黃素與花青素共同存在的結果。在淡色蔬菜如：馬鈴薯、洋蔥、白玉米中，則是單獨存在。

花黃素為黃酮(flavone)及其衍生物之總稱，包括：黃酮醇(flavonol)及黃烷酮(flavanone)及黃烷酮醇(flavanonol)等。其化學性質與花青素相似，仍易受 pH 值之影響其呈色，在酸中顏色變白，遇鹼、金屬離子（如刀切面易變褐色）及用油加熱久，均會變暗或呈棕色，烹調時應避免之。其水溶液呈澀味或苦味，如茶湯或橘子類之苦澀味即含有黃酮類化合物，因此，此類色素不僅提供蔬果之顏色，亦是造成其特殊風味之來源。

3. 其他(others)

(1) 酚類化合物(phenolic compounds)

酚類化合物存在植物組織內，當蔬菜和水果組織被切傷或壓榨時則會產生酵素性褐變。在植物組織內使酚類化合物進行氧化性褐變的物質，稱為褐變酵素。催化酵素性褐變進行之酵素為多酚酶(polyphenolase)、酚酶(phenolase)或多酚氧化酶(polyphenol oxidase)，其受質則為酚類化合物如兒茶素(catechin)、兒茶酚(catechol)、酪胺酸(tyrosine)、咖啡酸(caffeic acid)、沒食子酸(gallic acid)等，此些物質均廣泛的分布在植物界中。

正常發育及採收過程中組織細胞沒受到傷害之蔬果，其內所含酚類物質在細胞中與酚酶隔開而不會發生褐變反應，一旦植物體受損害時，如切斷、冷藏、病蟲害或碰傷時，則細胞破裂，酚酶與酚類物質接觸，並暴露於空氣中，與氧作用，酚類物質受到酚酶之作用，氧化形成醌(o-quinone)，而後此醌類再迅速聚合成黑色素(melanins)，賦予蔬果褐色或黑褐色外觀。各種植物所含之酵素與基質不同，其褐變程度亦不同，如蘋果、杏、香蕉、葡萄、梨和桃等水果中含有兒茶酚及催化反應所需之酵素，故較易褐變，但如檸檬、橘子、柚子、鳳梨和番茄等，因不含該酵素，故不易變褐。

為減緩或避免褐變反應之進行，可採下列方法：

A. 加熱如殺菁(blanching)之處理，可破壞酵素之活性，防止褐變反應之產生。

B. 加酸，因多酚酶的最適 pH 值要大於 7，因此利用加酸將 pH 值降至 4 以下，可有效抑制酵素作用。

C. 使用抗氧化劑，如維生素 C 之添加，趁酚類化合物未聚合形成黑色素前，以抗氧化劑將其還原，則可抑制黑色素之產生。

D. 隔絕氧氣，如將食品浸在水中、食鹽水或糖漿內，皆可防止直接與氧接觸，且高濃度的鹽或糖溶液亦會抑制酵素之活性，進而防止褐變之發生。

(2) 藻類色素(pigments of algae)

主要是藻膽（類）素（phycobilin，亦為 biloprotein）為水溶性色素。有二種：藻青素(phycocyanin)及藻紅素(phycoerythrin)。此兩種藻類色素之存在有時會遮蔽葉綠素所呈現之綠色，有些藻類呈紫色或紅色，乃因其含藻青素之故。另有些藻類富含葉黃素及胡蘿蔔素則遮蔽葉綠素之綠色，使整個藻類呈棕色。

(3) 其他影響蔬菜呈色之物質(other impact factors)

    A. 碘(I_2)：海帶(kelp)富含碘，故使海帶之色澤呈現深褐甚至黑色。

    B. 鐵(Fe)：牛蒡(burdock)含鐵 0.8mg，菜豆莢含鐵量 0.9mg。芹葉含鐵 1.4mg，黃豆芽含鐵量 2mg。花青素與鐵反應呈藍色，與鋁反應呈紫色。花黃素與鐵反應呈棕色。

二、蔬菜之風味(flavor)（含香氣(aroma)）

（一）蔬菜中主要的風味物質(major flavor in vegetables)

不同的蔬菜類各有其獨特的香氣，香氣迥異，呈現蔬菜的風味而有增進食慾的功用。表 9-2 為蔬菜中香氣之種類。

▶ 表 9-2　蔬菜中香氣的種類

香氣種類	主要蔬菜
醇類	黃瓜(cucumber)、脯瓜類(preserved melon)
酯類	紫蘇、胡蘿蔔、香菜(coriander)、綠葉有 β-γ－己醇 β-,γ(hexanol)的青臭味
含硫化合物	蘿蔔、洋蔥、甘藍、山葵(horseradish)、韭、蒜頭、蘆筍、香菜
有機酸	水果含有檸檬酸、蘋果酸、草酸等混合香氣

蔬菜、水果都各有其獨特的芳香，其成分都是揮發性物質，經由加熱或放置在空氣中就會逸失，結果可能會變成不爽快的風味。

（二）蔬菜之特殊風味物質如下表所示

風味物質	蔬菜	呈味
辣椒素(capsaicine)	辣椒	辣味
薑酮(gingerone)	薑	辛辣味
胡椒鹼(piperine)	胡椒	辣味
香菇中之香精(lenthionine)	香菇	乾燥後香菇的風味
1－辛烯－3－醇(1-octen-3-oil)	洋菇	洋菇香味

風味物質	蔬菜	呈味
2,6-壬二烯醛(2,6-cis-nonadienal)	小黃瓜	小黃瓜風味
蘆筍酸(asparagusic acid)	蘆筍	蘆筍之香味物質
蒜素(allicin)	大蒜	獨特辛臭味
烷基硫氰磺胺化合物 (alkyl thiosulfonates)	洋蔥	生鮮洋蔥味
二硫或三硫丙烷(propyl disulfide or propyl trisulfide)	洋蔥	水煮洋蔥味
異硫氰酸烯丙酯 (allyl isothiocyanate)	包心菜	黑芥酸在酵素作用下產生包心菜風味
甲醇(methanol) 丙酮(acetone)	豌豆、玉米	風味成分
二甲硫(dimethyl disulfide)	豌豆、包心菜	呈味成分
硫化氫(hydrogen sulfide)	玉米、包心菜	風味成分
含硫－甲基半胱胺酸亞 (sulfur-methyl cysteine sulfoxide)	蕪菁(turnip)、花椰菜、高麗菜、芥末(mustard)	風味成分
6－甲基硫己基異硫氰酸鹽 7－甲基硫庚基異硫氰酸鹽 8－甲基硫辛基異硫氰酸鹽	山葵	生魚片之沾料如 Wasabi(ワサビ)

（三）蔬菜之收斂味物質(convergence materials in vegetables)

蔬菜中亦存在一些不被喜歡的味道，稱之收斂味。

1. 收斂味(convergence)

竹筍、芋頭、蘆筍等的收斂味是草酸鈣和黑尿酸(homogentisic acid)為主體者。要除去這味道，可將其放在添加 10%米糠的水中，汆燙一下即可。

2. 苦味(bitter)

(1) 蘿蔔的苦味：添加少量米或麵粉煮沸，即被澱粉吸著而可除去。

(2) 柑桔類的苦味（桔柑苷 hesperidin）。

(3) 植物鹼(alkaloids)的苦味（茶、咖啡的咖啡因，可可的 theobromin）。

(4) 鈣、鎂等的無機質亦使蔬菜呈現苦味。

3. 澀味(astringent)

植物的澀味以單寧類(tannin)為主，被水或淡鹼液溶出，具有收斂性。它會與鐵鹽、鹼作用轉變成黑藍色、黑綠色。

4. 其他(others)

(1) 辣椒的配醣體(辣椒油與葡萄糖,酸性硫酸鉀所結合者)：辣椒在粉末狀態下，配醣體互相結合，所以不辣，但放入 50~60℃ 熱水揉捏，其中之芥子酶(myrosinase)開始作用，將其分解而顯出辣味。

(2) 牛蒡含有正兒茶素(orthocatechin)、漂木酸（chlorogenic acid 亦譯成綠原酸）、多酚類(polyphenols)等，由氧化酵素變成褐色。這酵素易溶於水、食鹽水。但於酸性下此酵素活性會被抑制；再者，高溫下則會完全破壞此種氧化酵素。水果的褐變是多酚類由氧化酵素變成醌類(quinones)者。

這些收斂成分不但損及風味，也使顏色劣化，所以可以應用殺菁(blanching)將氧化酵素破壞以防止褐變現象。

第六節　蔬菜的選購、貯存、配送與製備

蔬菜之生產因季節而有不同，選購時應考慮蔬菜之季節性、生產量、新鮮度及成熟度等，而以應時盛產之蔬菜其品質為最佳。購買新鮮蔬菜的通則為組織飽滿、顏色明亮、光滑鮮豔，而過熟、腐爛、枯萎及損傷的蔬菜則應捨棄。

一、蔬菜類之選購(pick out and make purchase of vegetables)

各類蔬菜之選購原則為：(1)根莖類之蔬菜應挑選水分多、嫩脆、粗細均勻、根節少、表皮細嫩、有重量感者為佳；(2)塊莖類如：馬鈴薯、甘薯、芋頭等，其芽眼處不可發芽，質地堅實、表皮光滑無皺縮且無黴點者為佳；(3)葉菜類應挑選色澤良好、形狀正常、葉片完整肥厚、葉面光滑有彈性，並注意葉莖部分無腐爛之外觀者為佳；(4)果實類則應選擇形體平直、表皮光滑且色澤自然、無斑點者為佳。

　　然而不同蔬菜在栽種過程中，難免使用各種農藥來抑制雜草或病蟲之侵襲。故對食用蔬菜之整體安全考量，選購原則細分下列兩類。

（一）選購的一般性原則(general principle of vegetable choosing)

　　依據衛生福利部食品衛生須知中建議，蔬果的選購一般性原則如下：

1. 選擇具衛生單位檢查通過有檢驗標誌的蔬菜，如綠盾標誌（本章第七節有更詳盡的介紹）、GAP(Good Agricultural Practice)吉園圃標誌、有機蔬菜及「安心蔬菜」字樣，可保障蔬菜無農藥殘留的問題。

2. 多元化分散採購，即不固定在同一攤位採購。

3. 購買季節性蔬菜。

4. 選購比較沒有農藥中毒危險的蔬菜，如有特殊氣味的蔬菜、需去皮再吃的蔬菜、有網袋栽培、有保護套的蔬菜。

5. 選購非連續性採收的作物，農藥殘留較少。連續性採收的作物有：碗豆、四季豆、胡瓜、小黃瓜、韭菜花等。

6. 選擇病蟲害較少的蔬菜，農藥噴灑量也少，如甘薯葉、落葵、秋葵、菊苣、佛手瓜之嫩葉、過山貓、莧菜、川七等。

（二）個別性原則(individual principle of vegetable choosing)

1. **根莖類**：水分多、嫩脆、粗細均勻、根節少、表皮細嫩、有重量感者。如白蘿蔔以紡錘形或圓筒形為佳，手指彈有清脆聲、表皮光滑、根鬚少。胡蘿蔔以光滑、色橙紅、型體不開叉、不斷裂、軸心小者為佳。蕪菁以外皮青綠、球狀、外皮薄、肉白細為佳。牛蒡以體型組長、表皮光滑、色淡、細嫩不粗糙、不長鬚根為佳。菜心以外皮薄、肉嫩、纖維少者為佳。

2. **薯芋類**：芽眼處不可發芽，因發芽處含有美茄鹼，屬於神經性生物毒素，經高溫加熱即可去除其毒性（選購原則是成熟、堅實、表皮清潔、光滑細緻、無皺縮、無黑心病、無爛腐、無空心、無斑點、無再生根、無發芽、無裂傷、割傷）。例如甘薯以紡錘形、表皮色澤為淡棕黃色、光滑、肉色橙黃為佳。芋頭以有香氣、重量輕、水分少、手指輕按底部手上會留有粉質者，且紫色線條花紋越多越好。

3. **蔥蒜類**：以花苞緊密未開、梗青脆、表皮光滑、完整、無長芽、無腐爛、葉部不枯萎、無蟲蛀為原則。

4. **葉菜類**：以色澤良好、形狀正常、葉面光滑、無病害、無凋萎、葉片完整肥厚、水分多為佳。例如高麗菜以球體、蓬鬆不堅硬、葉梗細小、葉片完整、不萎縮為佳。萵苣以葉片完整、水分多、青脆、無斑點、蟲害為佳。芹菜以梗挺直、光滑、清脆。莧菜要選葉片大的。

5. **瓜類**：選擇形體平直、瓜紋明顯、瓜皮薄、細嫩、不粗糙、結實、不要太軟（太軟表示瓜囊太多）、重量沉重、蒂頭不乾枯、敲擊聲清脆者。例如大黃瓜以形狀直筒、結實、深綠、無蟲害、瓜皮上有白粉狀為優。小黃瓜宜選表面有刺且有毛絨者。絲瓜、胡瓜表面有白色絨毛表新鮮。苦瓜選表面顆粒多且凸、形狀直硬、外皮潔白有光澤者。角瓜選形體粗細一致、瓜皮淺綠、角度不要太立體、表皮細緻不粗糙者。

6. **果實類**：選擇飽滿、硬挺、表面光滑無皺紋、形狀完整、成熟、無皮垢、無碰壓傷者。如茄子要外形細、長、直，皮有光澤呈紫紅色。花椰菜宜選花球緊密、花株小、不變黃、花苞未開、莖不空心、梗為淡青白色者。

7. **水生蔬菜**：選擇潔淨、沉重、多汁者。例如茭白筍要筍皮潔白光滑、筍肉無黑點。菱角要堅硬、黑殼、沉重、形體佳、顆粒大者為佳。蓮藕要肉質潔淨、沉重多汁、節粗又長、皮光滑、孔大者。

8. **芽筍類**：選擇嫩脆、水分多、筍尖緊密包實未展開、無粗纖維者。例如竹筍需選擇筍殼黃色，筍身向一側彎曲，肉質嫩脆，且冬筍外表有一層茸毛者為鮮美質佳。金針菜以花苞緊密者為佳。

9. **野生蔬菜**：以葉片肥厚、光滑、無病斑、嫩脆為佳。

10. **菌蕈類**：以蕈傘緊密完整、香氣足、蕈柄不脫落、蕈褶面色澤正常不晦暗、肉質肥厚、細嫩為佳。

11. **藻類**：多加工為乾製品，選擇以具香氣、包裝完整、質輕、蓬鬆者為佳。

12. **豆莢類**：豆莢宜扁平嫩脆，筋短小且細，外形完整者。豆類宜選豆粒飽滿、有光澤、無蟲害者。

二、蔬菜的清洗原則(cleaning of vegetables)

1. 徹底洗淨殘留的農藥：先以大量的水沖洗，再以 1%鹽水泡 10 分鐘，再沖洗乾淨。

2. 不用清潔劑洗蔬菜，即使標明「蔬果專用洗潔劑」也最好少用。

3. 利用軟毛刷刷洗不去皮的瓜果類或表面具凹凸不平處之蔬果，如苦瓜。

4. 由於施藥及生長方式，包葉菜類的農藥大部分殘留在靠外層，所以清洗高麗菜、包心菜等包葉菜時，應丟棄外圍葉片，並一片片剝下來沖洗。

5. 由於農藥殘留不僅在葉面上，且農藥常會順著葉柄流向柄基處，所以清洗青江菜、小白菜時，除一葉一葉清洗外，最好將近根處的梗部切除。

6. 果實類蔬菜，其凹陷的果蒂處易屯積農藥，應先切除後再清洗。如青椒。

7. 蔬菜的「殺菁」處理可去除部分殘留的農藥。

三、蔬菜類之貯存(storage of vegetables)

蔬菜在採收後之貯藏期間仍繼續進行呼吸作用和蒸散作用，植物體持續之呼吸作用和水分流失會造成其外觀、組織及營養素之改變，隨著貯存時間之增加，蔬菜之品質會降低，因此，蔬菜於貯存時最重要之原則即是如何降低呼吸作用之進行及水分之流失，以延長其貯存之期限。

（一）冷卻或冷藏法(chilling storage)

通常新鮮蔬菜的貯存方式為冷藏(refrigeration)，降低溫度可使蔬菜呼吸速率降低，延長其萎凋的時間，蔬菜之冷藏期限則視其種類而有所不同，一般而言與其水分含量有關，較高含水量之蔬菜如菠菜、番茄等，其冷藏貯存期較低含水量之紅蘿蔔或馬鈴薯等較短；為防止蔬菜於冷藏中水分之流失，必須使冷藏室內之濕度保持在較飽和的狀態，同時須將蔬菜以適當方式包裝使其水分不致流失。

（二）低溫或常溫貯存法(cold and dry storage)

一般根莖類蔬菜及南瓜、洋蔥等並不適合貯存於冷藏之條件，可將其放置在通風乾燥之暗處。以馬鈴薯為例，若將其存於冷藏室，則會將其所含之澱粉轉變成葡

萄糖，此過多之糖分會於烹調時產生不良之質地與影響；但若將馬鈴薯暴露於室溫光照下，則會進行光合作用，不僅於烹調後會產生苦味，一旦發芽亦會產生有毒害之物質－茄鹼（馬鈴薯毒；solanine），因此，馬鈴薯之合適貯存方式為裝置於有洞眼之袋中，並於通風乾燥之暗處下貯存。

（三）控制大氣貯存方式(controlled atmosphere storage)

為一特殊之蔬果貯存技術，乃是利用降溫並減少貯藏空間內大氣中氧氣之含量至 21%以下，且同時提高二氧化碳之含量至 0.03%以上，此特殊之大氣組成可減緩蔬菜之呼吸率與代謝率，進而延長蔬菜之貯存期限，而最適溫度、相對濕度及大氣中氣體的組成方式，則隨不同類之蔬果而有所不同，此技術一般用於水果之貯存，但在萵苣等蔬菜亦常使用，以萵苣為例，若將其以控制大氣貯存之方式貯存，其貯存期可長達 75 天。

（四）一般家庭蔬菜的保存(common storage)

蔬菜買回後應徹底清洗乾淨，趁鮮食用。若不馬上食用，可以舊報紙包妥置冷藏庫保存。若怕蔬菜纖維老化（如筍子），可先予以洗淨經燙煮後冷藏。若怕蔬菜色澤變色，如青豆、綠花椰菜，可先汆燙後冷凍貯藏。芋薯類及根莖類蔬菜可放在陰涼乾燥處存放。

（五）常見蔬菜生產季節、產地(production season and place)

蔬菜類別	生產季節	主要產地
白蘿蔔(radish)	全年生產	全國各地
胡蘿蔔(carrot)	12 月至翌年 5 月	雲林、嘉義為大宗
捲心菜(cabbage)	5~10 月	雲林西螺為集散
菠菜(spinach)	10 月至翌年 5 月	全國各地
番薯(sweet potato)	6~12 月	全國各地
芹菜(celery)	全年生產	中南部為大宗
芫荽(parsley)	全年生產	全國各地均有栽培
小白菜或青菜(green vegetable)	全年生產	彰化、雲林、嘉義為大宗

蔬菜類別	生產季節	主要產地
豆苗(sugar peas shoot)	全年生產	雲林西螺為集散
甘藍菜(broccoli)	全年生產	雲林西螺
油菜(rape)	4~12 月	中南部冬季休耕期栽種
芥菜(mustard)	全年生產	南投、雲林、彰化
黃瓜(cucumber)	3~10 月	全國各地
南瓜(pumpkin)	2~11 月	雲林、嘉義、彰化
絲瓜(loofah)	3~11 月	全國各地均有栽種
苦瓜(bitter gourd)	3~12 月	中部為大宗
毛豆(soya beans)		嘉義、臺南、高雄
青椒(pepper)	4~10 月	新竹、苗栗
玉米(corn)	9 月至翌年 3 月	高屏地區
冬瓜(white gourd)	5~12 月	全國各地均有栽種
綠花椰葉(cauliflower)	全年生產	嘉義、雲林地區
大蒜(garlic)	11 月至翌年 2 月	臺南、彰化沿海
青蔥(scallion)		宜蘭、嘉南地區
洋蔥(onion)	12 月至翌年 4 月	雲林、嘉義、高雄
韭菜(leek)	全年生產	新北市、苗栗
茭白筍(edible grass-stem)	9~11 月	臺北、新竹、屏東
菱角(water caltrop,water chestnut)	4~12 月	八卦地區
白果(ginkgo fruit)	7~10 月	臺中、彰化、南投
蘆筍(asparagus)	4~10 月	高雄、臺南、嘉義
竹筍(bamboo shoot)	5~9 月	臺北、新竹、南投
豌豆(peapod)	11 月至翌年 5 月	雲林、南投、嘉義
四季豆(string bean)	全年生產	雲林、臺南
豇豆(cowpea)	8 月至翌年 4 月	雲林、嘉南地區
紅豆(small red bean)	9 月至翌年 2 月	雲林、嘉義、屏東
草菇(agricus, button mushroom)	全年生產	宜蘭、南投、臺中

蔬菜類別	生產季節	主要產地
香菇(champignon)	全年生產	全國人工栽種、南投、臺中
石花菜(gelidium)	6~9 月	宜蘭、臺東
茼蒿(crown daisy)	10~12 月	苗栗、新竹、臺中
芋頭(taro)	8~11 月	彰化、雲林
金針花(dried lily flower)	6~10 月	宜蘭地區
冬菇(winter mushroom)	11 月至翌年 5 月	中部地區
生薑(ginger)	5~10 月	高屏地區
馬鈴薯(potato)	12 月至翌年 3 月	嘉南地區
辣椒(chilli)	全年生產	南部地區
蓮藕(lotus root)	7 月至翌年 4 月	臺中、彰化
洋菇(mushroom)	全年生產	中部地區
空心菜(water convolvulus)	全年生產	全國水陸可栽種
竹笙(bamboo fungus)	3~11 月	雲林、嘉義
茄子(eggplant)	10 月至翌年 3 月	南投、雲林
芥菜(colewort)	全年生產	嘉南地區
莧菜(amaranth)	5 月至 11 月	全國各地

四、蔬菜之製備與加工產品 (vegetable processing and its products)

（一）蔬菜之製備原理(processing principle of vegetables)

1. **滲透作用**(penetration)：蔬菜含水分多，可利用糖或鹽使蔬菜中的水分脫出，達到除去生澀或入味的目的，如涼拌黃瓜、泡菜。

2. **膠凝作用**(gelation)：有些蔬菜含有膠質，如洋菜、愛玉凍、褐藻膠、石花凍等，將它們加熱溶解，膠質會被溶出，使食物呈黏稠，冷涼後即成膠凝狀，但糖及酸性物質會阻礙膠體的形成，以洋菜做「凍」品食物時，糖最好在膠體形成後再加入。市售洋菜粉的膠質凝固力約為 1:100~150（洋菜粉和液體的重量比率）。另有一種植物膠質粉「吉利丁」，又稱「珍珠粉」，凝固力約為 1:30~50（重量比）。

3. **褐變現象(browning)**：某些蔬菜因含有氧化酶或單寧酸，於切割後接觸空氣，在切割面生成一種褐色物質，影響食物的外觀，如馬鈴薯、甘薯。要防止這種現象，最主要的原則就是阻礙切割面接觸空氣或抑制氧化酶的作用，如將食物切割後立即泡水（鹽水、糖水、檸檬水），或將食物先加熱，使氧化酶失去活性後再切割。

4. **軟化(softness)及色澤固定(fixed color)**：對質地較硬的蔬菜，如芋薯類、根莖類、豆莢類、芽筍類，必須先加以蒸煮或汆燙，使質地軟化後再烹調。煮時最好採冷水煮，以免內部不熟。但薯芋類、豆類最好以蒸熟方式，組織才會較鬆軟，若用冷水煮，切忌加鹽，以免組織糊爛。綠色蔬菜為保持色澤鮮綠，可先行以滾水汆燙，燙時可加些許鹽及油，增加色澤光亮度，燙好後立刻撈出漂冷水降溫，使色澤固定，經定色後再烹調，不僅加快烹調速度且可保持漂亮的色彩。

5. **保持色澤(maintain color)的方法**：蔬菜含有不同的色素，呈現出多種亮麗色彩，製備時應盡量保持食物原有色彩，避免產生晦暗。

6. **防止營養素的流失(prevention of nutrients loss)**：蔬菜中所含的營養素會因洗滌、加熱、氧化或機械等因素而部分流失，尤其是維生素 C 的流失最為嚴重。

（二）蔬菜製備過程中之正確處理(correct treatment during vegetable processing)

1. 烹調前之處理(treatment before cooking)

採購來的蔬菜，應將其附著之泥土、微生物、農藥等徹底洗淨，趁鮮處理並食用。若不馬上食用，仍須以最合適之貯存方式保存，如：冷藏或加工成各種貯藏性良好的食品，並應在其貯存期限內食用完畢。

2. 蔬菜烹調時之變化(changes of vegetables during cooking)

(1) 組織的變化

高溫對蔬菜組織的變化主要包括：細胞壁之軟化、澱粉之糊化及水分之流失，其中又以細胞壁中果膠物質形態與溶解性之改變為造成加熱後蔬菜組織軟化之主因。除此之外，pH 值亦是影響蔬菜加熱質地變化的因素，當加入鹼性劑（如：小蘇打）會造蔬菜組織軟爛；相反的，若在水中加入酸，則蔬菜會久煮不爛。

各種離子對於烹調時蔬菜的組織亦有影響，二價之離子（如：鈣、鎂）可增加蔬菜的硬度，而一價離子（如：鈉、鉀），則因可取代鈣在細胞間的架橋作用，而使蔬菜軟化。

(2) 顏色的變化

蔬菜中所含的色素，不論是脂溶性或水溶性色素，均會受到烹調溫度、酸鹼值及金屬離子之影響。綠色蔬菜易受酸之影響，使顏色變成橄欖色；而鹼雖可使綠色維持，但因會破壞蔬菜之營養素及質地，故不建議常常使用。

對於富含水溶性色素—花青素之蔬菜，如：紫色高麗菜等則在酸性下較能保持其鮮豔顏色，鹼性下易變色，因此在烹調時可加少許醋或酸以保色；另一水溶性色素－花黃素存在於洋蔥、馬鈴薯、甘藍菜等淡色蔬菜中，烹調此類蔬菜時亦可加少許醋或酸，可使食物更潔白。至於黃色及橘黃色等含類胡蘿蔔素較多的蔬菜，則較不受酸鹼及熱之影響。蔬菜製備時，保持其色澤之方法如表 9-3 所示。

↘ 表 9-3　各類蔬菜製備時保持色澤的處理方法

蔬菜類別	保持色澤的方法
綠色蔬菜	1. 汆燙定色。 2. 烹煮時不加蓋，讓酸性物質揮發，以保持葉綠素的翠綠。 3. 大火快炒，減少受熱時間。 4. 添加小蘇打使呈鮮綠色。這種方法盡量少用，小蘇打雖可軟化纖維，使葉綠素鮮豔，但會破壞維生素 B 群、C。 5. 烹調時儘快放鹽，使綠色持久。
橙黃色蔬菜	一般而言，較不受烹調影響，但所含色素為油溶性，故不宜在油中加熱過久，色素會溶出而影響食品外觀。
紅紫色蔬菜	1. 盡量不接觸金屬離子，以免色澤變灰暗。例如，鐵製炒鍋要洗淨，不可生鏽。不以鋁鍋製備食物。能以手摘的菜就盡量少用刀切，因與刀接觸過的切面有時會變褐色。 2. 高溫油炸使色澤固定，如茄子的定色。
淡黃及白色蔬菜	1. 製備時添加醋，可使食物更潔白。 2. 避免加熱過久，色澤會呈暗褐，可以先經蒸煮、汆燙或過油，使稍軟化後再烹調。 3. 避免接觸鹼性物質及金屬離子，以防褐變。例如高麗菜在刀切面往往會變褐色，若切割後不立刻烹調，則最好以手摘成大片狀或盡量減少刀切面積，並在起鍋前才放鹽。

(3) 風味的變化

　　蔬菜特殊風味主要是因其存在有機酸、多酚類化合物、醣類、含硫物質等影響，其中又以含硫化合物為提供百合科之蔥蒜類蔬菜及十字花料之甘藍菜、蘿蔔等蔬菜刺激性獨特風味之主要物質。

A. 大蒜的獨特臭味主要是由蒜素(allicin)所提供，其形成主要是由大蒜中之蒜素原（蒜胺酸；alliin）經由蒜酶（蒜胺酸酶；alliinase）之作用而產生，大蒜素為一不穩定之化合物，極易分解而形成具有強烈揮發性及風味之單硫、雙硫或三硫化合物，提供大蒜特有的風味。

B. 洋蔥類的蔬菜其特殊氣味之主要成分，則為丙醛、硫化氧及二氧化硫等揮發性化合物，可藉由水煮以稀釋其濃度，且於烹調時不加蓋，使其揮發而減弱其氣味，另外，水煮洋蔥時可產生甜味性物質－丙硫醇(propanethiol)，進而提供水煮洋蔥時甜味之產生。

C. 甘藍菜屬的蔬菜含有 sinigrin，為一配醣體化合物，在遇水受熱時則轉變成丙烯基異硫氰(allyl isothiocyanate)，最後再轉變為硫化氫而產生一刺激之風味。當加熱之時間越長，其味道越強烈，故此類蔬菜必須盡量縮短烹調時間，以避免刺激味之形成。

　　一般而言，要使蔬菜散發最佳風味，應於烹調時考慮加水量、是否加蓋及加熱時間，對於風味溫和的蔬菜，煮時加蓋且盡量縮短烹調時間，則有助於風味的保存；而對於風味強烈的蔬菜，煮時可加水以稀釋強烈風味，且不加蓋以減少刺激風味的殘存量。

(4) 營養素之保留

　　蔬菜含豐富的維生素及礦物質，但此類營養素，尤其是維生素，會因洗滌、加熱、氧化或機械等因素而部分流失，一般而言，蔬菜的礦物質與維生素於表皮之含量較多，應盡量保留表皮；另外勿切割過細，因表面積越大，營養素越易流失。於烹調時不要加太多的水，且儘可能縮短烹調加熱的時間，可採用爆、炒、滑、溜等快速烹調法烹調，同時不添加鹼或小蘇打，則可保留較多之營養素。蔬菜製備過程中避免其營養素流失太多之方法如表9-4所示。

↘ 表 9-4　造成蔬菜中營養素流失的原因及防制之道

營養素 ＼ 流失的原因	水溶解作用	氧化反應	熱分解性	光分解性	機械因素
維生素 C	∨	∨ 空氣、高溫、鹼性物質、金屬離子存在情況下氧化速度快	∨	∨	∨
維生素 B 群	∨ 尤其 B_1、B_2、葉酸	∨ 空氣中氧化快，尤其 B_1、B_{12} 及生物素	∨ 尤其在有鹼性物質存在時分解快	∨	∨
油溶性維生素		∨ 尤其維生素 E、K，而維生素 A 為酯型維生素，較為穩定	∨ 油炸時溫度越高、加熱越久，分解越快	∨ 光線會加速維生素的氧化、分解	∨
防制之道	1. 蔬菜先洗後切，勿切過細。 2. 以沖洗方式洗滌，勿浸泡過久。 3. 湯汁不要太多。 4. 以爆、炒、滑、溜等快速烹調法烹調。 5. 食材經掛糊後才下鍋或勾芡，使維生素不易流出。	1. 盡可能縮短加熱時間。 2. 勿切割過細，減少與空氣（氧）接觸面積。 3. 烹調時不添加小蘇打。 4. 瞬間汆燙使食物中氧化酶失去活性。 5. 切割後儘快烹調。	1. 烹調時間儘可能縮短。 2. 不添加鹼或小蘇打。	貯存蔬菜時減少光照。	蔬菜的營養素在表皮含量多，不必要削皮的，盡量保留表皮。

（三）常見蔬菜的加工產品(common processed products in vegetables)

加工類別	原料	加工流程技術	產品名稱
醃漬 (pickling)	蕪菁 大芥菜葉 小芥菜葉 芥菜莖部	醬漬或鹽漬 鹽漬、再醱酵、乾燥 鹽漬 醃漬	大頭菜 梅乾菜 雪裡紅（雪菜） 榨菜
醱酵 (fermentation)	麻竹筍 白菜芽	剝殼、曬乾、自然輕微醱 酵 風乾後鹽漬再經無氧醱 酵	筍乾 冬菜
乾燥 (drying)	金針、白木耳、香菇、竹 筍	各種不同乾燥法脫水	金針、木耳、香菇、蘿蔔 乾、冬筍乾
煙燻製 (smoking)	毛竹筍	去殼、曬（烤）乾、以硫 黃煙燻成黃色	玉蘭片
泡製 (infusion)	捲心菜 大白菜	以鹽水泡製 以糖、醋、蒜或紅糟等泡 製	酸（鹹）菜 泡菜
萃取精製 (extraction refining)	含有高量果膠的蔬果 魔芋 藻類	以酵素處理可分別做成 高甲氧基果膠及低甲氧 基果膠 塊莖→切片→磨碎→乾 燥 熬煮膠體、冷凍乾燥	果凍粉 蒟蒻粉 寒天、褐藻膠

第七節　近年來有關蔬菜的議題

一、生機輕食主義(natural organic diet)

　　生機飲食的基本概念是：一則講究清淡簡單、自然新鮮，希望「減輕體內負擔」。另一方面強調降低熱量、少油少糖，幫助「減輕體重壓力」。在食材選擇上：以物美價廉、營養可口的本土蔬果與易取得的食材為主。

二、CAS 有機農產品(cas organic agricultural products)

　　國際有機農業運動聯盟(International Foundation of Organic Agricultural Motion, IFOAM)在 2002 年版基本標準中提出，有機農業是一個整體系統方法，依據一套為了達成永續性的生態系統、安全食品、營養均衡、動物福祉和社會正義的方法，因此，有機農作不限於一個包含或不包含特定輸入的生產系統。並定義有機產品(organic products) 即是依照有機標準生產、加工，以及處理的產品。這些內容，最終以「有機標準」做為有機生產最低要求，因此只要根據標準來生產，通過驗證，就合乎市場要求了。臺灣與日本都採用強制規定所有有機產品皆必須使用國家有機標章，才能宣稱有機產品。美國、歐洲、歐盟各會員國的國家有機標章，皆為自願性使用。目前 CAS 有機農產品認可之驗證標章有：國際美育自然基金會(Mokichi Okada International Association, MOA)、慈心有機農業發展基金會(Tse-Xin Organic Agricultural Foundation, TOAF)、臺灣省有機農業生產協會(Taiwan Organic Production Association, TOPA)、臺灣寶島有機農業發展協會(Taiwan Formosa Organic Association, FOA)。

三、五穀雜糧的好處(advantages of miscellaneous grains)

　　以攝取不經加工精緻化的全穀類作為主食，有以下好處：1.促進新陳代謝：全穀類富含泛酸、維生素 B 群，可幫助熱量代謝；豐富的膳食纖維質，可增加飽足感，促進腸胃蠕動；2.維生素含量豐富：全穀類中所含的 B_2 可預防口角炎、青春痘；維生素 E 預防衰老，而其胺基酸、胱胺酸可使頭髮生長容易，烏黑亮麗；豐富的磷質可促進腦部發育，乙醯膽鹼能幫助神經傳達，增強記憶力；3.降低罹患心血管疾病

的風險：豆類含豐富的大豆蛋白及低油低膽固醇及不飽和脂肪酸的特性，可預防心血管疾病的發生；4.維持健康：其富含纖維質可延緩醣類的吸收，幫助血糖的控制；鉀可維持體內水分的平衡，預防高血壓；而豐富的鎂與磷是建造骨的重要元素。早期臺灣的飲食文化，老一輩的長者可能因受當時生活較窮困的影響，每天只能吃地瓜過日，吃米飯是富有人家的代名詞，因此普遍存有米飯越白越好的錯誤觀念。但經過科學家實驗證明：其實五穀雜糧要比一般白米含有更豐富的營養素。如：糙米中的維生素 B 群可安定精神焦躁、預防腳氣病、預防便祕、大腸癌、美化肌膚、改善皮膚粗糙及動脈硬化…等，它的好處是說不完的，而我們卻把營養的胚芽及麩皮捨棄當動物的飼料，真是可惜。

四、每天至少五蔬果，疾病癌症遠離我(take five fruit and vegetable every day, and illness away from me)

衛生福利部建議民眾每天至少要吃 3 碟蔬菜 2 份水果，用最自然的「每天五蔬果」方式，對抗癌症等慢性病帶來的健康威脅。蔬菜一碟大約是 100 克的各種生鮮蔬菜，煮熟後大約是半個飯碗的量。而水果一份相當於 1 個拳頭大的橘子或土芭樂（可食用的部分約 150 克）、比拳頭小一點的蘋果、柳丁（可食用的部分約 115~130克）、1/3 個木瓜（可食用的部分約 120 克）、半根香蕉、1 個半的奇異果、13 粒葡萄或 23 顆小番茄等。選擇蔬菜時，要以深綠色或黃色的蔬菜為主，例如：青椒、波菜、胡蘿蔔、番茄等，水果可選含維生素 A、C 多的木瓜、柳丁、葡萄等。新鮮的蔬菜水果含豐富的維生素、礦物質及膳食纖維，維生素 A、E、C、胡蘿蔔素及礦物質硒等，其有抗氧化的作用，可減低過氧化物質對身體產生之傷害。膳食纖維可以縮短糞便通過腸道的時間，避免便祕的發生，也會稀釋有害物質的濃度，並減少有害物質的吸收，減低癌細胞形成的機率。除了維生素、礦物質及膳食纖維之外，蔬菜水果中五彩繽紛的顏色，表示各種不同顏色的新鮮蔬果還富含不同的植物化合物，研究發現，這些不同的植物化合物與不同的健康益處有關，例如降低膽固醇、減低罹患心血管疾病的危險、抗氧化、提高免疫力，還與降低乳癌、子宮頸癌、肺癌、胃癌、口腔癌、食道癌、皮膚癌、攝護腺癌、胰臟癌及各種癌症發生率有關。因此攝取足量、多樣的蔬果，可以發揮不同植物化合的各種健康益處，達到遠離疾病、預防癌症之目的。

　　除了蔬菜本身的好處之外，由於飲食是一個整體，如果增加了蔬果的攝取，有了飽足感，自然會減少肉類的攝取，連帶的減少了脂肪與熱量的攝取。我國的營養調查結果也發現，國人除了蔬果攝取不足外，還有飲食脂肪攝取過多，以及肥胖的問題，而飲食脂肪攝取過多與肥胖，也是許多癌症發生的因素之一，體重過重甚至肥胖與膽囊癌、大腸癌、乳癌及子宮內膜癌都有明顯的相關性。因此，多吃蔬果取代了肉類、控制了熱量攝取，更是增加了預防癌症發生的益處。

五、農產品產銷履歷制度(production and maketing personal history system in an agricultural products)＝臺灣良好農業規範實施及驗證＋履歷追溯體系

　　為了因應近年來層出不窮的農產品安全事件，以及落實永續農業的精神，目前在國際上被強調的農產品管制制度，主要有良好農業規範(Good Agricultural Practice, GAP)的實施及驗證，以及建立履歷追溯體系（Traceability，食品產銷所有流程可追溯、追蹤評核制度）兩種作法，前者旨在降低生產過程及產品之風險（包括食品安全、農業環境永續、從業人員健康等風險），後者目的除在賦予產銷流程中所有參與者明確責任，尚可作為一旦食品安全事件發生時，快速釐清責任並及時從市場中移除問題產品，降低該等事件對消費者的危害，也避免因為消費者的不安造成符合規範的生產者蒙受損失。

　　雖然 GAP 的實施及驗證能有效降低風險，但如同所有的品管制度，仍有發生風險的可能；同樣地，若只實施追蹤評核(traceability)制度，資訊內容的真實性及合理性亦無法確保，對於風險管控的效果有限。因此，唯有同時結合 GAP 及 Traceability，方能發揮有效管控風險及降低風險發生時之危害之綜效。

　　依據「農產品生產及驗證管理法」所推動的自願性農產品產銷履歷制度，即結合上述兩大國際農產品管制制度，同時採取臺灣良好農業規範(Taiwan Good Agriculture Practice, TGAP)的實施與驗證，以及建立履歷追溯體系。簡言之，購買使用產銷履歷農產品標章（如圖 9-1）的產銷履歷農產品，不只可以從「臺灣農產品安全追溯資訊網」(http://taft.coa.gov.tw)查詢到農民的生產紀錄，也代表驗證機構已經為消費者親赴農民的生產現場，去確認農民所記是否符合所做、所做是否符合規範，並針對產品進行抽驗，而每一批產品的相關紀錄也在驗證機構的監控下，嚴

格審視，一有問題就會馬上處置，因此可以有效降低履歷資料造假的風險，並且有效管控生產過程不傷害環境、產品不傷害人體。

圖 9-1：產銷履歷農產品標章、TAP 為 Traceable Agriculture Product 之縮寫，中心圖案同時呈現綠葉－農產品、雙向流程箭頭－追蹤、追溯、G 字形－Good product、心型－安心、信心，及豎起大拇指－口碑形象等意象。此標章為通過產銷履歷農產品驗證之產品專用之標章，未經驗證使用依法將處新臺幣 20 萬元以上 100 萬元以下罰鍰。

臺灣農產品安全追溯資訊網

依據〈產銷履歷農產品驗證管理辦法〉第 2 條第 1 款的定義，TGAP 係指「農產品之產製過程，依照中央主管機關訂定之標準化作業流程及模式進行生產作業，有效排除風險因素，降低環境負荷，以確保農產品安全與品質」之作業規範，強調經由風險的評估，針對重要風險發生的原因採取因應對策，提早在生產過程預防風險的發生，而非等到產品生產出來了才去篩選問題產品。這樣的作法已是國際間實施風險管控的潮流。

🔖 圖 9-1　TGAP 之實施及驗證

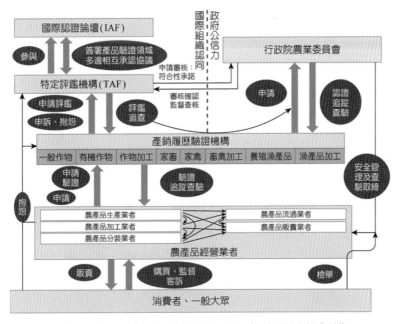

🔖 圖 9-2　農產品產銷履歷制度符合性評鑑架構

　　至於確認農產品經營業者是否確實遵照 TGAP 進行各項操作的重責大任，則由產銷履歷驗證機構來擔當。產銷履歷驗證機構必須具備公正獨立的立場和實施驗證所需的能力，符合國際 ISO Guide 65 規範（對產品驗證機構的一般要求）及農委會特定要求（主要針對稽核人員及檢測實驗室），並且通過國際認證機構（於 IAF 有簽署產品驗證機構認證領域多邊相互承認協議者）及農委會兩道認證的把關（如圖9-2）。

　　驗證的程序包含生產紀錄及品質管理系統的文件審查、現場操作情形與人員能力稽核確認、產品的抽樣檢驗等，俟稽核所查出的全部缺失均經農民矯正完成後，才能將驗證報告提送審議決定；驗證通過後需每年至少 1 次定期或不定期對農民進行追蹤查驗，並對於驗證通過的市售產品進行檢查及檢驗。

履歷追溯體系

　　國際間對於農產品可追溯制度的建立，多是透過要求所有產銷價值鏈的參與者均能提供其參與過程相關投入物（對農場而言可能是飼料、肥料等資材）的來源、產出物（對農場而言即為所生產之農產品）之去向，及投入物及產出物之批次關係，進而架構出可供追溯及追蹤之完整產銷資訊網絡。

「美國食品安全保護法案(FQPA)」
優先查驗之農藥

💬 圖 9-3　不要讓您的消費者主權睡著了

　　由於臺灣農業生產規模較零細，若依上述的作法要求農民提供相關資料，由於涉及產品批次區分、文件管理與保存制度的建立與維持的專業技術，可能只有極少數農民能獨力確實完成。因此農委會選擇統一建立農產品產銷履歷追溯系統，農民只要能跨過對於使用資訊介面陌生的門檻，有能力將生產過程重要流程分批次上傳到追溯系統，並利用系統提供的服務列印標籤與出貨，其他履歷追溯制度應有的資料公開、追溯性等要求，都不需要再另外費心維持；而透過生產者基本資料及生產紀錄的呈現，還能拉近農民與消費者之間的距離，找回早期農業型社會那份敦厚的人情味，讓農產品消費不只安全，更增添溫馨的暖意。

　　一般而言，生產者對於自願性推動的管制制度接受程度，係由消費者的購買意向決定，因此消費者能否真正認知制度的訴求及認同制度的嚴謹性，是制度推動的成敗關鍵。目前農產品產銷履歷制度推動上的最大困難，在於消費者多誤以為只是單純生產紀錄的公開，並不明白其中還有著嚴謹的風險管控制度，因此產銷履歷的產品在市場上並沒有顯著價差，致使農民在辛苦地符合臺灣良好農業規範進行操作、不斷的接受驗證機構的稽核及針對缺失進行矯正之後，無法享受與付出對等的代價。

　　為了讓消費者正確辨別農產品的安全性及環境親和性，農委會已經建構完成農產品產銷履歷制度，未來將持續檢討規範的內涵及戮力維持制度的嚴謹。接下來應該由消費者運用影響力，利用農委會提供的服務充分宣示消費者的主權，透過消費行為肯定產銷履歷農產品，讓更多農民有勇氣及意願跨過門檻，加入產銷履歷制度，共同營造優質的農業生產及安全的消費環境。

　　不要讓消費者的權益睡著了。無論是為了讓自己能消費安全的農產品，或是許臺灣一個環境永續的未來，農產品之產銷履歷是值得推展和消費者大力支持的。

第八節　結　論

　　近幾十年來人們飲食習慣不離精製食品與加工食品，往往忽略蔬菜中膳食纖維對人體代謝與其排毒的功能。直到近年來直腸癌、大腸癌躍入國人罹癌十名內，帶來巨大之警訊，要我們應重視蔬菜每日之適當攝取量。

　　機能性之植物有機化合物帶動了二十一世紀以蔬果為原料開發對人體抗癌、抗老化、抗過敏以及調節生理正常功能的生技產業。足以代表食物以天然狀態尤其是蔬菜以原本的型態做為每日飲食之必需品，對維持人體健康是非常重要的課題。

習 題 EXERCISE

一、是非題

（　）1. 深綠色蔬菜含有豐富的菸鹼酸。

（　）2. 蘆筍保鮮方法之溫度與濕度，0~4℃，85~90％較適當。

（　）3. 洋蔥、大蒜的特殊香氣為揮發性硫化物。

（　）4. 綠色葉菜為維生素 B 的良好來源。

（　）5. 馬鈴薯發芽部位含有單寧，具有弱毒性，故不能食用。

答案：1.✕；2.○；3.○；4.✕；5.✕

二、選擇題

（　）1. 菠菜中含有何種成分會阻礙鈣之吸收？　(A)硬脂酸　(B)丙酸　(C)丁酸　(D)草酸。

（　）2. 生鮮蔬果 CA storage 的原理　(A)減壓　(B)提高氧濃度，降低二氧化碳濃度　(C)降低氧濃度，提高二氧化碳濃度　(D)去除乙烯。

（　）3. 番茄、西瓜的紅色色素屬於　(A)胡蘿蔔素　(B)花青素　(C)類黃酮　(D)茄紅素。

（　）4. 有關蔬菜的敘述，下列何者不適當？　(A)蔬菜類含有纖維成分，有利通便　(B)蔬菜具有特殊風味，可促進食慾　(C)綠色蔬菜中除含有維生素 C 外，胡蘿蔔素含量也多　(D)蔬菜類的灰分，鈉的含量最多。

（　）5. 下列蔬菜中何者是莖菜類？　(A)甘藍菜　(B)竹筍　(C)胡蘿蔔　(D)馬鈴薯。

答案：1.(D)；2.(C)；3.(D)；4.(C)；5.(A)

三、問答題

1. 烹調綠色蔬菜時，如何保持鮮豔脆綠的色澤及防止營養素的流失？

2. 試述防止綠葉蔬菜於製備過程變色的方法。

3. 請說明生鮮蔬菜調氣貯藏(CA storage)方法之原理。

4. 請列舉五種蔬菜說明其特殊之風味物質。

5. 請說明生鮮蔬菜之採購原理。

6. 請說明五種蔬菜加工產品與加工方法。

1. 王瑤芬（民 92）。**食物烹調原理與應用**。臺北市：偉華。

2. 江孟燦、吳清熊、汪復進、林志城、周淑姿、彭清勇、鄭心嫻、蔡文騰（民 90）。**食物學原理**。臺中市：華格納。

3. 汪復進、李上發（民 92）。**食品加工學（上）**。新北市：新文京開發。

4. 汪復進、李上發（民 93）。**食品加工學（下）**。新北市：新文京開發。

5. 汪復進等（民 95）。**食品專業英文**。臺中市：華格納。

6. 汪復進等（民 95）。**基礎營養學**。臺中市：華格納。

7. 汪復進譯（民 97）。**食品化學**。臺北市：普林斯頓。

8. 杜自疆（民 69）。**食用菇栽培技術**。臺北市：豐年社。

9. 宋細福（民 78）。**草菇栽培**。行政院農業委員會暨臺灣省政府農林廳編印，29。

10. 李錦楓、林志芳（民 93）。**食物製備學**。臺北市：揚智。

11. 施明智（民 89）。**食物學原理**·臺北市：藝軒。

12. 張為憲、李敏雄、呂政義、張永和、陳昭雄、孫璐西、陳怡宏、張基郁、顏國欽、林志城、林慶文（民 84）。**食品化學**。臺北市：華香園。

13. 張為憲（民 89）。**高等食品化學**。臺北市：華香園。

14. 黃涵、洪立（民 81）。**臺灣蔬菜彩色圖說**。臺北市：豐年社。

15. 黃韶顏（民 78）。**團體膳食製備**。臺北市：華香園。

16. 陳淑瑾編著（民 79）。**食物製備原理與應用**。臺北市：睿煜。

17. 鄭清和（民 77）。**食品原料（上）**。臺南市：復文。

18. 黃韶顏（民 79）。**食物製備**。臺北市：藝軒。

19. Aurand, L. W., & Woods, A. E. (1973). *Food Chemistry*. Washionton: AVI Publishing Co.

20. Belitz, H. D., & Grosch, W. (1987). *Food Chemistry*. New York: Sptiger Verlag.

21. Nilsson, T. (2000). Postharvest Handling and Storage of Vegetable. R. L. Shewfelt & C. Bruckner Eds., *Fruit and Vegetable Quality: An Integrated View*, 96-116. Technomic Publishing Co., Inc., USA.

22. Margare, M.W. (1985). *Food Fundamental*. New York: Honghton Miffin Co. Inc.

23. 茶葉的分類與製法，http://www.easytravel.com.tw/action/tea/page10.htm

24. 臺灣各茶區特色茶名稱與產地一覽表，
http://www.coa.gov.tw/external/teais/ch5-2.htm

25. 茶類製程流程表，http://www.easytravel. com.tw/action/tea/page10.htm

26. 茶王，茶之分類，http://home.kimo.com.tw/teak58/

27. 臺灣茶特色，httn://www.coa.gov.tw/external/teais/ch5-1.htm

CHAPTER
10

水 果

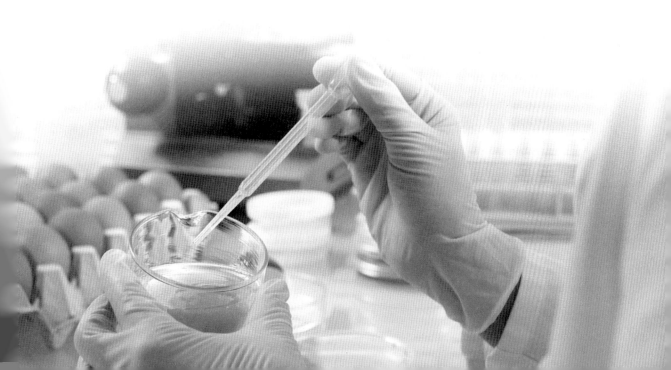

前　言

　　近年來，健康飲食觀念推廣成功，植物性食物亦漸漸受到重視，對於那些又要健康、又怕攝取過多熱量而導致肥胖及慢性病的人來說，水果的清淡甜美口味，可以調和魚肉葷食等鹹食主餐的油膩感覺，鮮明亮麗的色彩形狀，可給予餐飲視覺上的豐富享受，而其中所含的維生素、礦物質與纖維也很豐富，是人體必需的營養素，所以水果是一種理想的食物。

　　然而水果的搭配是一種藝術的表現，善用水果鮮明亮麗顏色、不同的風味與多樣化結構組織，在適當的搭配下，可以增加食用者的食慾，亦提供良好的維生素、礦物質、水分、膳食纖維、酵素及抗氧化成分等機能性成分；反之，不良的搭配方式則會將很好的水果原料，轉變成適得其反的食物。

　　本章將就水果的分類與構造、選擇、農藥殘留及烹煮時之營養、顏色及質地組織變化加以探討。

 第一節　水果的分類

　　目前學者對水果與蔬菜的定義仍有些不一致的看法，其爭議主要是一些既可當水果生吃，又可做為調理烹飪的特殊食物原料食材，如：番茄、南瓜等，有人認為它們是蔬菜，有些人則認為應列為水果。故本書依照行政院衛生福利部 2023 年 6 月公告之〈農藥殘留容許量標準〉中「農藥殘留容許量標準表中農作物類農產品之分類表」，將蔬果分為：米類、麥類、雜糧類、乾豆類、包葉菜類、小葉菜類、根莖菜類、蕈菜類、果菜類、瓜菜類、豆菜類、芽菜類、瓜果類、大漿果類、小漿果類、核果類、梨果類、柑桔類、茶類、甘蔗類、堅果類及香辛植物及其他草木本植物等二十二類（見表 10-1）。

　　若以營養成分而言，則可依蛋白質含量多寡分為兩類，一是蛋白質含量少者，其所含熱量少，維生素 A、B_2 及鐵質則較多，包括黃、綠色水果類；二是蛋白質含量多者，熱量為每 100 公克約含 36 大卡，其脂質含量亦高，包括酪梨、柚子等。另有將水果依顏色分為紅色、橙色、褐色、黃色、綠色、白色等，但此種分類法較少見且較無意義，故如何對水果分類，是依使用者需要而定，並無硬性規定。

↘ 表 10-1 　農藥殘留容許量標準表中農作物類農產品之分類表

類別	農作物
1.米類	水稻、旱稻等
2.麥類	大麥、小麥（含黑小麥、杜蘭小麥）、燕麥、黑麥等
3.雜糧類	玉米、高粱、薏仁、小米、藜、蕎麥等
4.乾豆類	大豆（黃豆、黑豆）、落花生、綠豆、紅豆、花豆（乾）、樹豆（乾）、豇豆（乾）、小扁豆、紅花籽、油菜籽、葵花籽、棉籽、蠶豆（乾）、蓮子、芝麻、亞麻籽、茶籽（含茶葉籽及油茶籽）、豌豆（乾）、菜豆（乾）、鷹嘴豆（乾）等
5.包葉菜類	十字花科包葉菜【甘藍（含球莖甘藍、抱子甘藍）、花椰菜、結球白菜、青花菜、包心芥菜、大心芥菜】、結球萵苣、朝鮮薊等
6.小葉菜類	十字花科小葉菜（小白菜、油菜、青江菜、芥藍、甘藍菜苗、葉用蘿蔔、芥菜、薺菜、羽衣甘藍、芥藍菜芽、青花菜芽、蘿蔔菜芽、小松菜、蕪菁菜）、不結球萵苣、半結球萵苣、茼蒿、紅鳳菜、白鳳菜、山茼蒿、芳香萬壽菊、闊包菊、蒜、青蔥、韭菜、韭黃、韭菜花、芹菜、蕹菜、菠菜、蕗菜、葉用甘藷、羅勒、龍鬚菜、紫蘇、葉用豌豆、莧菜、枸杞葉、珠蔥、蕗蕎、洋牛蒡葉、香椿、山蘇、水蓮、過溝菜蕨、落葵、麻薏、山芹菜等
7.根莖菜類	蘿蔔、胡蘿蔔、薑、洋蔥（含威爾士洋蔥、樹洋蔥、銀皮洋蔥等）、馬鈴薯、竹筍、蘆筍、茭白筍、芋頭、甘藷、山藥、樹薯、甜菜根、紅蔥頭、蕗頭、百合鱗莖、牛蒡、豆薯、蓮藕、碧玉筍、蒜頭、黑皮波羅門參、闊葉大豆根、狗尾草根、菱角、人參（鮮）、蕪菁、根芹菜、山葵等
8.蕈菜類	香菇、洋菇、草菇、金菇、木耳、白木耳等
9.果菜類	番茄、茄子、甜椒、辣椒、金針、枸杞、秋葵、洛神葵、香瓜茄、酸漿、樹番茄、野茄等
10.瓜菜類	胡瓜（含小黃瓜）、苦瓜、絲瓜、冬瓜、南瓜、扁蒲、隼人瓜、越瓜、夏南瓜、木鱉果等
11.豆菜類	菜豆（粉豆、醜豆、四季豆、敏豆、海軍豆）、豌豆、毛豆、扁豆、豇豆（含長豇豆）（鮮）、萊豆、蠶豆（鮮）、翼豆、花豆（鮮）、鷹嘴豆、樹豆（鮮）、刀豆等
12.芽菜類	大豆芽、苜蓿芽、綠豆芽、豌豆芽、落花生芽、紅豆芽等
13.瓜果類	西瓜、香瓜、洋香瓜（含波斯瓜）等
14.大漿果類	香蕉、木瓜、鳳梨、奇異果、番荔枝、酪梨、火龍果、百香果、山竹、榴槤、紅毛丹、石榴、黃金果、榴槤蜜、波羅蜜等
15.小漿果類	葡萄、草莓、楊桃、蓮霧、番石榴、木莓（包括覆盆子、黑莓等）、蔓越莓、藍莓、桑椹、無花果、穗醋栗、醋栗（鵝莓）、山桑、接骨木莓、露珠莓等
16.核果類	芒果、龍眼、荔枝、楊梅、橄欖等

↘ 表 10-1　殘留農藥安全容許量表中農作物之分類（續）

類別	農作物
17.梨果類	蘋果、梨、桃（含油桃）、李、梅、櫻桃、杏、棗、柿子、印度棗、枇杷、榲桲、山楂等
18.柑桔類	柑桔、檸檬（含萊姆）、柚子、葡萄柚等
19.茶類	茶葉等
20.甘蔗類	甘蔗等
21.堅果類	椰子、杏仁、胡桃、美洲胡桃、榛果、澳洲胡桃（夏威夷果）、開心果、腰果、巴西豆、栗子、松子等
22.香辛植物及其他草木本植物	(1) 香辛植物（種子）：[歐洲]大茴香子、羅勒籽、葛縷籽、芹菜籽、鼠尾草種子、芫荽籽、馬芹籽、蒔蘿籽、小茴香籽、葫蘆巴籽、拉維紀草種子、肉豆蔻、香芹籽等 (2) 香辛植物（果實）：草豆蔻、小豆蔻（莢果及種子）、白荳蔻、杜松子、神奇果、胡椒、蓽拔、花椒、眾香子、砂仁、八角茴香、香草豆等 (3) 香辛植物（根莖）：黃精、南薑、拉維紀草根、薑黃等 (4) 草木本植物：香蜂草、月桂葉、琉璃苣、貓薄荷、葛縷、芫荽、咖哩葉、蒔蘿、小茴香、葫蘆巴、絞股藍、苦薄荷、排香草、薰衣草、檸檬香茅、菩提、拉維紀草、馬鬱蘭、馬黛葉、薄荷、奧勒岡草、巴西利、迷迭香、鼠尾草、歐洲薄荷、酸模、甜菊葉、百里香、馬鞭草、洋蓍草、風茹草、咸豐草、蟛蜞菊、艾草、仙草、金線蓮、食用花卉（含玫瑰、菊花、蓮花、洋甘菊、百合花、野薑花、蘭花、金盞花、茉莉花、桂花、天竺葵、曇花）等

資料來源：行政院衛生福利部《農藥殘留容許量標準》（2023 年版）。

 ## 第二節　水果的細胞構造

　　水果的構造、成分會隨植物種類不同而異，甚至同種類之間也會受不同品種、基因轉殖、成熟度、季節性、肥料土壤之厚薄、農藥之噴灑、運送貯存之過程等因素而影響組成，但大多數水果都具有外皮組織、輸送系統及髓質等基本構造。

　　髓質中有柔膜細胞(parenchyma cell)，其膜是一種具有可滲透性的細胞壁，能使物質得以進出。形成植物體最堅韌構造之物質，則是來自細胞間的纖維素及半纖維素等多種聚醣體及木質素。植物組織最小的單位是細胞（見圖 10-1），它可以進行

生長、物質之生合成、貯存及分解等反應。植物細胞又可分為原生質體(protoplast)
和細胞壁(cell wall)兩大構造。

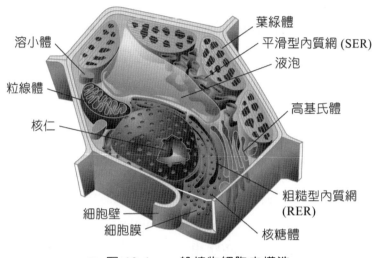

圖例：
- 溶小體
- 粒線體
- 核仁
- 細胞壁
- 細胞膜
- 葉綠體
- 平滑型內質網 (SER)
- 液泡
- 高基氏體
- 粗糙型內質網 (RER)
- 核糖體

● 圖 10-1　一般植物細胞之構造

一、原生質體(protoplast)

原生質體又分為原生質(protoplasm)及非生命物質(non-live materials)兩部分。

（一）原生質(protoplasm)

原生質包括：細胞核與細胞質。細胞核內含染色體(chromosome)，可決定細胞
之性質及生物體的特性。細胞質是介於細胞內膜與細胞核外之間的部分，其基本成
分為半透明、半流動的膠狀體，其中有一特殊構造為質體(plasmid)，是細胞質轉化
的部分。質體因顏色與作用特性不同，可分成白色體(leucoplast)、葉綠體(chloroplast)
及色素體(chromoplast)三種，色素體可呈現紅、橙、黃等顏色，白色體則可變成色
素體而呈色，如：番茄、紅色西印度櫻桃果實之變色，即為此種變化。一般常見的
綠色植物所呈現的綠色即是葉綠體。

（二）非生命物質(non-live materials)

非生命物質以液泡狀胞器最常見，其胞器內含單醣類、多醣類、多酚類、有機
鹽類、礦物質、有機酸類、植物鹼、花青素等物質。這些物質有的溶解在液泡的液
體中，有的以懸浮形態存在，這些胞器是供應細胞質代謝原料的場所。

胞器中的水分也是影響水果組織(texture)硬度的原因之一。在新鮮的植物體內，細胞內外的膨壓(turgor pressure)相同，一旦被採摘後，因外界無法提供大量水分來維持植物的新陳代謝，植物體便會因失水而無法維持細胞的膨脹狀態，導致植物體開始萎縮；有時在雨季來臨時，有些水果因未來得及採收，因此植物體吸收大量的水分，而出現水果裂開的現象，造成農民的損失，例如：西瓜是最常見的例子。

二、細胞壁(cell wall)

細胞壁是植物細胞特有的構造，係由原生質所分泌生成，在未成熟的細胞中，原生質會分裂生成主細胞壁(primary wall)，主要由纖維素、半纖維素及果膠等組成，在柔軟的組織中，如：水果的細胞構造，多僅有主細胞壁。界於主細胞壁之外，連接個別細胞間的薄壁是所謂的中膠層(middle lamellar)，主要是由果膠質所組成。有某些部位的細胞會在主細胞壁內層再生出一層次生壁(secondary wall)，其組成與主細胞壁相同，多為纖維素、半纖維素等所組成，有些還含有木質素，但若含木質素，則此類植物組織的彈性較差，例如：椰子。

圖 10-2 為細胞壁的簡單構造圖，了解細胞壁的組成，有助於研究水果在成熟及加工時組織特性的變化。

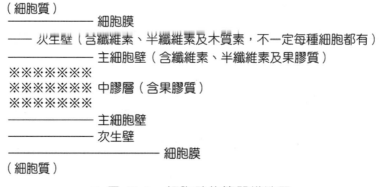

（細胞質）
————————— 細胞膜
—— 次生壁（含纖維素、半纖維素及木質素，不一定每種細胞都有）
————————— 主細胞壁（含纖維素、半纖維素及果膠質）
※※※※※※※
※※※※※※※ 中膠層（含果膠質）
※※※※※※※
————————— 主細胞壁
————————— 次生壁
————————————— 細胞膜
（細胞質）

🗨 圖 10-2　細胞壁的簡單構造圖

（一）纖維素(cellulose)

　　纖維素為構成高等植物細胞壁的主要成分，具有結構性、抗張力及抗化學性功能，故可作為製造紙張的主要原料。纖維素的組成單體為葡萄糖分子，與澱粉相同，但澱粉是以 α-1,4-醣苷鍵結(glycosidic linkage)，而纖維素則是以 β-1,4-醣苷鍵結，由於此一構造上的特殊差異，人體內又沒有 β-1,4-醣苷鍵的水解酵素，人吃了之後也不會將纖維素分解利用，所以纖維素就變成一部分的膳食纖維。一般纖維是由 500 至 10,000 個葡萄糖分子組成（見圖 10-3）。

$\beta(1{\rightarrow}4)$醣苷鍵結合

🗨 圖 10-3　纖維素的構造

（二）半纖維素(hemicellulose)

　　半纖維素主鏈也是以單醣為組成單體(monomer)，其單體間之結合是以 β-1,4-糖苷鍵結，與纖維素相同。由於半纖維素亦不為人體內之酵素分解與利用，因此成為一部分的膳食纖維。半纖維素主鏈大概由 50~200 個單體組成，主要包括：木聚糖(xylan)、甘露聚糖(mannan)、葡萄甘露聚糖(glucomannan)及半乳聚糖(galactan)等，其支鏈部分則由阿拉伯糖(arabinose)和葡萄糖醛酸(glucuronic acid)組成。

　　半纖維素、果膠質與纖維素不同之處，為半纖維素是能溶於稀鹼溶液中的多醣類。半纖維素依分子量大小與支鏈結構差異不同，分為可溶於水與不可溶於水兩種，不論是屬於哪一種的半纖維素，都可溶於稀酸及稀鹼溶液中，故水果加入小蘇打共同加熱時，半纖維素被鹼溶解之故，造成其組織質地有軟化的現象。

（三）木質素(lignin)

木質素只有在成熟且極硬的水果之外殼中發現，在多數水果中極少見。木質素具有良好的抗酵素性分解、抗化學性腐蝕及抗細菌性分解之功能，故可以保護果實種子之完整性，此為木質素與細胞壁中其他組成分不同之處。木質素不屬於多醣類，而是以苯丙烷(phenylpropane)為主要單體所聚合而成的物質，且不溶於水。

（四）果膠物質(pectin substances)

果膠物質為存在細胞間的物質，具有保護作用，且會影響植物體的軟硬度，其組成結構會隨植物體成熟度而改變，可分為三類：

1. 原果膠質(protopectin)

未成熟果實中的果膠型態，會將細胞壁連結在一起，使水果質地較硬，可因加熱或酵素作用而分開導致質地變軟。

2. 果膠質(pectin)

果膠質存在於細胞壁與細胞質間，是以部分羧基被甲基酯化之半乳糖醛酸為單體，以 α-1,4-醣苷鍵進行直線性連結之聚合物，其結構見圖 10-4。

隨果實逐漸成熟，果膠會由原果膠質分解而成。果膠具黏著效用，可用來製作果醬或果凍。

果膠可與金屬離子形成架橋作用，許多果膠物質在植物體中，即以鈣鹽或鎂鹽等多價金屬離子鹽的形式存在。另外，果膠亦可與糖、酸及金屬離子形成凝膠。果膠的分子量越大，黏度越高；酯化程度增加，黏度也會提高。多價陽離子的添加也會提高黏度，因此若以單價陽離子藉由離子交換作用方式，取代二價陽離子，會使果膠分子上的羧酸根無法形成架橋作用，導致果膠的溶解、組織軟化，此為鹽漬食品組織軟化的原因之一，當然脫水作用亦是造成鹽漬品軟化的另一因素。

3. 果膠酸(pectic acid)

在過熟的果實中，果膠受果膠酯分解酶(pectin esterase)作用轉變而成果膠酸。果膠酸不具凝膠性及增稠性。

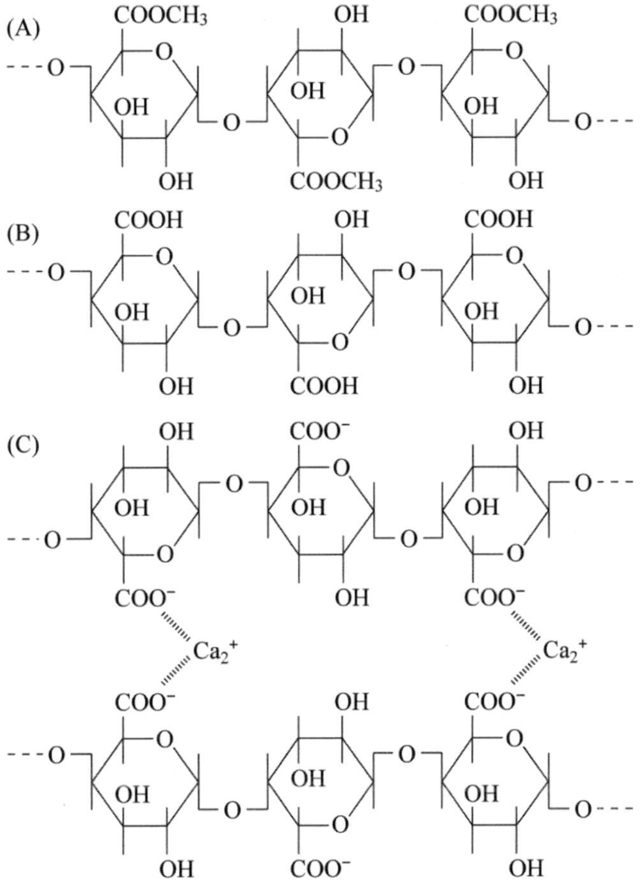

● 圖 10-4

(A)果膠酯酸　(B)果膠酸　(C)兩條離子化果膠酸分子與鈣離子形成架橋之構造

第三節　水果的營養成分

不同種類之水果的營養在水分、礦物質、維生素、膳食纖維上大致相似，只在所含糖分之熱量、風味與質地上差異較大。水果一般的水分含量在 90% 以上，在新鮮狀態時，細胞內的空泡中充滿水分，若空泡中水分減少時，水果呈現乾皺萎縮。

一、蛋白質(protein)

在水果中的蛋白質含量大都低於 3%以下，而且屬於不完全蛋白質，但有少數幾種水果含有多量的蛋白質，例如：酪梨含有大量的蛋白質與脂質。

二、脂質(lipid)

水果中的脂質含量一般低於 1%以下，但有少數水果含有多量的脂質，例如：酪梨、橄欖都含有較多的脂質。

三、醣類(carbohydrate)

水果中的醣類含量大約在 3~14%，水果的醣類型態包括：單醣（一般以還原糖如果糖、葡萄糖居多，但有些水果，如香蕉、柑橘，則以蔗糖較多）、多醣（澱粉、半纖維素、纖維素）及果膠等。

四、礦物質(mineral)

水果的礦物質以鈣、鉀、鐵為主，而乾果類則以鈣、鐵較為豐富。

↘ 表 10-2　含豐富營養物質之水果

營養素種類	水果名稱
鈣	黑棗(dateplum)、紅棗(jujube)等
鐵	黑棗、葡萄(grape)等
維生素 A	楊桃(carambola)、橘子(orange)、木瓜(papaya)、柿子(persimmon)、芒果(mango)、批杷(loquat)、枸杞(medlar)等
維生素 B_1	枸杞、鳳梨(pineapple)、橘子、釋迦(sugar apple)、荔枝(lychee)、紅棗、黑棗等
維生素 B_2	龍眼(longan)、李子(plum)、橄欖(olive)、釋迦、桃子(peach)、黑棗、紅棗等
菸鹼酸	芒果、香蕉(banana)、芭樂(guava)等
維生素 C	荔枝、橘子、檸檬(lemon)、木瓜、文旦(pomelo)、龍眼、芭樂、西印度櫻桃(cherry)、番茄(tomato)等

五、維生素(vitamin)

大部分水果含有豐富的維生素 C，深色水果含類胡蘿蔔素，深綠色水果則含極豐富葉綠素(chlorophyll)及葉酸(folic acid)。

六、纖維素(cellulose)

水果中的纖維素與蔬菜一樣，含量特多且豐富，纖維素是由葡萄糖單體以 β-1,4-糖苷鍵結，不為人體所吸收，但對腸胃會產生刺激性，因此對腸胃蠕動有幫助。尤其是老年人因腸蠕動不足，常發生腸阻塞，多吃水果、蔬菜可促進腸道蠕動，達到正常排泄之功能。

纖維素會吸附從膽囊排出進入腸道內的膽汁、膽酸及膽酸鹽成分，所以可避免膽汁、膽酸及膽酸鹽再從小腸被吸收進入體內（腸肝循環），達到控制體內的膽固醇量（膽固醇是合成膽汁、膽酸及膽酸鹽的原料），以減少心血管疾病的發生。

在營養學上有所謂的膳食纖維(dietary fiber)，是指食物中不被人體消化酵素所分解的物質，主要為細胞壁上的成分物質，包括不被消化的多醣類（膠類、果膠物質、半纖維素及纖維素）及木質素等。膳食纖維的功能是在 1973 年，由英國 Burkitt 醫生從流行病學統計調查中發現而發表報告，報告中指出非洲地區的民眾，長期以來都以膳食纖維含量較高的食物為主食，結腸癌、心臟病等疾病的發生率比歐美地區的民眾低，引起醫學界的重視，追蹤其原因，發現是因歐美地區的民眾在飲食方面，膳食纖維量比非洲地區的民眾少所造成。

膳食纖維可分為可溶性膳食纖維(Soluble Dietary Fiber, SDF)與不可溶性膳食纖維(Insoluble Dietary Fiber, IDF)兩種。不可溶性膳食纖維可增加糞便體積，並加速排便速率，故可避免便祕、大腸憩室症的發生；可溶性膳食纖維由於在胃器官是可溶狀的，但到了腸器官時變為不可溶狀，所以會將食物中的蛋白質、脂肪、維生素、礦物質等營養成分吸附住，造成營養素吸收的障礙。

七、有機酸(organic acid)

水果內所含有機酸種類不同，會呈現其不同之風味與食味，如柑橘類的檸檬酸、核果類蘋果中的蘋果酸、小漿果類葡萄中的酒石酸，每一種酸的風味特性都不同，

例如：蘋果酸有清爽感、檸檬酸有強烈的酸感、酒石酸有酸澀感。然而，水果的食味與糖度、酸度有密切的關係，其甜度除以酸度的數值稱為糖酸比(sugar-acid ratio)。此數值常用於水果特有之食味(taste)的判斷指標，如：溫州蜜柑(mandarin, tangerine orange)的良好食味之糖酸比為 13~14，葡萄柚為 5~6。

 ## 第四節　水果的色素、香氣與風味

一、色素(pigment)

水果的顏色有紅、橙、黃、綠、藍、紫等顏色，這是因為水果中含有不同色素質體所致，各種色素的特性分述如下：

（一）葉綠素(chlorophyll)

陸地上植物的葉綠素以葉綠素 a 與葉綠素 b 兩種為主，在高等植物中葉綠素 a 與葉綠素 b 的比例為 3:1。葉綠素原本被包在葉綠體中，與植物細胞所含的酸性物質隔開，在加工時因細胞的破裂，使植物細胞的酸與葉綠素接觸，造成葉綠素分子中心之鎂離子產生脫除反應，變成去鎂葉綠素(pheophytin)。葉綠素 a 脫去鎂離子後，轉變成青綠色；葉綠素 b 脫去鎂離子後，則變成灰綠色；當葉綠素與其他色素混合在一起時，則形成橄欖綠的顏色。

當葉綠素在鹼性環境下或被葉綠素分解酵素作用後，會水解成去植醇葉綠素(chlorophyllide)及植醇(phytol)，此分解酵素與葉綠素色澤之褪色有直接的關係，故其存在食物中對食品加工影響很大。葉綠素在完整的植物組織之內，尤其在新鮮狀態下是安定的，但隨著老化，受葉綠素分解酵素及酸之作用下，而被分解褪色（見圖 10-5）。

圖 10-5　葉綠素與其衍生物的變化關係

這種現象在罐裝青梅中最常見，若有銅離子存在時，銅離子會進行置換反應，產生葉綠素銅，這在數年前流行的綠豆湯食品罐中適量的銅曾被添加於其中，使湯液呈鮮綠色，現在則應用在麥苗汁中。

水果的顏色變化程度受加熱溫度、葉綠素的含量、水果的 pH 值與加熱時間的長短而定，水果所含的酸性物質分為揮發性酸及非揮發性酸，當水果在加熱時能讓揮發性的酸揮發於空氣中，會使葉綠素有效的保留住。在食品加工的過程中，有時加入鹼性物質調整 pH 值以利葉綠素的保留，例如在加熱蔬果時，加入小蘇打調整 pH 值偏向鹼性，以達到葉綠素的保留。通常食品加工為防止葉綠素損失，有下列幾種方式：

1. 添加鹼性化學物質來提高 pH 值，避免葉綠素在酸性環境下加熱。

2. 利用葉綠素酶將葉綠素轉變成較穩定的去植醇葉綠素。

3. 殺菁(blanching)加熱破壞氧化酵素，避免葉綠素被氧化而褐變。

4. 使用人工大氣貯藏(Controlled Atmosphere storage, CA storage)，減少植物呼吸作用所產生的二氧化碳，及降低氧化酵素的氧化作用。

5. 添加銅、鋅等金屬離子與葉綠素形成熱穩定的複合體，保持原有的色澤。

6. 利用高溫短時間(High Temperature Short Time, HTST)的加熱方式迅速將葉綠素分解酵素破壞，以減少加熱時的葉綠素變化。

但目前所使用的方法還不能完全長久保持蔬果的鮮綠。

（二）類胡蘿蔔素(Carotenoid)

水果除了葉綠素以外，還有黃色及橘色等顏色，這是細胞質體中所含的類胡蘿蔔素所致，一般類胡蘿蔔素與葉綠素是以 1:3 或 1:4 的比例存在於植物質內。類胡蘿蔔素是油溶性物質，依溶解度可分為：可溶於石油醚中的胡蘿蔔素(carotene)類與可溶於酒精中的葉黃素(xanthophyll, lutein)類。

類胡蘿蔔素是由八個異戊二烯(isoprene)所組成的 40 個碳原子物質，如 β-胡蘿蔔素、α-胡蘿蔔素及 γ-茄紅素(lycopene)，其分子內共軛雙鍵(conjugated double bond)會顯現顏色的原因，根據量子分子學說，共軛雙鍵因為共軛的關係，可吸收能量較

低的光波，再放出可見光的光波，剛好為黃橘色附近的可見光光波，所以分子的共軛雙鍵越多，其顯現的顏色越深。一般天然的類胡蘿蔔素的雙鍵都以反式(trans form)存在，如圖 10-6 所示，為存在番茄、柿子、西瓜、粉紅色葡萄柚及棕櫚油(palm oil)中之茄紅素。

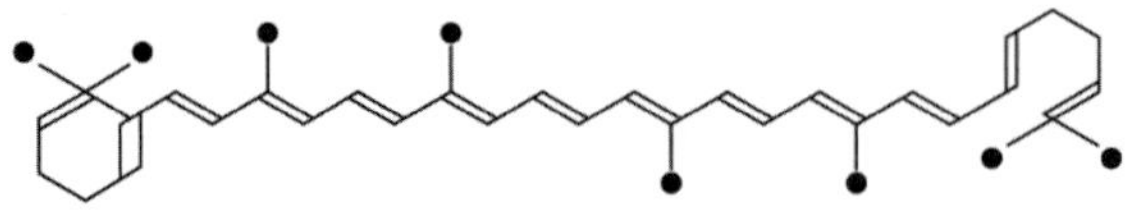

(• – CH₃)

(A) 茄紅素 (Lycopene)

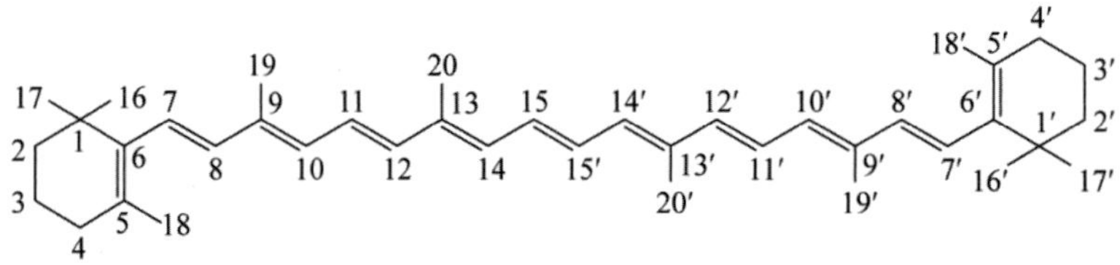

(B) β-胡蘿蔔素 (β-Carotene)

● 圖 10-6　茄紅素(A)與 β-胡蘿蔔素(B)之化學構造

　　胡蘿蔔素是維生素 A 的先質，是人體合成維生素 A 的主要來源，對稱型的 β-胡蘿蔔素因為結構的一半剛好是維生素 A，所以可合成兩分子的維生素 A，而 α-胡蘿蔔素及 γ-胡蘿蔔素都因雙鍵位置，所以構造為不對稱型，故只能合成一分子的維生素 A。

　　目前，民眾對水果的觀念已由甜點的角色變為健康食品的角色，原因是科學家陸續從水果中發現一些保護人體健康的有效物質，例如：紅色西瓜中合大量的超氧歧化酶(Superoxide Dismutase, SOD)，可幫助人體捕捉對人體細胞基因物質（即 DNA；deoxyribonucleic acid）危害的自由基(free radical)，避免基因被破壞，造成基因突變而致癌，如：番茄含有茄紅素及維生素 C，都具有抗氧化及防老的效果，其作用與超氧歧化酶及類黃酮相同，所以現在市售的保健食品或健康食品皆有以水果為原料製成的商品。

（三）類黃酮(flavonoid)

類黃酮為一種油溶性的黃色色素，相橘類的果實及果皮皆含有較多的類黃酮，中藥的當歸(angelica)也含有相當多的量，而這一群類黃酮的主要作用，也是幫助人體捕捉自由基，保護基因不受破壞。

（四）花青素類(anthocyanin)

花青素為水溶性熱不安定之色素，其發色與 pH 值有關。花青素在酸性環境下呈紅色，如：草莓(strawberry)、櫻桃等；在中性環境下呈紫色，如：葡萄；在鹼性環境下呈靛藍色，如：紫蘇(basil)、桑椹(mulberry)等。

二、香氣(flavor)

水果香氣之主要成分為酯類、碳氫化合物、醇類、酸類、醛類、酮類等，其中以酯類最多。酯類化合物多半由 $C_1 \sim C_{10}$ 之飽和或不飽和直鏈醇和 $C_2 \sim C_{10}$ 的脂肪酸酯化而成，如：乙醇與丁酸酯化成丁酸乙酯，是鳳梨的主要香氣成分（見表 10-3）。

↘ 表 10-3　常見水果之香味主要成分

水果類別	主要香氣成分
香蕉(banana)	乙酸戊酯(amyl acetate)、丁酸異戊酯(isoamyl butyrate)、丁酸甲酯(methyl butyrate)等
鳳梨(pineapple)	丁酸乙酯(ethyl butyrate)
柳橙(orange)	癸醛(decanal)
檸檬(lemon)	檸檬醛(citral)
香瓜(muskmelon)	癸二酸二乙酯(diethyl sebacate)
桃子(peach)	甲酸乙酯(ethyl format)
杏(apricot)	丁酸戊酯(amyl butyrate)
蘋果(apple)	丁酸異戊酯、甲酸戊酯(amyl format)、丁酸甲酯等
梨子(pear)	甲酸異戊酯(isoamyl format)
百香果(passion fruit)	乙酸乙酯(ethyl acetate)

三、食味(taste)

一般均以水果之糖酸比(sugar-acid ratio)做為其食味良窳之判斷指標。

每個人對水果之偏好程度有差異，除了外觀與香氣外，食味與質地(texture)亦是主要關鍵，尤以糖酸比是水果在口腔內首先呈現的感受。

 第五節　水果的選購、貯存、運送與製備

一、水果之選購(pick out and make purchase of fruit)

一般民眾選購水果都以當季生產的種類為主（見表 10-4），因為水果是一種有生命的食物，採收後依然持續進行呼吸作用。經過貯藏後的水果，其營養及風味皆比剛採收的時候差，所以選購水果的原則以新鮮、無枯萎腐敗或損傷、果實飽滿、表面無斑點者為主。

💬 表 10-4　臺灣水果生產季節與主要產地

水果類別	生產季節	主要產地
大番茄(tomato)	全年生產	全國各地
小番茄(tomato)	10 月～翌年 5 年	全國各地
香蕉(banana)	全年生產	南投、彰化、臺中
楊桃(carambola)	全年生產	苗栗、臺南、彰化
葡萄(grape)	1~10 月	苗栗、臺中、南投、嘉義
葡萄柚(grapefruit)	10~11 月（可貯存至翌年 4 月）	
荔枝(lichee)	6 月上旬～7 月中旬	臺中以南至屏東
龍眼(longan)	7 月下旬～9 月下旬	嘉南地區屏東
芒果(mango)	5~10 月	臺南、屏東、高雄
鳳梨(pineapple)	3~8 月	南投、屏東、臺南、高雄、嘉義
甜橙（柳丁）(mandarin orange)	11 月～翌年 4 月	屏東、南投、臺南、嘉義、高雄

● 表 10-4　臺灣水果生產季節與主要產地（續）

水果類別	生產季節	主要產地
桶柑(barrel citrus reticulata)	1 月下旬～4 月下旬	苗栗、臺北、宜蘭、桃園
椪柑 (citrus reticulata)	10 月下旬～翌年 2 月下旬	臺北、新竹至臺南
哈蜜瓜 (honeydew melon)	3 月中旬～6 月上旬，9 月下旬～12 月上旬	臺南、屏東、桃園
西瓜(watermelon)	4~10 月	雲林、臺南、花蓮、屏東、嘉義、彰化、苗栗
奇異果(kiwifruit)	10~12 月	宜蘭、新竹、苗栗、臺中、南投
火龍果(dragon fruit)	5~10 月	新竹以南各地果農
水蜜桃(juicy peach)	5~9 月	桃園、臺中、南投海拔 200 公尺以上
木瓜(papaya)	全年生產	臺東、花蓮、臺南、高雄
梨子(pear)	4~10 月	新竹、宜蘭、苗栗、臺中、南投、嘉義
番石榴(guava)	9 月～翌年 2 月	彰化、臺南、高雄、屏東
蘋果(apple)	進口居多	美國、澳州、加拿大、日本、中國
柚子（文旦） (shaddock, pomelo)	9~11 月	花蓮、臺南、南投
蓮霧(wax apple or bell fruit)	10 月底～翌年 8 月下旬	屏東
李子(plum)	4~7 月	花蓮、臺東
桃子(peach)	5~8 月	中部地區
釋迦(sugar apple)	9~12 月	高雄、臺東
枇杷(loquat)	2~5 月中	臺中、臺東、南投
棗子(jujube)	11 月～翌年 3 月	高雄、屏東、臺南、嘉義
百香果(passion fruit)	5 月～翌年 1 月	高雄、屏東

● 表 10-4　臺灣水果生產季節與主要產地（續）

水果類別	生產季節	主要產地
草莓(strawberry)	12 月中旬～翌年 5 月下旬盛產，2 月中旬～四月下旬	苗栗、桃園
檸檬(lemon)	4~11 月	臺中以南均可栽種
柿子(persimmon)	9~11 月	新竹、臺中、苗栗

　　水果的生產期是以採收為標準，而水果應在何時採收較佳，則是以水果的特性而分，水果大致可分為更性水果(climacteric fruits)及非更性水果(non-climacteric fruits)（見表 10-5）。

↘ 表 10-5　更性與非更性水果之分類

更性水果	非更性水果
桃、梨、梅、杏、李、蘋果、木瓜、百香果、番茄、釋迦、番石榴、芒果、酪梨、香蕉、西瓜	葡萄、櫻桃、葡萄柚、檸檬、柑桔、柳丁、鳳梨、草莓、橄欖、荔枝、藍莓、無花果、枇杷、香瓜

　　更性(climacteric)與非更性(non-climacteric)水果的分辨，是依水果在採收後的呼吸速率來定，若水果成熟前的呼吸速率與成熟後的呼吸速率是相差不大，則此水果被列為非更性水果；若成熟前的呼吸速率較慢而成熟後的呼吸速率則增加很多，則此水果被列為更性水果(climacteric fruits)（見圖 10-7）。當更性水果之呼吸速率通過最高點時，亦是老化現象的開始，接著產生過熟而腐敗。

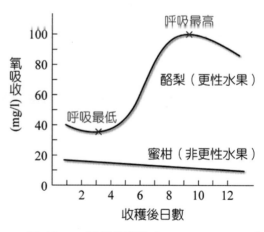

● 圖 10-7　更性周期(climacteric cycle)

更性水果在採收後不能存放很久，因為更性水果會因其呼出的乙稀氣體濃度，而使果實內的果膠物質產生分解變化（圖 10-8），所以更性水果採收後要很快的銷售出去。

果膠原 ──果膠分解酵素──→ 果膠質酸 ──果膠分解酵素──→ 果膠酸 ──果膠分解酵素──→ 半乳糖醛酸

未成熟 ─────────────→ 成熟 ─────────────→ 軟化

📣 圖 10-8　水果成熟過程中果膠物質的變化

採收後水果的儲存，常用改變氣體組成的方式，來減緩水果的呼吸速率，以延長水果的販售時間。一般是提高二氧化碳的濃度、降低氧氣的濃度，因為乙烯氣體是水果細胞合成果膠分解酵素的啟動因子，而高濃度的二氧化碳氣體則可抑制此機制。另外，也有以化學藥品吸收乙烯氣體或降低存放區的溫度，來減緩果膠分解酵素的作用速率而延長水果的儲存時間。

乙稀(acetylene)氣體為一種植物性荷爾蒙(plant hormone)，即使在 0.1μL/L 的低濃度下，乙烯亦可誘發多種生理反應，但不同水果對乙烯的反應不同，其中又以具更性變化的水果影響較顯著。乙稀對水果的影響包括：

（一）呼吸速率(respiration rate)

由於乙稀是促進更性水果加速成熟的物質，因此一般具更性的水果乃在其上市前便採收，同時抑制果膠分解酵素作用，並將其所產生的乙烯吸收，待要銷售時再以乙烯處理，此種以乙烯處理的方法稱為完熟(ripening)。

（二）顏色(color)

當植物組織暴露於乙烯時，則綠色部分開始或加速消失，此葉綠素的破壞可能是因葉綠素酶活性的增加而造成。此外，乙烯也可能加速玉米黃質、花青素等色素的合成。

（三）硬度(hardness)

經乙烯處理後，許多水果的硬度會降低，例如：杏以 100ppm 的乙稀處理後，其組織會較柔軟。

（四）維生素(vitamin)

乙烯會影響番茄中維生素 C 之含量，但對 β-胡蘿蔔素則無影響。番茄以 8,000ppm 的乙烯處理 24 小時後，其維生素 C 含量可增加 16%。

（五）影響其他化學組成之變化(others)

乙烯通常對核果、甜瓜、蘋果等之可溶性固形物及可滴定酸度無影響，但乙烯可能造成水果中某一種酸增加，而另一種酸減少，使最後的可滴定酸不改變。另外，乙烯可增加香瓜中揮發酯類的含量，使其接受性增加。

呼吸作用(respiration)旺盛之水果會影響其蒸散作用(evapotranspiration)。水果之蒸散作用受溫度之影響可分為三類：

1. 隨溫度下降，蒸散作用亦急速降低者：如蘋果、蜜柑、歐洲種的葡萄等。

2. 隨溫度下降，蒸散作用亦趨降低者：如枇杷、李子、無花果等。

3. 無論任何溫度下，蒸散作用亦均劇烈進行者：如楊桃、美國種的葡萄等。

二、水果之貯存與運送(storage and transportation of fruits)

水果貯藏之目的乃在延長其生命與品質，如此可以調節產品之供需與穩定商品之價格。貯藏應考慮之因素有下列幾點；

（一）產品之種類與品種(types and varieties of fruits)

有些水果可能無法利用貯藏方式以延長其生命，即使同一種類之水果，由於品種不相同，其生理特性也可能不一致，此會影響其是否適合貯藏之特性，所以並非所有產品均可利用相同的貯藏方式，來延長其生命與品質，故要熟稔水果之特性。

（二）成本(commercial cost)

一般而言，正常新鮮之水果均可以最適當的方法來達成最佳之貯藏效果，但在商業上則必須考慮成本問題，因產品貯藏後，若貯藏成本高於其售價，則必失去其經濟價值而無貯藏意義。因此，適當的貯藏方法是達成最佳販賣效益是必須考量的因素。

（三）適當的採收與集運(proper harvesting and transportation for fruits)

水果從田間採收，貯藏到及集運，應以適合貯藏技術與運輸方式，盡量保持原料良好之品質避免產品受到損傷，使水果保持其原有的新鮮品質和經濟價值。

（四）溫度的控制(temperature control)

低溫可以抑制水果之呼吸作用與水分之蒸散作用，減少產品失重之發生，低溫也可抑制微生物與害蟲之滋長。

一般家庭儲存水果時間越短越好，由於水果採收後多半是放在低溫環境下貯藏，然而有些水果會發生品質不佳的現象，例如：香蕉或甘薯置於 10℃以下儲存，會有果皮變黑的情形發生，此現象稱為冷傷(chilling injury)。一般熱帶及亞熱帶蔬果在低於 10~15℃的溫度儲存，其代謝系統易受破壞，因而造成水果之生理障礙。當水果受到冷傷時，常見之症狀有：

1. 表皮凹陷：這是因表皮下的組織崩潰造成，常會伴隨有變色現象。

2. 組織褐變，產生斑點：這是因多酚氧化酶與細胞受傷後流出的酚類物質作用的結果。

3. 發生脫水現象加重凹陷的程度，比因高溫而造成的腐敗速度更快。

4. 未成熟便採收的果實受到冷傷後，無法達到正常完熟，如：柑桔不易轉黃，葡萄柚、芒果等外皮變得厚而硬。

5. 中心蕊發生軟腐或黑變，而外表近乎正常。

因此在儲存和運輸期間，若貯藏溫度與時間超過預期時，常造成經濟上的損失。

（五）相對濕度的控制(control of relative humidity)

不同水果在採收後於其最適的相對濕度與溫度下貯藏與運輸，可防止其水分之散失，避免產品過度失重與外表嚴重之皺縮。表 10-6 為水果的適當貯藏條件。

↘ 表 10-6　貯藏水果的適當條件

水果類別	貯藏溫度(℃)	相對濕度(%)	貯藏期限
蘋果(apple)	−1~4	90	3~8 月
杏(apricot)	0	90	1~2 星期
酪梨(avocado)	4~13	85~90	2~4 星期
漿果(juicy fruit)	−5~0	95	3 天
甜瓜(sweet melon)	2~4	90~95	5~15 天
小紅莓 (small red raspberry)	0	90~95	2~4 天
無花果(fig)	0	50~60	9~12 月
醋栗(goose berry)	−1~0	90~95	2~4 星期
葡萄柚(grapefruit)	10~16	85~90	4~6 星期
番石榴(guava)	7~10	90	2~3 星期
檸檬(lemon)	0~10	85~90	1~6 月
萊姆果(lime)	9~10	85~90	6~8 星期
芒果(mango)	13	85~90	2~3 星期
油桃(nectarine)	−5~0	85~90	2~4 星期
橄欖(olive)	7~10	85~90	4~6 星期
香吉士(sunkist)	0~9	85~90	3~12 星期
萬壽果(long life fruit)	7	85~90	1~3 星期
桃子(peach)	−5~0	90	2~4 星期
西洋梨(bartlett)	−1.6~−0.5	90~95	2~7 月
柿子(persimmon)	−1	90	3~4 月
鳳梨(pineapple)	7	85~90	2~4 星期
梅子(plum)	−1~0	90~95	2~4 星期
石榴(pomegranate)	0	95	2~4 星期
草莓(strawberry)	−5~0	90~95	5~7 天
橘子(orange)	0~3	85~90	2~4 星期

（六）貯藏環境空氣之管理(management of storage ambient air)

良好之空氣循環管理可使水果之溫度均一，也可減少貯藏環境中乙烯的累積，以降低乙烯對貯藏產品之影響。

（七）大氣成分之控制(Controlled Atmosphere storage, CA storage)

貯藏環境中之氧氣、二氧化碳、乙烯等成分與貯藏時間均會影響貯藏水果之生理特性。人工大氣貯藏(controlled atmosphere storage, CA storage)是將水果貯藏於一密閉環境中，其主要氣體成分如氧、二氧化碳及氮之濃度受到精密的控制。一般為低氧、高二氧化碳，可減低水果之呼吸率，延長產品之壽命。

若是剛開始控制其大氣成分後，即進行貯藏，而後未再繼續控制大氣成分，或由於水果本身之呼吸作用形成另一大氣環境，而有助水果之貯藏效果者稱為調氣貯藏(Modified Atmosphere storage, MA storage)。

（八）低壓或減壓貯藏法(low pressure or reduce pressure methods)

低壓或減壓貯藏法(hypobaric storage)是一種新的貯藏技術，此種技術可以延長水果、蔬菜、鮮花、肉類、魚類的貯藏期限，且已具相當的成效，而此保存方法的條件也因水果品種之不同而有所差異，例如：一些水果利用低壓，使乙稀氣體很快自組織中擴散移去，而達到延長貯藏期限之目的。

（九）外皮加蠟保鮮法(wax fresh-keeping method for skin)

另外，若在水果外皮添加一層蠟，不僅可使外觀漂亮且可防止水分逸失，以延長保存時間。由於蘋果有極佳的外皮保護，故塗覆一層蠟後，可長期儲存。1922 年，美國的柑桔類曾使用蠟來增進其外觀之亮麗，曾表面塗蠟之水果包括：蘋果、酪梨、甜椒、柑桔、小黃瓜、茄子、香瓜、桃、棗、石榴、蕪菁等，所用蠟多為蜂蠟及其他可食性蠟，如以一加侖的巴西棕櫚蠟(carnauba wax)來處理五噸的蘋果。

（十）延遲完熟法(after-ripening)又稱追熟法

更性水果如：香蕉、蘋果、梨子等，可在未熟時採收，如此可儲存較久，以利船運至他國銷售，但香蕉在運輸過程中，會產生自發性乙烯，產生完熟作用，待運至目的地時，香蕉已過熟，失去商品價值。目前，已發展出用浸泡過錳酸鉀的濾紙與生香蕉一起包裝，用來吸收乙烯，延遲香蕉的完熟作用。

三、水果之製備原則(preparation principles of fruit processing)

為維持新鮮水果色、香、味一定的品質,其製備包含三大原則:

(一)防止維生素之損失(prevention of vitamin loss),尤其是維生素 C

由於大多數水果的 pH 值都偏向酸性,極易造成維生素 C 迅速被破壞,而浸在水中亦會流失。因此,水果在食用前才削皮或切開,同時切開面可塗一層酸溶液或酸性水果汁,如:檸檬汁、鳳梨汁等,便可保存較多的維生素 C。

(二)避免香氣成分的逸失及分解(prevention of aroma loss and decomposition)

水果中天然的香氣是其吸引人的重點之一,製備時應慎防香氣成分逸失與分解,有些水果如檸檬之表皮含有精油,加入烹調或烘焙時,可增添食物香氣,此亦為水果的貢獻之一。

(三)預防天然色素之變化或褐變(prevention of color change or browning)

單寧酸普遍存在於水果之果實中,當水果去皮或切開後,單寧酸與空氣中的氧接觸容易被氧化成暗褐色。易變色之新鮮水果如:櫻桃、蘋果、杏、梨等,可於去皮後浸入糖水或鹽水中,避免與空氣接觸,降低氧化酵素作用,有助於保持水果之色香味和維生素含量。

 第六節 近年來有關水果的議題

一、農藥殘留問題(pesticide residue)

近年來,使用農藥以增加農作物的產量,但也造成農藥物質的殘留。水果上殘留的農藥有組織外及組織內兩種系統,組織外的農藥存在表皮上,而組織內的農藥滲入組織內。組織外的農藥因存在表皮,容易受光、空氣及水的作用而消褪;組織內的農藥因滲入水果組織內部,所以光、空氣及水對它們的作用都很小,只有靠水果內部的酵素及酸鹼作用來幫忙消褪。去除水果農藥的方法有:

（一）清洗(clean)

若屬於表皮殘留的農藥，可利用清洗的方式，將表皮殘留的農藥去除，如：用鹽水液體清洗，因為農藥對鹽水的溶解度相對地比清水高。

（二）去皮(peel)

表皮殘留的農藥，可利用去皮的方式將農藥去除。

（三）貯存(storage)

殘留在組織內的農藥，可利用貯存時被水果內部的酵素及酸鹼作用消褪。

（四）在安全期間內採收(harvest at appropriate time)

農藥有自然消褪的特性，所以法規上規定，水果在栽種生長中最後一次施用農藥後，應經過一段時間才可採收，所以果農應注意水果的採收期、最後一次施用農藥的時間，以及農藥消褪至安全容許量所需的時間，因此殘留性強的農藥，禁止在最後使用，也因此不同作物有不同的施用農藥種類。

從生產者至消費者一起重視水果農藥的去除，使民眾能安心的食用新鮮水果。

二、基因食品(genetic modified foods)

基因食品是將一段跨越物種的外來基因轉殖到動物或植物細胞內，藉由此段外來基因的表現(expression)而達到改變生物的性狀，如轉殖基因大豆可有效避開蟲害，用於飲食方面的農作物即是屬於基因食品。

基因食品通常又被稱為基因改良食品(Genetical Modification Food, GMF)，而此農作物則被稱 GMO (Genetical Modification Organism)。基因食品依其目的不同而有不同的發展，如：增加產量、控制產期、營養加強、開發新品種以因應市場消費者要求、食品加工上的需要而開發以及生產具有醫藥保健療效的食品。

目前已在市場上販售的基因食品有：黃豆、花生、玉米、油菜籽、馬鈴薯、棉花、番茄、小甜椒、酵素及葵花子等，而在數年後可能上市販售的基因水果有：High Sweetness Tomato (Calgene, LLC)、Virus Resistance Tomato (Calgene, LLC)、Ripening Controlled Cherry Tomato (DNAP Holding Corporation)、Fresh Market Tomato (Zeneca

Plant Sciences)、Ripening-Controlled Bananas and Pine-apple (DNAP Holding Corporation)、Strawberry DNAP Holding Corporation (Banana Zeneca Plant Sciences)。

第七節　結　論

　　由於多年來水果之育種、栽培及企業化管理等技術之突飛猛進，使臺灣土產及外來栽種生產之水果的質與量均顯著地提高。水果的消費形式除了生鮮外，亦提供各式水果加工產品，如：果汁、果醬、果凍、水果酒、糖漬品、乾製品及醃製品等豐盛的食品。

　　水果不但提供豐富的維生素 B 群及 C、無機質組成的鹼性食物，亦為膳食纖維主要的來源。再者，多樣化的水果提供了良好的食味、光鮮的色澤以及不同香氣的優良嗜好性。往後冀望藉由生物技術的開拓，發展出更具健康機能性的水果產品。

習 題

EXERCISE

一、是非題

（　）1. 番茄與柑橘會產生褐變現象。

（　）2. 香蕉與鳳梨不是漿果類。

（　）3. 水果含有水分約 45~50%。

（　）4. 水果除含多量維生素 C 外，維生素 B_1、B_2 含量亦高。

（　）5. 水果的熟成是由於葉綠素的作用。

答案：1.✕；2.○；3.✕；4.✕；5.✕

二、選擇題

（　）1. 香蕉發生寒害(chilling injury)之臨界溫度為　(A)5℃　(B)15℃　(C)10℃　(D)14℃。

（　）2. 更年性水果(climacteric fruit)的特性是水果採收後，呼吸速率會呈現　(A)不規律變動　(B)維持不變　(C)急速上升　(D)急速下降。

（　）3. 水果外皮之美麗色彩，主要是由下列何者所形成？　(A)花青素　(B)花紅素　(C)花黃素　(D)葉紅素。

（　）4. 下列水果何者所含的有機酸以酒石酸為主？　(A)鳳梨　(B)蘋果　(C)葡萄　(D)檸檬。

（　）5. 臺灣柑桔之種類有：（甲）桶柑；（乙）溫州密柑；（丙）椪柑；（丁）柳橙，以上品種何者適合作罐頭加工原料？　(A)甲及乙　(B)甲及丁　(C)丙及丁　(D)乙及丁。

答案：1.(C)；2.(C)；3.(A)；4.(C)；5.(B)

三、問答題

1. 欲增加水果之貯藏期限，可應用哪些方法？

2. 請說明更年性(climacteric)與非更年性(non-climacteric)水果。

3. 何謂果膠？並舉出 5 種「果膠能賦予食品的功能性」。

4. 果凍的形成與哪些物質的交互作用有關？

5. 測定果實、果汁之糖酸比(sugar-acid ratio)之目的為何？

6. 列舉五種不同常見水果的香味主要的成分比較。

參考文獻　　　　　　　　　　　　　　　　　REFERENCES

1. 主瑤芬（民 92）。**食物烹調原理與應用**。臺北市：偉華書局。

2. 王炳（民 76）。**水果的處理、運輸與貯藏**。臺北市：徐氏基金會。

3. 行政院衛生福利部（民 79）。**食品衛生講義 8.(一)**(pp.204-118)。臺北市：食品衛生署印行。

4. 行政院衛生福利部（民 79）。**食品衛生法規彙編**(pp.13-25-1－13-25-13)。臺北市：行政院衛生福利部。

5. 汪復進、李上發（民 100）。**食品加工學（上）**(pp.77-89)。新北市：新文京。

6. 林初麒（民 89）。惹人爭議的基因改造食品。**消費者報導，235**，27-29。

7. 施明智（民 89）。**食物學原理**(pp.89-146)。臺北市：藝軒。

8. 陳自珍（民 65）。**蔬菜與水果商品之製造**。臺南市：復文。

9. 張承晉（民 89）。基因食品會給我們帶來災難嗎？**鄉間小路，11**，10-15。

10. 黃生、史金壽（民 89）。**彩色圖解生物學辭典**(pp15-29)。臺北市：合記。

11. 賴滋漢、賴業超（民 83）。**食品科技辭典**。臺中市：富林。

12. 謝江漢、鍾克修（民 81）。**園產處理與加工**。臺北市：地景。

13. Beattie, B., & Wade, N. (1996). Storage, Ripening and Handling of Fruit. In D. Arthey, & P. R. Ashurst(Eds.). *Fruit Processing*. London: Chapman & Hall.

14. Multon, J. L. (1996). *Quality Control for Foods and Agricultural Products*. New York: VCH Publishers, Inc.

CHAPTER
11

咖啡及茶

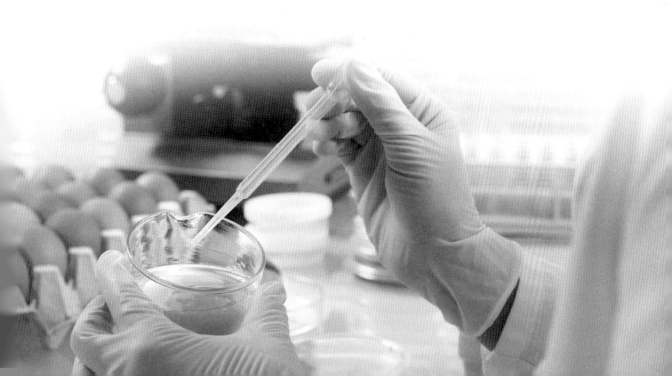

第一節　飲料概論

飲料的歷史伴隨人類的歷史發展，帶給人類無限的生活享受及樂趣。國際上的飲料種類繁多，分為酒精性飲料(alcoholic drink)和非酒精性飲料(non-alcoholic drink)。酒精性飲料依製造方法分類有釀造酒、蒸餾酒及再製酒；如依飲料的功能可分類為餐前酒、佐餐酒、飯後酒或做為雞尾酒的基酒等。非酒精性飲料為不含酒精的飲料，種類繁多，大致可分為果汁類飲料、碳酸飲料、含咖啡因飲料、乳製品飲料、運動飲料及礦泉水。

第二節　咖　啡

一、咖啡的傳說

話說咖啡這植物的起源可追溯至百萬年以前，事實上它被發現的真正年代已不可考，僅相傳咖啡是衣索比亞高地一位名叫柯迪(Kaldi)的牧羊人，當他發覺他的羊兒在無意中吃了一種植物的果實後，變得神采非常活潑充滿活力，從此發現了咖啡。

所有的歷史學家似乎都同意咖啡的誕生地為衣索比亞的咖發(Kaffa)地區。但最早有計畫栽培及食用咖啡的民族則是阿拉伯人，且咖啡這個名稱被認為源自於阿拉伯語「Qahwah」一意即植物飲料。最早期阿拉伯人食用咖啡的方式，是將整顆果實(coffee cherry)咀嚼，以吸取其汁液。其後他們將磨碎的咖啡豆與動物的脂肪混合，來當成長途旅行的體力補充劑，一直到約西元1000年，綠色的咖啡豆才被拿來在滾水中煮沸成為芳香的飲料。

又過了三個世紀，阿拉伯人開始烘焙及研磨咖啡豆，由於可蘭經中嚴禁喝酒，使得阿拉伯人消費大量的咖啡，因而宗教其實也是促使咖啡在阿拉伯世界廣泛流行的一個很大的因素。16世紀，咖啡以「阿拉伯酒」的名義，經由威尼斯及馬賽港逐漸的傳入歐洲。歐洲人喝咖啡的風氣，是17世紀由義大利的威尼斯商人在各地經商中漸次傳開，在威尼斯出現了歐洲第一家的咖啡店－波的葛(Bottega del Caffee)。

四百年來，咖啡的飲用習慣不僅由西方傳至東方，甚至儼然成為銳不可當的流行風潮。

💬 圖 11-1　人工採收咖啡果實

二、咖啡的種類

目前最重要的咖啡豆，主要來自兩個品種，即 Coffee Arabica 及 Coffee Canephore。前者即所謂的阿拉比卡(Arabica)種咖啡豆。後者又稱為「羅巴斯達」(Robusta)種咖啡豆。這兩種咖啡豆之植株、栽培方式、環境條件、形狀、化學成分，甚至後續生豆的加工方式皆有所不同。一般說來，品質較好、較昂貴的咖啡豆，皆來自阿拉比卡(Arabica)種的咖啡豆。

（一）阿拉比卡(Coffee Arabica)

占世界產量的四分之三，品質優良，由於咖啡樹本身對熱度及濕度非常敏感，故其生長條件為至少高於海平面 900 公尺的高地氣候，高度越高，咖啡豆烘焙出來的品質越好。此品種咖啡因含量較低(1.1~1.7%)。咖啡豆的顏色呈綠到淡綠，形狀橢圓，溝紋彎曲。

（二）羅巴斯達(Coffee Robusta)

約占世界產量的 20~30%。對熱帶氣候有極強的抵抗力，容易栽培。在海平面高度 200~300 公尺的地方長得特別好。但特有之抵抗力亦使得其濃度較高，口味較苦澀。其咖啡因含量較高(2~4%)。咖啡豆的外型較圓，顏色為褐色，直溝紋。

三、咖啡的主要產國及特性

（一）巴西(Brazil)

咖啡的生產量占世界總量的 1/3，在整個咖啡交易的市場上雖然占著極重要的地位，但由於巴西咖啡工業一開始即採價格策略－即低價、大量栽植，故所生產的咖啡品質平均但較少極優的等級，一般被認為是混合調配時不可缺少的咖啡豆。巴西咖啡的眾多品種中以 Santos 較著名，其次是 Rio.Santos Coffee：主要產於聖保羅「Sao Paulo」州，品種為 Coffee Arabica 的 Bourbon，故亦被稱為 Bourbon。Santos.Bourbon Santos 的口味圓潤，中濃度，帶著適度的酸，口味高雅而特殊。

（二）哥倫比亞(Columbia)

哥倫比亞為世界第二大生產國，生產量占世界總產量的 12%，雖然產量排名低於巴西，但其咖啡豆品質優良。咖啡樹栽植於高地，小面積耕作。小心注意的採收，且經濕式的加工處理，所生產的咖啡質美、香味豐富而獨特，無論是單飲或混合都非常適宜。主要的品種－Supremo：哥倫比亞等級最高的咖啡，香味豐富而獨特，具有酸中帶甘，苦為中平之良質風味。MAM－即 Medellin-Armenia-Manizale，為哥倫比亞中部中央山脈所產的三個主要品種。Medellin 咖啡濃郁，口感豐富，細緻而帶著調合的酸味。Armenia & Manizale 咖啡的濃度和酸度則較低。這三個品種在咖啡市場上被稱為 MAM.Bogota & Bucaramanga：產於東部山區環繞哥倫比亞的首都－波哥大。Bogota 咖啡被視為是哥倫比亞所產最好的咖啡之一，酸味略低於曼特寧「Medellin」，但在濃度和口感上卻一樣的豐富。Bucaramanga 咖啡則帶有一些優質蘇門答臘「Sumatran」咖啡的特性－濃郁、酸度低、口感豐富而多變。

（三）牙買加(Jamaica)

為聞名於世之「藍山咖啡」的出產地。牙買加所生產的咖啡品質兩極化，低地所長的咖啡品質非常普通，僅用來製作或混合廉價咖啡，但高地所生產的咖啡則被視為世界上最高級的品種，主要為－Jamaica Blue Mountain & Jamaica High Moutain。Jamaica Blue Mountain 牙買加藍山：被視為是世界上最有名、最昂貴和最具爭議性的咖啡。生長於海拔 3,000 呎以上的藍山區而得名。具有咖啡的所有特質，口味芳醇豐富、濃郁、適度而完美的酸味，三味（甘、酸、苦）優卓調合，為咖啡中的極品。一般都單品飲用。但由於產量極少價錢昂貴，故市面上很少見到真正的藍山，多是味道即接近之綜合藍山。Jamaica High Mountain：指生長高度低於藍山的咖啡，品質及味道都及不上藍山。

牙買加的國寶，藍山咖啡在各方面都堪稱完美無瑕，就像葡萄酒一樣，現在有許多的酒莊是被日本人買下來。日本人近年來買下了大部分牙買加咖啡，因此在市場上已經很難買到，據說，英國就已經有四年買不到了，東方人的消費能力實在令人咋舌。

（四）瓜地馬拉(Guatemala)

在瓜地馬拉中央高地區生長著一些世界上最好、口味最獨特的咖啡。其酸度較強，濃度中等、口感豐富、味道芳醇而稍帶炭燒味。主要的品種有 Antigua、Coban、Huebuetenango。Guatemala antigua：豐富而複雜的口味，帶著一些可可香，被認為是瓜地馬拉品質最好的咖啡。

（五）夏威夷(Hawaii)

在靠夏威夷西南海岸的康那「Kona」島上出產一種最有名且最傳統的夏威夷咖啡－「夏威夷 Hawaiian Kona」。這種咖啡豆僅生長在康那島上，也是唯一生產於美國的咖啡。康那海岸的火山岩土質孕育出此香濃、甘醇的咖啡。上品的「康那 Kona」在其適度的酸中帶著些微的葡萄酒香，具有非常豐富的口感和令人無法抗拒的香味。如果您在品嚐咖啡前喜歡先享受咖啡那撩人的香氣，或是覺得印尼咖啡太濃、非洲咖啡酒味太重、中南美洲的咖啡又過於強烈，則康那將會是您最佳選擇。其最高等級為「Extra Fancy」，其次是「Fancy」、「Prime」和第一級「Number one grade」。由

於生產的成本過高，在加上特色咖啡(specialty coffee)在美國蔚為風潮，數以百計的特色咖啡業烘焙商對「康那 Kona」咖啡豆的大量需求，使得「夏威夷康那 Hawaiian Kona」在市場上的價值直追「牙買加藍山 Jamaica Blue Mountain」。上好的「康那 Kona」咖啡豆也越來越難買得到。

（六）墨西哥

墨西哥是中美洲主要的咖啡生產國，這裡的咖啡口感舒適，迷人的芳香，上選的墨西哥咖啡有科特佩(Coatepec)，華圖司科(Huatusco)，歐瑞扎巴(Orizaba)，其中科特佩被認為是世上最好的咖啡之一。

（七）印尼

說到印尼的咖啡，一定不能漏了蘇門答臘的高級曼特寧，它獨特的香濃口感，微酸性的口味，品質可說是世界第一。在爪哇生產的阿拉伯克咖啡，是歐洲人的最愛，那苦中帶甘，甘中又有酸的餘香，久久不散。

（八）哥斯大黎加

哥斯大黎加的高緯度地方所生產的咖啡豆是世上赫赫有名的，濃郁，味道溫和，但極酸，這裡的咖啡豆都經過細心的處理，正因如此，才有高品質的咖啡。著名的咖啡是中部高原(central plateau)所出產的，這裡的土壤都是包括連續好幾層的火山灰和火山塵。

（九）安哥拉

這是全世界第四大咖啡工業國，但只出產少量的阿拉伯克咖啡，品質之高自不在話下，可惜的是，因其政治的動盪而導致每年的產量極不穩定。

（十）衣索比亞

阿拉伯克咖啡的故鄉，生長在高緯度的地方，須要很多人工細心的照顧。這裡有著名的衣索比亞摩卡，它有著與葡萄酒相似的酸味，香濃，且產量頗豐富。可惜的是，有些農民還不懂得摘果的好處，任其掉落後再從地上拾起，不過近年來由於市場不斷的擴大，咖啡業者致力改良採收與處理的方法，希望能將產量提高。

（十一）肯亞

肯亞種植的是高品質的阿拉伯克咖啡豆，咖啡豆幾乎吸收了整個咖啡櫻桃的精華，有著微酸、濃稠的香味，很受歐洲人的喜愛，尤其在美國，肯亞咖啡更超越了哥斯大黎加的咖啡，成為最受歡迎的咖啡之一。

（十二）葉門

葉門的摩卡咖啡曾經風靡一時，在世界各地刮起一陣摩卡旋風，只可惜好景不常，在政治的動盪及沒有規劃的種植之下，摩卡的產量十分的不穩定。話雖如此，摩卡仍是用來搭配其他咖啡豆或綜合咖啡豆的靈魂人物。

（十三）祕魯

後起之秀的祕魯咖啡正逐漸的打開其知名度，進軍世界。它多種植在高海拔的地區，有規劃的種植使得產量大大的提升，口感香醇，酸度恰如其分，有越來越多的人喜歡上它。

（十四）瓜地馬拉

瓜地馬拉的中央地區種植著世界知名風味絕佳的好咖啡，這裡的咖啡豆多帶有炭燒味，可可香，唯其酸度稍強。

咖啡的產地廣布於南美、中美、西印度群島、亞洲、非洲、阿拉伯、南太平洋及大洋洲等地區。而在產量方面，占全世界產量第一位的是巴西（約 30%）、第二位的是以哥倫比亞（約 10%）為中心的中南美占了六成，其次是非洲、阿拉伯約占三成，其餘的 10%則分布於亞洲各國及各多數島嶼。

四、咖啡的採收及生產過程

在不同國家及不同地區的採收時間都不相同。採收過程需要大量的人力，特別是高質量特選的咖啡，只能採摘完全成熟的紅色咖啡櫻桃。因為所有的咖啡櫻桃不是在同一時間成熟，所以需要多次回到同一棵樹去採摘。咖啡豆來自一種成熟的種子叫做咖啡櫻桃(cherries)，名字的由來是因為它鮮紅的顏色。一般而言，咖啡豆加工可分兩種方式（圖 11-2）：水洗式(wet method)、乾燥式(dry or unwashed method)。

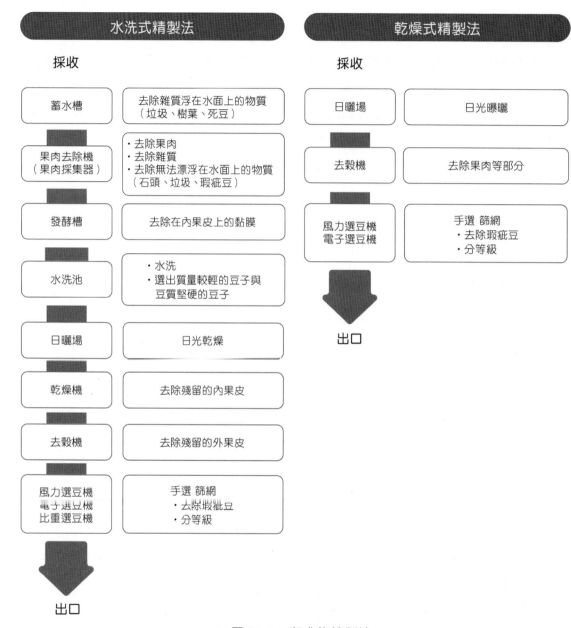

水洗式精製法		乾燥式精製法	
採收		採收	
蓄水槽	去除雜質浮在水面上的物質（垃圾、樹葉、死豆）	日曬場	日光曝曬
果肉去除機（果肉採集器）	・去除果肉 ・去除雜質 ・去除無法漂浮在水面上的物質（石頭、垃圾、瑕疵豆）	去穀機	去除果肉等部分
發酵槽	去除在內果皮上的黏膜	風力選豆機 電子選豆機	手選 篩網 ・去除瑕疵豆 ・分等級
水洗池	・水洗 ・選出質量較輕的豆子與豆質堅硬的豆子	出口	
日曬場	日光乾燥		
乾燥機	去除殘留的內果皮		
去穀機	去除殘留的外果皮		
風力選豆機 電子選豆機 比重選豆機	手選 篩網 ・去除瑕疵豆 ・分等級		
出口			

💬 圖 11-2 咖啡的精製法

（一）水洗式(wet method)

先將咖啡櫻桃外層的果肉除去，然後浸泡在一個很大的盛滿水的水泥槽內，經過醱酵處理之後，水洗式咖啡會有一種特有的鮮明清澈的風味。醱酵過後的咖啡豆再以清水洗過，然後排除水分再放在陽光下曬乾或是用機器乾燥之。最後用脫殼機將果肉皮和銀皮除去，即可進行篩選並分成不同等級的生咖啡豆。

（二）乾燥式(dry method)

處理方式是將咖啡櫻桃廣布在曝曬場上兩個星期，每天用耙掃過幾次，咖啡豆可以乾的比較均勻。當曬乾之後，咖啡豆會與外皮分開，以脫殼機將乾掉了的果肉，肉果皮去除，然後經過篩選並分成不同的等級。

水洗式或乾燥式都能生產出最優質的咖啡。水洗咖啡一般來說會有比較鮮明的酸度和一致的風味；乾燥式咖啡的酸度則比較低，風味也比較多變化。哥倫比亞、肯亞、哥斯達黎加、瓜地馬拉、墨西哥和夏威夷等地都用水洗式的方法。國家包括巴西、衣索比亞和印尼生產的咖啡大部分都是用乾燥式處理法，但是也有生產一些水洗式的咖啡。咖啡的篩選和等級是根據豆的顆粒大小和濃度來決定的，另外也取決於一磅豆內有多少的缺點豆（成熟豆下面碎掉的豆等等）。就像是最好的葡萄酒，專業咖啡在生產過程中謹慎細心處理和選擇可以從品質上看得出來，因為產品上會有獨特的表徵，它代表著產地，氣候和種植者。

五、咖啡的烘焙及烘焙程度

剛開始接觸專業咖啡(specialty coffee)的最大困擾是烘焙程度的名字。例如，city、full、french、espresso 等都是因為所用的烘焙機和出產地區的不同而產生不同烘焙程度的顏色。此外，有些烘焙程度是以綜合咖啡命名：例如 espresso 就是一種綜合咖啡，特定於烘焙製造 espresso 用的。即使顏色看起來一樣，咖啡可能會有完全不同的風味。所選擇豆的種類，烘焙熱度及烘焙方式，烘焙時間的長短都是決定最後風味的主要因素。烘焙過程中會產生一連串複雜的化學變化。

經過大約 15 分鐘的烘焙，綠色的咖啡失去濕度，轉變成黃色，然後爆裂開來，就像玉米花一樣。經過此一過程，豆會增大一倍，開始呈現出輕炒後的深褐色。這一階段完成之後（大約經過 8 分鐘的烘焙），熱量會轉小，咖啡的顏色很快轉成深色。當達到了預設的烘焙度數，有兩種方式可以用來停止烘焙，可用冷空氣或於冷空氣後噴水兩種方式來達到急速冷卻的目的。

烘焙主要分成四大類：淺(light)、中(medium)、深(dark)，和特深(very dark)。淺炒的咖啡豆（淺褐色）會有很濃的氣味，很高的酸度是主要的風味和輕微醇度。中炒的咖啡豆（淺棕色）有很濃的醇度，同時還保有大部分的酸度。深炒的咖啡豆（深棕色表面上帶有一點油脂的痕跡）酸度被輕微的焦苦味所代替，而產生一種辛

辣的味道。特深炒的咖啡豆（深棕色甚至黑色表面上有油脂的痕跡）含有一種碳灰的苦味，醇度明顯的降低。

其實烘焙咖啡是一種食品的加工。像是烹調，或是製造好酒，專業咖啡的烘焙是師傅個人的表現方法。

六、咖啡豆的保存

想喝一杯香濃美味的咖啡並不難。但必須知道如何選購及保存咖啡。不當的保存方法，會影響咖啡的品質和風味。

（一）影響咖啡豆的三大要素

溫度、濕度、日光。

（二）咖啡之最佳品嚐期

咖啡豆為四週，咖啡粉為一週。

（三）咖啡豆在真空包裝狀態下之保存期限

真空罐約 24~28 個月。柔性膠膜之真空包裝為 12 個月，欲使咖啡之物理和化學變化減至最小，包裝是一門非常重要的學問。由於接觸空氣面較小，咖啡豆比研磨後之咖啡粉在品質及風味的保存上較易持久，故為維持咖啡香味，可盡量在要沖煮咖啡時再開始研磨。已研磨好的咖啡粉如果無密閉容器時，則可存放在冰箱的冷凍（零下溫度）儲存箱內。

七、世上主要咖啡飲用習慣

全世界的咖啡飲用者可根據其飲用習慣和喜好而歸類為以下幾個重要的傳統：

（一）中東

中東地區的人們執著於基本的飲用方式，他們將咖啡豆深度烘焙至接近暗黑（dark roast），通常研磨成極細的粉末，然後煮沸幾次再加入糖即成為一小杯極濃、苦中帶甜、且有沉澱的咖啡。人們以考究而有禮的態度從容不迫的輕啜著這一小杯咖啡。

（二）南歐及拉丁美洲

南歐人及拉丁美洲市區的人們習慣在早上和下午或晚上各喝一杯咖啡。他們偏好深度烘焙、半苦半甜且帶著焦味的咖啡。最好是以 espresso 機器所沖煮出的咖啡，一小杯暗黑、濃郁、上層浮著油沫，放在碗或大杯子中，喝咖啡的人以雙手捧著碗或杯子，以咖啡的熱度來溫熱他們的手掌或用鼻孔來感覺咖啡香，如果可能的話，他們甚至希望能跳入碗或杯中洗澡，在下午或晚上時，南歐人則偏好如同中東人所使用的小杯子（大約早上所使用的碗的四分之一），黑色、濃郁且苦中帶甜的咖啡。

（三）北歐、歐洲大陸

對北歐及歐洲大陸的人來說，一杯完美的咖啡和中東人的偏好大不相同。首先，所沖煮出的咖啡沒有沉澱物；清淡而圓潤；咖啡豆烘焙成褐色而非黑色。沖煮的方式不出滴式（即 drip coffee）或機器式（即 espresso）義大利式咖啡或由 espresso 所變化出的各式花式咖啡－卡布奇諾、維也納咖啡、法式牛奶咖啡…等。

（四）北美及其他英語系國家

在英語系國家中，人們習慣在咖啡中加入牛奶和糖，但由於他們所喝的咖啡比較清淡，所加入的牛奶和糖常影響、淹蓋了咖啡的濃度和原味。喝咖啡的習慣於第二次大戰時開始風行於北美地區，為降低喝咖啡的成本和配合隨時的需求，美式咖啡通常整壺煮好後放在保溫盤上保溫以應隨時之需，且煮出的咖啡非常的淡。典型的北美咖啡的飲用者把咖啡當成日常的飲料，整天喝著辦公室咖啡壺中所倒出的咖啡，或者是在做家事時隨時端著咖啡，他們不僅僅在用餐後喝，同時在一天的開始和中間休息都少不了咖啡。

八、沖泡咖啡的要訣

由生豆至一杯香濃的義式濃縮咖啡(espresso)，這期間的每一步驟都非常重要，也影響到最終成品的品質。在你了解如何選擇最好又最適當的咖啡豆時，同時必須了解該使用何種煮法，以便成就一杯完美的咖啡。了解如何製作一杯完美的咖啡就如同畫家知道如何使用他的畫筆或是科學家了解如何應用科學方程式。當你有了這方面的專業知識後，便可以由簡單的 espresso 變化出各種花巧的咖啡飲料。在此提供您下列小祕訣：

1. 用最新鮮的咖啡豆，最好是在沖泡之前才研磨。

2. 要正確的使用研磨機。研磨得太細，泡出的咖啡會有苦味；太粗，泡出的咖啡會比較淡。

3. 用標準的咖啡量具。2 湯匙研磨咖啡配 168 克的水；用量可以根據個人的口味和經驗來調整。

4. 用新鮮的水。某些地區可能要用過濾的或瓶裝的水，避免用沒有過濾的水。

5. 水的溫度最好是剛好低於沸點之 93℃。滴漏式煮法最好是在 4~6 分鐘之內完成。其他好的沖泡方式有壓滲沖泡法和真空壺，都可以在 4 分鐘內完成沖泡。使用電動壺沖泡時間勿超過 6 分鐘的沖泡法，沖泡時間過久咖啡會產生苦味。

九、沖泡咖啡的製作方式

咖啡的沖泡方法一般歸類為下列幾種：

（一）伊芙利克沖泡法(Turkish coffee)

這是一種濃縮、高濃度、帶著一點香氣的咖啡。將銅製的咖啡壺加熱，在壺中放入適當分量，每杯一茶匙的用量且研磨很細的咖啡粉和糖後，以滾水沖泡約一分鐘等待沉澱後才飲用。

（二）過濾式(Filter coffee)

1.5 盎司的輕度烘焙，粗研磨的咖啡粉放入濾紙中，以滾水徐徐注入咖啡中央後及於周圍，再由周圍回到中央，滾水經由研磨的咖啡滴入壺中，每杯用水約 8~10 公克，滾水溫度為 100℃。

（三）摩卡(Moka)

為蒸餾式的一種。以摩卡(Moka)壺所沖煮出的咖啡帶著一種沉穩的濃度和香味。摩卡壺分為上下兩部分，水在壺的下半部被煮開至沸騰，水滾時藉由蒸氣的壓力，滾水上升經過裝有咖啡粉的過濾器而至壺的上半部。當咖啡開始流向壺的上半部時，須將火關小，因為溫度太高會使咖啡產生焦味而破壞了其原始風味。常見的日式塞風的煮法也是利用相同的原理。

（四）那不列塔那(Napoletana)

為過濾式咖啡的一種。將中度研磨的咖啡粉（5~6 公克／每杯）放入壺中的濾器，蓋上濾器的蓋子後放入煮水器中，待水沸騰後，將壺移開並倒轉，100℃的滾水滲過濾器內的咖啡粉滴入杯中。滾水與咖啡粉接觸的時間介於 2~4 分鐘之間。Napoletana 咖啡並不很濃稠，但口感十足且圓潤順口。

（五）Espresso 義式機器沖煮式

咖啡是一種極不穩定的液體，可能一下子便改變其特性。這便是義式濃縮咖啡機(espresso machine)被發明的原因之一。義式濃縮咖啡機可以連續抽取數杯咖啡，沖煮過程中的高壓能將咖啡豆中的油質和膠質乳化溶解，豆中的菁華精油壓力被完全萃取出來，使得煮出的咖啡濃度更濃，口味和香味更好。

（六）塞風(Siphon)

先將咖啡粉放入上面的漏斗中，再加水入壺，然後將漏斗嘴緊套進壺口，並將水煮沸，當沸水深入漏斗內時，邊攪泡約 40 秒至 1 分鐘，然後熄滅酒精燈。此時待咖啡下降回壺，便可取下漏斗倒出飲用。

十、咖啡飲料的種類

咖啡店供應的許多品種咖啡有各種各樣的添加調味劑，如巧克力、酒、薄荷、丁香、檸檬汁、奶油、奶精等，各民族的人喝咖啡的口味也不同。以下是一些常見的咖啡種類：

1. **黑咖啡(black coffee)**：又稱「清咖啡」，香港供稱「齋啡」，指直接用咖啡豆燒製的咖啡，不加奶等會影響咖啡原味的飲用方式。速溶咖啡是不屬於黑咖啡的範圍的。

2. **白咖啡(white coffee)**：在咖啡中加入牛奶。

3. **加味咖啡(flavored coffee)**：依據各地口味的不同，在咖啡中加入巧克力、糖漿、果汁、肉桂、肉豆蔻、橘子花等不同調料。

4. **研磨咖啡(espresso)**：或義式濃縮咖啡，以熱水藉由高壓沖過研磨成很細的咖啡粉末沖煮咖啡。

5. **卡布奇諾(cappuccino)**：蒸汽加壓煮出的濃縮咖啡加上攪出泡沫（或蒸氣打發）的牛奶，有時還依需求加上肉桂或香料或巧克力粉。通常咖啡、牛奶和牛奶沫的比例各占 1/3。另也可依需求加上兩份濃縮咖啡，稱為「double」。

6. **拿鐵咖啡(caffee latte)**：「caffee latte」為義大利文音譯；拿鐵咖啡又稱「歐蕾咖啡」(café au lait)法文音譯－咖啡加上大量的熱牛奶和糖。又稱「咖啡牛奶」－中文釋義，由一份濃縮咖啡加上兩份以上的熱牛奶。另也可依需求加上兩份濃縮咖啡，稱為(double)。

7. **焦糖瑪其朵(caramel macchiato)**：在香濃熱牛奶上加入濃縮咖啡、香草，最後淋上純正焦糖。

8. **摩卡咖啡(caffee mocha)**：咖啡中加入巧克力、牛奶和攪拌奶油，有時加入冰塊。

9. **美式咖啡(American coffee/Americano)**：濃縮咖啡加上大量熱水。比普通的濃縮咖啡柔和。

10. **愛爾蘭咖啡(Irish coffee)**：在咖啡中加入威士忌，頂部放上奶油。

11. **維也納咖啡(Viennese)**：由奧地利馬車夫愛因·舒伯特發明，在咖啡中加入巧克力糖漿、鮮奶油，並灑上糖製的七彩米。

12. **越南式咖啡(Vietnamese coffee)**：將咖啡粉盛在金屬特殊泡製渦濾器，倒入滾水，讓咖啡一滴一滴流到杯子裡；等咖啡滴完，隨每個人口味加糖或者加點煉奶攪拌好即可飲用，在越南有兩種飲法：冷飲和熱飲。熱飲的加啡，人們主要在冬天喝，泡製的時候將杯子放在另一個有熱水的小碗裡以保暖。冷飲咖啡則多在炎熱的夏季飲用，滴濾式咖啡泡製後再加上冰塊。

13. **鴛鴦(yuanyang)**：咖啡加奶茶，香港獨創。

十一、咖啡與健康

咖啡因對人體健康影響的研究結果許多科學家指出，到目前為止，科學研究並未找到確實證據證明適量地喝咖啡對人體健康有害，甚至連小害也沒有。對愛喝咖啡的人來說，如果咖啡因的最大壞處那就是它可能使人一杯接著一杯不停的喝它。吸收咖啡因之後，就會出現些微倦怠感或不能完全集中精神等現象。

許多研究指出，適量地喝咖啡，即每天喝 2~4 杯，對身體應無大礙。但也有些研究發現，婦女喝過量咖啡就會引致骨質流失。還有些研究結果顯示，血壓偏高的男人每天連續喝 2、3 杯咖啡之後，血壓顯著增高。咖啡因的化學名稱是三甲基黃嘌呤，存在於六十多種植物產品中。它的性質溫和，能刺激交感神經系統，從而產生提神和減除疲勞的效用。

咖啡因還有醫藥上的價值，能使通往心臟的動脈擴張，增加血液流量；它也能幫助頭部的動脈收縮，有助於抒解偏頭痛。哈伯－洛彬礫加州大學醫學中心的文森圖必奧醫生最近做過研究，提出一項結論；每天吸收四百毫克咖啡因可能有助於減輕枯草熱的症狀。

其實咖啡共含有五百多種化學物，咖啡因只是其中之一。據說咖啡可能有一些不良副作用，但至少有一種已經證實與咖啡因無關：血清膽固醇過高。研究人員說，引致血清膽固醇增加的不是咖啡因，而是咖啡豆油。不過這些油不難清除，只要煮咖啡時用張濾紙，就能把油濾去了。

不論咖啡是否含有咖啡因，要查明咖啡對健康的影響很不容易，因為喝咖啡的人生活習慣往往與喝其他飲料的人截然不同。詹姆士·米爾斯醫生是研究孕併發症的專家，曾在馬里蘭州貝賽斯達市美國國立兒童健康及人類發展研究所研究咖啡因。他指出，每天大量喝含咖啡因飲料的人多半是「工作過量、辛勞過度、體質欠佳的人」。多項研究都顯示，大量喝咖啡的人往往也都有吸菸的習慣，而吸菸已證明與許多嚴重疾病有關，並非因為飲用咖啡之故。以下是根據最新研究的結果，分析咖啡對健康的影響：

（一）心臟病

1980 年代一項研究的結果指出，長時間每天喝 5 杯或以上咖啡的男人，可能容易患心臟病。但最近的研究發現，女性每天喝咖啡 5 杯以下，患心臟病的危險不會提高，連已患了動脈梗塞或心律不齊的女人也是如此。每天喝 6 杯以上的婦女，心臟病突發的風險似乎也沒有增大。

美國國立衛生研究所贊助羅伯特·蘇坡科醫生主持的一項研究發現，喝不含咖啡因的咖啡有更大的可能引致血中的低密度脂蛋白膽固醇含量增加，以致損害血管。蘇醫生猜想這可能是因為咖啡生產商通常採用粗壯咖啡豆(robusta)，一種濃香的咖啡豆來製造無咖啡因飲料，以補充除去咖啡因時失去的香味。

（二）癌症

　　哈佛大學 1981 年發表研究報告指出，大量喝咖啡可能導致胰臟癌，這使愛喝咖啡者大感掃興。可是，其後至少有七項重要的研究都未能證實這一點，因此五年後，研究人員撤銷了這個結論。同樣聳人聽聞的是咖啡可能引致良性的纖維囊性乳房病或乳癌。咖啡因可能導致纖維囊性乳房病之說雖甚囂張，卻從沒有任何設計周全的研究能證實二者的關聯。

　　有好幾項研究，包括哈佛大學正在對 121,700 名護士做的一項長期研究，都未能證明喝咖啡與乳癌的關係。值得注意的是，接受研究的護士中，反而喝咖啡的比不喝咖啡的少患乳癌。波士頓大學的研究人員曾研究 5,138 名癌症患者，結果發現，大量喝咖啡似乎能降低得結腸癌或直腸癌的風險，資料顯示，每天至少喝 5 杯咖啡的人患結腸癌的機率較不喝咖啡的人低 40%。

　　最早被懷疑與咖啡有關的癌是膀胱癌。其實，抽菸已知道能引致結腸癌，顯然才是真兇。耶魯大學的研究人員分析了 35 項研究之後，1993 年得出結論：經常喝咖啡不是「臨床重要的」膀胱癌風險因素。兩種說法的支持者至今仍爭論不休。

（三）懷孕

　　1980 年，研究人員給一群懷孕老鼠每天餵以大量咖啡，結果牠們生下一群小鼠有些是缺了腳趾的。上述結果發表之後，美國食品與藥物管理局就忠告孕婦少喝咖啡，最好是完全不喝。兩年後，另一項曾調查一萬兩千名孕婦的研究指出，孕婦如果每天喝 4 杯或以上咖啡，有可能早產或產下體重不足的嬰兒。但是後來雖然發現吸菸才是主因，食品與藥物管理局仍然奉勸孕婦少喝咖啡為佳。

　　加拿大的一項研究也指出喝咖啡過多可能妨礙胎兒的發育，但未能證實會導致早產或嬰兒出生時體重不足。北卡羅來納大學 1995 年發表的研究也指出，研究人員無法證明咖啡因可能引致早產。

　　咖啡因究竟對懷孕有什麼影響，可為眾說紛紜。一項以 2,817 名婦女為對象的研究顯示，咖啡因對婦女的懷孕機會並無影響，但另一項 1,909 名婦女為對象的研究顯示，每天吸收 300 毫克以上的咖啡因（相當於大約 3 杯咖啡），會引致婦女較難懷孕。不過，如今已有夠多的研究指出咖啡因會降低婦女受孕的機會、增加流

產的風險、阻礙胎兒的發育。許多公眾衛生專家都奉勸孕婦每天以一杯為限或戒喝咖啡。

（四）骨質疏鬆

咖啡因對鈣質的新陳代謝有不良影響。撇開運動和吸菸等因素不談，喝大量咖啡的婦女會較不喝者經由小便流失較多的鈣，因而骨質容易變得疏鬆，骨頭較容易折斷。哈佛那項以護士為對象的研究指出，過量的咖啡因可能引致停經後婦女容易髖骨折裂。吸收咖啡因太多（每天喝咖啡 6 杯以上）的婦女，髖骨折裂的風險為不喝咖啡者的幾乎 3 倍。可是在加州對將近一千名停經後婦女做的研究顯示，適量地喝咖啡的婦女如果每天至少喝 1 杯牛奶，就足夠補充喝 2 杯咖啡所流失的鈣質。

（五）控制體重

咖啡因可能有助於控制體重，因為它能提高人體消耗熱量的速率。丹麥的專家曾研究一批體重正常的志願人員，得到的結果顯示，喝咖啡 2.5 小時後，咖啡因的影響仍在。另一項研究發現，一百毫克的咖啡因大約一杯咖啡就能使人體的新陳代謝率增快 3~4%；吸收咖啡因越多，增幅越大。如果也同時運動，熱量會消耗得更快。

咖啡因也能激發人的體能。加拿大最近的研究顯示，即使只是小量的咖啡因（每公斤體重 3 毫克），也足以增進運動的能力。咖啡因能使身體脂肪成為運動中的肌肉燃料，從而使肌肉延長工作時間才有疲勞現象。

「許多在以往認為是咖啡因引致的較嚴重的問題，如今仍然未能證實」，米爾斯醫生說。也就是說，健康正常的人喝適量的咖啡，顯然對健康是無害的。

 ## 第三節　茶

一、茶的介紹

茶樹為多年生常綠木本植物，落葉灌木或喬木；茶葉是從中國傳入世界各地的，中國廣東語系稱「CHA」，福建語系稱「TAI」，英文稱為「TEA」。

茶成為一種飲用品，最早起源於神農氏，而且神農氏在嚐百草中發現茶葉具有解毒之功效，這也是茶葉被當作藥用最早記載。

二、茶的種類

根據茶葉的製法分類：

（一）不醱酵茶

摘採下來的茶葉一旦放置不管的話，茶本身所含的酵素會發生作用，因而產生氧化作用（醱酵）。為防止這種現象，必須靠「加熱」的方法。綠茶就是將摘採下來的茶葉迅速加熱，以防止氧化作用，而茶葉中所蘊含的大量兒茶素及綠色葉綠素也得以被保存下來，因此能保有漂亮的綠色。不過，日本茶和中國綠茶加熱的方法完全不同。日本茶大多是用蒸青的方式，至於中國的綠茶則是採用高溫加熱的大鍋炒青的方式。例如：龍井茶、綠磚茶、中國綠茶、玉綠茶、蒸系（日本式）、香茶、玉綠茶、玉露茶等。

1. 綠茶是以抑制茶葉本身的氧化酵素作用所製成的不醱酵茶。由於多半是用鍋炒，因此所沖泡出的茶水色澤為淡黃色，沒有澀味，有類似豆子或是栗子的淡淡香味。

2. 日本的綠茶有：
   (1) 煎茶：占日本茶的 30%，春天過後採收，一番茶，再採為二番茶。煎茶茶葉較長，保存時要保存有相當綠色，不可為褐色或黃色等，若已變色，則代表已醱酵，品質會不好。泡出來的茶要有濃黃、淡綠色、沉澱物要少、味要香，如：海苔味、味苦有甘味、澀味少、有澀味。例如：菊糖代替 catechin→苦味。
   (2) 玉露茶：一番茶很嫩，以蒸的方式來 blanch 殺菁。
   (3) 覆蓋茶：玉露茶和煎茶品質中間的茶，用麥稈覆蓋，使覆蓋率 90%。
   (4) 碾茶：生葉子，用不鏽鋼刷，使其起泡。為中國於宋代流行飲茶法。上級的茶葉，含有氨基酸的甘味。
   (5) 番茶：煎茶之後，較硬較低等的茶葉，有春、秋二番茶。
   (6) 焙茶：下級煎茶，有焙烤香，用強火 170℃ 焙烤，熱的喝。

(7) 玄米茶：差的茶葉加上炒過的米或蒸熟的米一起炒，一方面有米香、澱粉糊化，炒後加入茶中，黏黏的、有黏滑感。

(8) 玉綠茶：以蒸的方式，和中國的疏野、青柳茶外觀一樣。

3. 中國的綠茶有

(1) 龍井茶：葉扁平細，如柳葉，色青綠、鮮美，和日本的一番茶相同，頭春茶（四月中旬前採，有焦味，為下級品，為淡黃綠較好，產於湘西、西湖、獅子山）。

(2) 大方茶：形狀扁平，例如：龍井，採時有較差些。黃褐色，有油光亮度。

(3) 毛峯茶（白毫）：S 型曲折，葉細小、產在安徽黃安，水色青綠、苦味少、味甘爽。

(4) 瓜片、蘭花、盤針：高價、有一心一葉、一葉二心、一葉三心，但一葉二心最貴。

(5) 輝白：產為有霧處。

(6) 白毫蓮心：稀少品，嫩葉芽上長了多的白毛，經過一點萎凋（醱酵），有花的香味。

(7) 少綠和烘綠茶：屬大眾型。

(8) 眉茶：茶如眉毛，彎彎的；銷售至北非。

(9) 珠茶：較眉茶曲折，水色也較其紅、葉小、柔軟、上等茶。

(10) 雲霧茶：在常有霧處生長，味香、葉有長白毛。

(11) 綠磚茶：中下級的產物，打磚時，稍微醱酵。

(12) 餅茶：普洱茶、沱茶。

（二）半醱酵茶

生葉採來，需經過萎凋（醱酵），並曬太陽，使氧化酵素活化。「醱酵」一般是指微生物所引起的醱酵。所謂的半醱酵是讓茶葉接觸空氣，等氧化進行到一半時，再讓它停止氧化的意思。至於所謂的醱酵茶，則是指茶葉本身所含的酵素，讓它自然產生氧化的茶。將茶葉曝晒在陽光下，再以搖晃等方式促進氧化，以這種方式所製成的烏龍茶或紅茶就是醱酵茶。在這個過程中，會產生類似花或水果的香味，及由於兒茶素減少所產生的獨特甘醇。種類從 15%程度的輕微醱酵，到接近 70~80%的醱酵程度都有。例如：青茶、烏龍茶、包種茶等。

1. 青茶指的就是烏龍茶。產地為福建省、廣東省、臺灣。以促進茶葉本身所擁有的氧化酵素作用所製成的半醱酵茶。從製法上的分類是屬於半醱酵的茶。因此醱酵的過程是將茶葉放在日光下曝晒、翻動，這時綠色的會轉變成青色，所以稱為青茶。

2. 烏龍茶是採下後用竹籠攤開鋪平，每 40~50 分鐘翻使其均勻，水分從 400~300％，而後再拿進室內醱酵（4~7 個小時），每小時翻動，葉周邊會產生褐變及香味。烏龍茶的主要特徵，在於醱酵所產生的華麗香味和複雜的味道。這是由於茶葉中所含的兒茶素等成分，因為醱酵作用而轉變成其他物質的緣故。因此和只用心芽和嫩葉的綠茶完全不同，甚至連含有豐富兒茶素類的葉子或茶菁，都可以一起製成茶葉。

3. 包種茶是醱酵短，表面綠，形似烏龍，萎凋的時間不同，會產生不同花香味。臺灣春、冬茶高級品，不給及香味，普通有茶荊、秀英、珠蘭等香味，稱香片。臺北市東南近郊的文山區是臺灣茶的發祥地。恬靜的鄉間田園到處都看得到寫著「包種茶」的招牌。之所以會有「包種」這個名稱，是因為當年福建省的茶流傳過來的時候，烏龍茶都是用蓋著紅色印記的紙，包裝成四方形後出貨。雖然現在這種包裝已經很少了，但是被包成方方正正的模樣成了一種標記，因此被稱為包種茶。醱酵程度大約是 15％，算是低醱酵。不用力揉成球形，只是輕輕合攏，是由來已久的製作方法。因為有著清爽的口感和淡淡的花香，所以又稱為「清茶」。是一種日本人較容易接受的茶。

（三）全醱酵茶

經過萎凋：含水 100~200％，需 624~780kg 茶重，30~35℃的溫風，控制溫度為35℃。揉捻：使葉組織破壞受損，使其 enzyme 促進氧化，兒茶素(catechin)可因氧化酵素而氧化，品溫不超過 35℃。醱酵：使茶葉繼續黃化，有特有的味道，而後乾燥，室內溫度慢慢降至 25℃，葉子 30~31℃。全醱酵茶製造酵素強、單寧強的茶種，enzyme 將單寧拿去，無苦、澀味、無特殊香味，葉變紅後炒過，為完全醱酵，無苦味，所以可以添加水果、牛奶。紅茶就是百分之百完全醱酵的茶。中國紅茶沒有澀味，主要特徵是有類似蜂蜜般的香味。不過，只有以雲南大葉種所製成的紅茶，感覺稍微有點澀味。自十七世紀以後，從中國輸入英國的茶葉多半是武夷山生產的綠

茶，稱為「Bohea tea」。之後，直到武夷山一帶的醱酵茶的製法確立，才逐漸轉為輸出較不容易變質的醱酵茶。

之後，為配合英國的大量需求，在福建省以外的各地也開始製作紅茶，作為輸出之用。其中又以祁門紅茶(Keemum)成為最高級的品牌，廣受喜愛，為世界三大紅茶之一。

如今，中國從安徽省、浙江省和長江流域，到福建省、雲南省等華南地區，相當遼闊的地區都有生產紅茶。在長江流域或福建省所產生的紅茶，是以和綠茶同種的小葉種所製成的。由於茶葉中所含的單寧成分較少，所以完全沒有澀味，帶有類似花或蜜般的甘甜香味。尤其是祁門紅茶如花般的香味，有「祁門香」之稱，也被比喻成蘭花的香味。中國製作紅茶的最初過程和烏龍茶一樣，先放置在日光下和室內晒乾，去除茶葉的水分，也就是「萎凋」的程序。之後，再讓茶葉充分的接觸空氣，揉捻茶葉破壞它的細胞組織，讓茶葉達到完全醱酵的程度。此時，和烏龍茶製法的不同之處，在於有「揉切」的加工過程，也就是將茶葉切碎。把茶葉切碎的紅茶稱為「分級紅茶」，和保留全葉的紅茶不同。如同武夷山產的正山小種，最後經過燻香後完成。一般的紅茶則是以焙火讓茶葉乾燥。安徽或浙江省所產的小葉種所製成的紅茶，茶水顏色較淡，沒有澀味，而且帶有細緻的香味。因此，最好不添加任何東西直接飲用。至於比較有澀味的雲南紅茶，則適合以奶茶的方式飲用，或是做成紅茶的甜點。世界三大紅茶：斯里蘭卡的烏巴、印度的大吉嶺和中國的祁門紅茶，其中歷史最悠久的當然是中國的紅茶。大吉嶺的茶樹栽培和製茶業，是英國人種植從中國帶回的茶樹而開始的。

（四）後醱酵茶

讓加工完成的綠茶等產生為生物醱酵作用的茶，稱為「後醱酵茶」。其中最著名的是中國雲南省所產的普洱茶。日本自古以來就有的阿波番茶、碁石茶等等，也是屬於這種茶。這種茶的製法是把綠茶（偶爾也會用紅茶）放置在潮濕的場所讓它醱酵，因此主要的產地是以中國南部到東南亞一帶為主。製茶方法由居住在廣西僮族自治區，以及從雲南省到泰國山岳地帶的少數民族傳承下來。經過越長時間的醱酵，風味越佳，因此據說有數十年之久的「陳年茶」，身價不斐。例如：普洱茶、阿波番茶、碁石茶、黃茶、LAPESO－泰國。「輕後醱酵」有強烈的果香是極為稀少的茶，

產地只限於四川和湖南省的少數地區。製法和綠茶很像，在烘乾茶葉的過程中，將它放置在潮濕處一至三天，讓它產生輕微的微生物醱酵作用，因此茶葉的顏色會變黃。「後醱酵」有蓮葉、樹木的味道，將剛加工完成的綠茶放置在潮濕的場所，以微生物醱酵的方式製成的茶。散發成熟的果香，由於茶液的色澤極濃，因此稱為黑茶。產地為雲南省、廣西僮族自治區。

六大類茶包括綠茶類、黃茶類、白茶類、紅茶類及黑茶類，其製法分別為：

1. **綠茶**：茶菁→炒菁（蒸菁）→揉捻→初乾→乾燥。

2. **黃茶**：茶菁→炒菁→悶黃→揉捻→初乾→乾燥。

3. **白茶**：茶菁→室內萎凋→乾燥。

4. **青茶**：茶菁→日光萎凋→室內靜置萎凋及攪拌→炒菁→揉捻→初乾→乾燥。

5. **紅茶**：茶菁→室內萎凋→揉捻→補足發酵→乾燥。

6. **黑茶**：茶菁→殺菁→揉捻→渥堆→乾燥。

以上茶類基本製程包括殺菁（白茶紅茶除外）、揉捻（白茶除外）及乾燥等步驟；若加上萎凋步驟則衍生為白茶類，加上萎凋及攪拌步驟則衍生為青茶類，加上悶黃步驟則衍生為黃茶類，加上渥堆步驟則衍生為黑茶類，加上萎凋及渥紅步驟則衍生為紅茶類，如此一來製茶方法更具系統化（圖 11-3）。

基本上白茶類、青茶類及紅茶類製程皆由萎凋步驟開始，促使葉質柔軟以利進行酵素性發酵；攪拌是青茶類製程獨有的步驟，動作的時間及力道的不同衍生了輕、中、重三種不同發酵程度。

六大茶類都必須歷經乾燥步驟，保持 3~5%乾燥度，以利茶葉的儲藏。

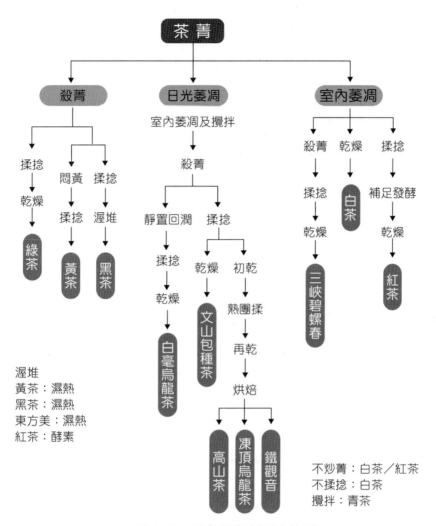

渥堆
黃茶：濕熱
黑茶：濕熱
東方美：濕熱
紅茶：酵素

不炒菁：白茶／紅茶
不揉捻：白茶
攪拌：青茶

🗩 圖 11-3　特色茶類製程之比較

三、茶的成分、味道和香氣

　　茶的味道主要取決於它本身所含的甘甜、澀味、苦味三種味道。通常感覺好喝的茶，基本上都是味道取得一定的平衡，並非哪一種味道特別突出。以澀味相當強的鳳凰單欉烏龍茶而言，正因為它有相映的果香和甘甜味，才會讓人感覺好喝。

　　此外，不同於其他的食品，香味對中國茶的味道影響很大。日本茶比較注重舌頭的感覺是甘醇或澀味，相較之下，中國茶則比較重視香味。話雖如此，但味道和香味是互為一體的。以鐵觀音為例，喝起來不光是舌頭有牛奶般的餘味，甚連鼻子或口腔也留有同樣的香味。

　　茶的美味、甘醇，主要來自茶葉中所含的胺基酸類。綠茶約含有二十種胺基酸類中所謂的單寧物質，這也是它喝起來甘醇的原因。

　　茶之所以會有澀味，主要是因為含有兒茶素（茶單寧）的關係。醱酵茶是讓一部分茶素轉變成多元酚類而產生風味。

　　由於茶單寧在日光下會轉成兒茶素，所以在日照過於強烈的地區，茶葉所含的兒茶素過多，用來製成綠茶的話會太澀。而在霧多的地區之所以能生產上等茶，因為霧剛好可以遮蔽日照，茶單寧不會受損，所以不會產生過多的兒茶素。

　　兒茶素：兒茶素(catechins)又稱茶單寧，和咖啡因同屬茶葉中的兩大重要機能性成分，但是又以兒茶素為茶湯中最主要的成分，有些研究報告認為兒茶素具有藥效，所以近來大家都越來越重視茶葉對人體的保健功效。其功效為：清除自由基、延緩老化、改變腸道微生物的分布、抗菌作用、除臭…等。

　　茶多酚：世紀之星－「茶多酚」。茶葉之所以會有如此強的功能，主要是來自它所蘊藏的茶多酚。茶多酚是一種較全面的營養素，主要的營養成分有蛋白質、胺基酸、醣類、維生素和礦物質。茶多酚中的各種維生素含量十分可觀：維生素 A 的含量可與菠菜、胡蘿蔔相抗衡。維生素 D 也很豐富，每 2 克茶多酚含量既達 100~1700 微克，每天服用 1 公克的茶多酚，既可滿足人體對維生素 C 和 E 的需求，還有維生素 B_1、B_2、B_3、泛酸、煙酸、肌醇、維生素 P、PP 和維生素 K…等，這些維生素與人體健康、長壽有密切關係。經日本醫學、藥學教授的共同研究試驗後，發現向來被人們作為延緩衰老藥物使用的維生素 E，其防止脂肪酸過氧化作用只有 4%，而茶多酚則高達 74%，是維生素的 18.5 倍。茶與茶多酚的保健效果就在於它們可以抑制脂合之表現，從而可以抑制肥胖與腫瘤的形成。也就是說，茶與茶多酚具有瘦身與防癌的功用。

四、茶的主要成分和功效

1. 兒茶素類（澀的成分）：
　　(1) 抗菌、抗流行感冒病毒。
　　(2) 抑制活性酵素。
　　(3) 抑制血糖上升。

(4) 降低膽固醇。

(5) 抑制血壓升高。

(6) 防止蛀牙、口臭。

(7) 減少體脂肪。

2. **咖啡因**：(1)提神（消除疲勞、驅除睡意）；(2)利尿；(3)強心。

3. **維生素 C**：(1)抗氧化；(2)預防感冒；(3)美容功效。

4. **維生素 A（胡蘿蔔素）**：養顏美容。

5. **維生素 B 群**：醣類的代謝。

6. **維生素 E**：(1)抗氧化；(2)抑制老化。

7. **胺基酸類**：(1)降血壓；(2)安定精神。

8. **氟**：預防蛀牙。

9. **礦物質類（主要是鉀離子）**：抑制血壓上升。

10. **單寧（茶的甘醇成分）**：(1)抗壓；(2)降低、穩定血壓。

↘ 表 11-1　茶葉保健成分及其功效表

成分	含量（乾物中）	生理作用
兒茶素類及其氧化縮合物	10~30%	抗氧化、抗突然變異、防癌、降低膽固醇、降低血液中低密度脂蛋白、抑制血壓上升、抑制血糖上升、抑制血小板凝集、抗菌、抗食物過敏、腸內微生物相改善、消臭。
黃酮醇類	0.6~0.7%	強化微血管、抗氧化、降血壓、消臭。
咖啡因	2~4%	中樞神經興奮、提神、強心、利尿、抗喘息、代謝亢進。

資料來源：行政院農委會茶葉改良場。

習 題

EXERCISE

一、是非題

( ) 1. 鐵觀音喝起來不光是舌頭有牛奶般的餘味，甚連鼻子或口腔也留有同樣的香味。

( ) 2. 咖啡因對鈣質的新陳代謝有不良影響。

( ) 3. 淺炒的咖啡豆酸度最高，特深炒的咖啡豆苦味最高。

( ) 4. 中國雲南省所產的普洱茶是屬「後醱酵茶」。

( ) 5. 一棵咖啡樹可收穫 1~3 公斤果實，生咖啡豆占果實質量的 1/5。

答案：1.○；2.○；3.○；4.○；5.✕

二、選擇題

( ) 1. 下列茶品中，何者屬於不醱酵茶？ (A)烏龍茶 (B)煎茶 (C)包種茶 (D)紅茶。

( ) 2. 請問世界上哪一個國家輸出最多的咖啡豆？ (A)中國 (B)美國 (C)巴西 (D)印度。

( ) 3. 兒茶素可 (A)降低膽固醇 (B)抑制血壓升高 (C)防止蛀牙、口臭 (D)以上皆是。

( ) 4. 阿拉比卡占世界產量的幾分之幾？ (A)3/4 (B)1/2 (C)2/3 (D)1/5。

( ) 5. 藍山咖啡生長於海拔多少公尺以上的藍山區而得名？ (A)1,000 (B)2,000 (C)3,000 (D)4,000。

答案：1.(B)；2.(C)；3.(D)；4.(A)；5.(C)

三、問答題

1. 茶依製法的不同可分為哪些種類？試舉例並說明其製造原理。

2. 請依據飲料之製備及酒精含量，說明並舉例飲料的種類。

3. 咖啡(coffee)的沖泡方式有哪些？
   請以真空虹吸式(syphon method)說明如何煮一杯好咖啡。

4. 綠茶與紅茶如何區別？它包含什麼意義？

5. 茶葉所含的化學成分有哪些？對於人體有哪些保健功效？

參考文獻　REFERENCES

1. 行政院農業委員會茶業改良場（民 99）。**臺灣茶業概況：臺灣近年茶園面積及產銷量**。

2. 胡夢蕾、曹輝雄（民 98）。**飲料管理與實務**。新北市：華立圖書。

3. 有本香（民 93）。**中國茶・臺灣茶**。（蕭照芳、陳惠雯、許倩珮譯）。臺北市：東販。

4. 陳文聰（民 97）。**飲料與調酒理論與實務**。臺北市：華都文化。

5. 旭屋出版（民 97）。**Latte Art 拉花創作教科書**。（王俞惠譯）。臺北市：東販。

6. 陳堯帝（民 97）。**飲料管理－調酒實務著**。臺北市：揚智。

7. 林秀娟等（民 95）。**高血壓防治手冊**。臺北市：行政院衛生署國民健康局。

8. 李錦楓、林志芳（民 97）。**食物製備學理論與實務－飲料的製備**。臺北市：揚智。

9. 陳國任（民 110）。**茶言觀色品茶趣－臺灣茶風味解析**。臺北市：華品文創。

10. 郭詩毅、林金梅（民 109）。**談茶論道**。臺北市：飮茶田開發有限公司。

11. 劉宜君、劉淑娟（民 110）。**茶產業的文化底蘊與創新營銷**。新北市：商鼎數位。

12. 王玲（民 109）。**君不可一日無茶－中國茶文化史**。臺北市：崧燁文化。

13. 丸山珈琲　鈴木樹（民 111）。**日日咖啡日**。臺北市：邦聯文化。

14. 田口護（民 110）。**田口護的精品咖啡大全**。臺北市：積木文化。

15. 施明智（民 111）。**食物學原理－第四版**。新北市：藝軒。

16. 何寶淑、趙美羅（民 109）。**咖啡的一切－咖啡迷完全圖解指南**。新北市：奇光。

CHAPTER 12

實驗部分

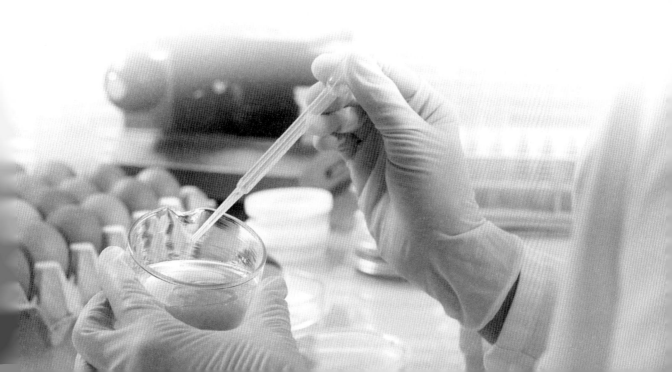

寫在實驗之前

本書前面的章節已經詳述了各類食材之性質,以及在食物製備時可能產生之變化。本篇共有 8 個實驗單元,涵蓋了各類食材,其實驗原理已在本書其他的章節中詳述,部分實驗參考自臺北醫學院印行,謝明哲等編著之《食物學原理與實驗》。本篇的實驗材料皆為日常食用者,極易購得,亦可選用同性質的食材進行實驗,加以比較其結果,本文中之實驗器材也可以常用的廚房器具代替。主要之目的乃在於能將所學習之理論與實務,藉由簡單的實驗方式加以印證,並能激發思考,以探討如何應用於日常食物之中。

孫明輝

實驗 01　澱粉糊化

一、實驗目的：比較市售各種常用澱粉的糊化情形。

二、實驗說明：

　　食物在製備調理時，常會添加一些澱粉類之粉末，然而這些澱粉物質在加熱糊化後會具有何種特性？又會對於被添加之食物產生什麼影響呢？藉由本實驗可以對於常用之各種市售澱粉有更多的了解。

三、實驗材料：

中筋麵粉	2 大匙	馬鈴薯澱粉	2 大匙
在來米粉	2 大匙	樹薯澱粉	2 大匙
糯米粉	2 大匙	水	1,500ml
玉米澱粉	2 大匙		

四、實驗器具：

燒杯 250ml	6 只	溫度計	1 支
量匙	1 套	電熱板	1 座
量筒 100ml	1 只	透明塑膠袋	1 個
攪拌匙	1 支		

五、實驗步驟：

1. 添加 2 大匙市售澱粉於燒杯內。

2. 先加入 50ml 冷水，攪拌均勻。

3. 再加入 150ml 冷水，攪拌成均勻的懸浮液。

4. 將燒杯置於電熱板上加熱，以攪拌匙不斷緩慢地攪拌，使澱粉懸浮液能受熱均勻。

5. 觀察燒杯內之澱粉懸浮液的黏稠度變化以及溫度上升之情形。

6. 當澱粉懸浮液開始糊化時，記錄此時的溫度。

7. 繼續加熱 3 分鐘至澱粉完全糊化後，趁熱舀取 1 大匙澱粉糊，將其倒在平鋪於桌面的透明塑膠袋上，比較各種澱粉糊的黏稠度與透明度。

8. 觀察燒杯內之熱澱粉糊的外觀。

9. 待澱粉糊冷卻後，比較塑膠袋上之各種澱粉糊所覆蓋的面積大小。

10. 觀察燒杯內及塑膠袋上之冷澱粉糊的外觀與透明度。

六、實驗結果：

澱粉種類	糊化溫度 （℃）	澱粉糊擴散 直徑(cm)	熱澱粉糊 外觀及透明度	冷澱粉糊 外觀及透明度
中筋麵粉				
在來米粉				
糯米粉				
玉米澱粉				
馬鈴薯澱粉				
樹薯澱粉				

七、問題與討論：

1. 比較各種市售澱粉的性質及用途。

2. 說明澱粉的糊化性質。

3. 說明市售食品利用澱粉糊化現象之實例應用。

實驗 02　蛋白打發

Food Principle and Experiment

一、實驗目的：了解蛋白打發之變化及其影響因素。

二、實驗說明：

　　調理蛋液時，經常會有泡沫產生；如果加以攪拌，泡沫便會越來越多；若對蛋液持續地攪拌，將會產生什麼變化呢？本實驗可以了解哪些因素會影響蛋白的泡沫產生之難易程度及其穩定性。

三、實驗材料：

雞蛋	10 粒	檸檬原汁	1/4 小匙
鹽	1 小匙	水	1 大匙
糖	1 小匙	植物油	1 大匙

四、實驗器具：

分蛋器	1 支	量匙	1 套
量杯 240ml	1 只	橡皮刮刀	1 支
不鏽鋼盆	1 只	燒杯 250ml	8 只
打蛋器	1 支	量筒 100ml	1 只

五、實驗步驟：

（一）蛋白打發之變化

1. 取蛋白 2 個，置於潔淨且乾燥的鋼盆內，使用打蛋器打發。

2. 觀察打發中之蛋白在起始擴展期、濕性發泡期、硬性發泡期及乾性發泡期等各個階段的泡沫及體積變化之情形，並挑起少許打發之蛋白以觀察其泡沫尖峰豎立的狀態。

（二）影響蛋白打發之因素

1. 各取蛋白 1 個，置於潔淨且乾燥的鋼盆內，分別以下列方式處理：

　　(1) 打至濕性發泡階段。

　　(2) 打至硬性發泡階段。

　　(3) 添加 1 小匙鹽後，打至硬性發泡階段。

　　(4) 添加 1 小匙糖後，打至硬性發泡階段。

　　(5) 添加 1/4 小匙檸檬原汁後，打至硬性發泡階段。

　　(6) 添加 1 大匙水後，打至硬性發泡階段。

　　(7) 添加 1 大匙植物油後，打至硬性發泡階段。

　　(8) 添加 1 個蛋黃後，打至硬性發泡階段。

2. 移至燒杯內，觀察各打發蛋白的外觀及體積。

3. 靜置 1 小時後，再觀察各打發蛋白的外觀，並且將液汁倒出，記錄其液汁量。

六、實驗結果：

（一）蛋白打發之變化

打發階段	蛋白外觀	流動性	泡沫尖峰型態
(1)起始擴展期			
(2)濕性發泡期			
(3)硬性發泡期			
(4)乾性發泡期			

（二）影響蛋白打發之因素

打發條件	靜置前外觀	靜置後外觀	液汁量(ml)
(1)濕性發泡			
(2)硬性發泡			
(3)添加鹽			
(4)添加糖			
(5)添加檸檬原汁			
(6)添加水			
(7)添加油			
(8)添加蛋黃			

七、問題與討論：

1. 說明蛋白打發之原理。

2. 討論影響蛋白打發之因素。

3. 說明市售食品利用蛋白打發現象之實例應用。

實驗 03 熱與酸對牛奶的影響

Food Principle and Experiment

一、實驗目的：觀察牛奶因為加熱或加酸所產生的質地變化。

二、實驗說明：

　　市售鮮奶皆需要冷藏保存，在冬天常會加熱後再飲用，有時發現加熱過的牛奶會產生一些變化。在餐飲店點杯紅茶時，常會附上檸檬片或是奶油球，若將兩者皆加入紅茶中，將會看到什麼現象呢？

三、實驗材料：

牛奶	300ml		小蘇打	1/2 小匙
水	500ml		中筋麵粉	1/2 小匙
檸檬原汁	150ml			

四、實驗器具：

量筒 100ml	1 只		量匙	1 套
燒杯 250ml	4 只		電熱板	1 座
不鏽鋼盆	1 只			

五、實驗步驟：

（一）牛奶加熱的變化

1. 量取 100ml 牛奶於燒杯中，以 65℃ 水加熱之，觀察牛奶的變化，並聞其風味。

2. 繼續以 75℃ 水加熱之，觀察牛奶的變化，並聞其風味。

3. 直接加熱牛奶至沸騰，觀察牛奶的變化，並聞其風味。

（二）牛奶加酸的變化

1. 量取 50ml 牛奶於各燒杯中，分別以下列方式處理：

(1) 不做任何的處理。

(2) 添加 50ml 檸檬原汁混合均勻。

(3) 添加 50ml 檸檬原汁混合均勻，再逐漸加入 1/2 小匙小蘇打混合均勻。

(4) 添加 50ml 檸檬原汁混合均勻，再逐漸加入 1/2 小匙麵粉混合均勻。

2. 輕輕地旋轉搖動燒杯，觀察附著在燒杯壁上的牛奶之變化。

六、實驗結果：

（一）牛奶加熱的變化

加熱溫度	牛奶外觀	牛奶風味
室溫		
65℃		
75℃		
沸騰		

（二）牛奶加酸的變化

處理條件	牛奶外觀
(1)未做處理	
(2)添加檸檬原汁	
(3)添加檸檬原汁及小蘇打	
(4)添加檸檬原汁及麵粉	

七、問題與討論：

1. 說明牛奶加熱現象的原理。

2. 說明牛奶加酸現象的原理。

3. 說明市售食品利用牛奶因酸影響之實例應用。

實驗 04　肉質軟化

一、實驗目的：比較各種肉質軟化的方法。

二、實驗說明：

　　不同部位的肌肉會呈現不同的口感，也會影響其販售的價格。大多數人喜歡肉質較為軟嫩者，而不喜歡又老又硬的肉。在烹調肉品時，可以經由一些處理，使肉質變得較為軟嫩。

三、實驗材料：

豬後腿肉	300 公克	白醋	1/2 小匙
水	2 杯	小蘇打	1/2 小匙
鹽	1/2 小匙	嫩精	1/2 小匙

四、實驗器具：

菜刀	1 把	量杯 240ml	6 只
砧板	1 只	筷子	1 雙
肉鎚	1 支	蒸籠	1 組
量匙	1 套	瓦斯爐	1 座

五、實驗步驟：

1.將肉切成約 3 公分立方之肉塊，平均分成 6 份，分別以下列方式處理：

　　(1) 不做任何的處理。

　　(2) 使用肉鎚用力搥打肉塊 20 下。

　　(3) 浸漬於添加 1/2 小匙鹽之半杯水中。

　　(4) 浸漬於添加 1/2 小匙白醋之半杯水中。

(5) 浸漬於添加 1/2 小匙小蘇打之半杯水中。

(6) 浸漬於添加 1/2 小匙嫩精之半杯水中。

2. 浸漬 1 小時後，將各水溶液倒掉。

3. 將上述肉塊放置於煮沸的蒸籠內蒸 20 分鐘。

4. 觀察肉塊外觀，並且咀嚼肉塊以比較其軟硬感。

六、實驗結果：

處理條件	肉塊外觀	肉塊軟硬感
(1)未做處理		
(2)使用肉鎚搥打肉塊		
(3)浸漬於鹽水		
(4)浸漬於白醋溶液		
(5)浸漬於小蘇打溶液		
(6)浸漬於嫩精溶液		

七、問題與討論：

1. 討論上述肉質軟嫩感的情形。

2. 說明影響肉質柔嫩度的因素。

3. 說明一般肉質軟化之實例應用。

實驗 05

魚肉凝膠

Food Principle and Experiment

一、實驗目的： 觀察魚肉的凝膠現象。

二、實驗說明：

製作菜餚時，有時會將肉泥不斷地甩打，其主要目的為何？是否需要添加某些物質，才能達到甩打的效果。本實驗使用魚肉，也可以試做其他的肉類，觀察是否也有同樣的現象。

三、實驗材料：

旗魚肉	300 公克	味精	1/2 小匙
鹽	1/2 小匙	太白粉	1/2 小匙
糖	1/2 小匙		

四、實驗器具：

菜刀	1 把	不鏽鋼盆	1 只
砧板	1 只	量匙	1 套
擦手紙	數張	量杯 240ml	5 只

五、實驗步驟：

1. 將魚肉去除皮、骨、刺及血合肉。

2. 魚肉洗淨，將表面水分吸乾後，剁碎成泥狀。

3. 取肉泥各 50 公克，分別以下列方式處理：

    (1) 未添加任何的物質。

    (2) 加入 1/2 小匙鹽混合均勻。

    (3) 加入 1/2 小匙糖混合均勻。

(4) 加入 1/2 小匙味精混合均勻。

(5) 加入 1/2 小匙太白粉混合均勻。

4. 將肉泥用相同的力量以等速度各甩打 5 分鐘，並觀察肉泥的變化。

5. 將肉泥滾圓靜置 20 分鐘後，觀察肉泥的外觀，並觸摸其彈性感與結著性。

六、實驗結果：

處理條件	肉泥外觀	肉泥彈性感	肉泥結著性
(1)未添加物質			
(2)加入鹽			
(3)加入糖			
(4)加入味精			
(5)加入太白粉			

七、問題與討論：

1. 說明魚肉凝膠的原理。

2. 討論魚肉產生凝膠現象時應注意的條件。

3. 說明市售食品利用魚肉凝膠之實例應用。

實驗 06 油脂乳化

一、實驗目的：比較油脂的乳化現象。

二、實驗說明：

　　油與水是不會互溶的，即使在迅速地攪拌之後，過不久又會產生油水分離之現象。但是在加了乳化劑之後，就可以使油與水二者產生穩定混合之乳化狀態。日常的食材中，有哪些可以產生乳化現象呢？

三、實驗材料：

植物油	5 大匙	鮮奶	1 大匙
雞蛋	1 個	白醋	1 大匙
水	3 大匙		

四、實驗器具：

試管 20cm	5 支	量匙	1 套
試管架	1 只	量杯 240ml	4 只
分蛋器	1 支	漏斗（直徑）5cm	1 只

五、實驗步驟：

1. 將雞蛋的蛋黃及蛋白分開，各取 1 大匙分置於量杯中，並且各加入 1 大匙水混合均勻。

2. 在各試管中加入 1 大匙植物油，並分別添加下列溶液：

    (1) 1 大匙稀釋蛋黃液。

    (2) 1 大匙稀釋蛋白液。

    (3) 1 大匙鮮奶。

    (4) 1 大匙白醋。

    (5) 1 大匙水。

3. 以大姆指壓住試管口後，將試管橫握，左右劇烈振盪各試管 20 次。

4. 將試管放置於試管架上，立刻觀察並記錄試管內的液體之情形。

5. 靜置 30 分鐘後，再觀察並記錄試管內的液體之情形。

六、實驗結果：

處理方式	振盪後之情形	靜置後之情形
(1)添加蛋黃液		
(2)添加蛋白液		
(3)添加鮮奶		
(4)添加白醋		
(5)添加水		

七、問題與討論：

1. 比較上述各組之乳化情形，並分別說明其原因。

2. 說明乳化作用之型態。

3. 說明市售食品利用乳化現象之實例應用。

實驗 07 蔬菜中花青素之變化

Food Principle and Experiment

一、實驗目的：觀察蔬菜中花青素的溶解性，以及酸鹼性對花青素之影響情形。

二、實驗說明：

　　富含花青素的蔬果大多呈現紫色系，只要經過簡單的處理，將會發現單調的色彩可以產生豐富的變化。是否曾經想過，如何將蔬果中的天然色素加以應用在日常的生活中。

三、實驗材料：

切碎的紫甘藍	4 大匙	白醋	1/2 小匙
植物油	100ml	小蘇打	1/4 小匙
水	300ml		

四、實驗器具：

菜刀	1 把	量筒 100ml	1 只
砧板	1 只	量匙	1 套
燒杯 250ml	4 只		

五、實驗步驟：

1. 於各燒杯中分別置入 1 大匙切碎的紫甘藍，並且各以下列方式處理：

    (1) 加入 100ml 植物油拌勻。

    (2) 加入 100ml 水及 1/2 小匙白醋拌勻。

    (3) 加入 100ml 水拌勻。

    (4) 加入 100ml 水及 1/4 小匙小蘇打拌勻。

2. 浸漬 10 分鐘後，觀察燒杯內之紫甘藍及液體的顏色。

六、實驗結果：

處理方式	紫甘藍顏色	液體顏色
(1)浸漬油中		
(2)浸漬白醋溶液		
(3)浸漬水中		
(4)浸漬小蘇打溶液		

七、問題與討論：

1. 討論蔬菜中色素的溶解性。

2. 探討花青素的顏色變化之原理。

3. 說明市售食品利用天然色素之實例應用。

實驗 08

水果之褐變

Food Principle and Experiment

一、實驗目的：探討水果之褐變及其防止方法。

二、實驗說明：

　　有些水果在削皮切片後，放置一段時間，其色澤常會變得不佳，然而水果攤所販售的切片水果總令人垂涎欲滴。要如何防止水果切片後的變色問題，以下的方法是否可行呢？

三、實驗材料：

蘋果	1 顆	糖	1 大匙
水	1,000ml	檸檬原汁	1/2 小匙
鹽	1/2 小匙	亞硫酸鈉	1/4 小匙

四、實驗器具：

水果刀	1 支	電熱板	1 座
砧板	1 只	量杯 240ml	7 只
保鮮膜	少許	量匙	1 套
不鏽鋼盆	1 只	叉子	1 支

五、實驗步驟：

1. 蘋果去皮後分切成 8 等分，再將每等分切成約相同大小的塊狀 4 塊。

2. 將蘋果各依下列方式處理，若浸漬於水溶液時，液面必須蓋過蘋果。

　　(1) 放置室溫下，不做任何的處理。

　　(2) 外面包覆保鮮膜。

　　(3) 於沸水中殺菁 3 分鐘，撈起後放置室溫下。

(4) 浸漬於半杯水中。

(5) 浸漬於添加 1/2 小匙鹽之半杯水中。

(6) 浸漬於添加 1 大匙糖之半杯水中。

(7) 浸漬於添加 1/2 小匙檸檬原汁之半杯水中。

(8) 浸漬於添加 1/4 小匙亞硫酸鈉之半杯水中。

3. 靜置 30 分鐘後，觀察蘋果的變色情形，並且咀嚼蘋果以比較其口感與風味。

六、實驗結果：

處理方式	蘋果色澤	蘋果口感與風味
(1)未做處理		
(2)包覆保鮮膜		
(3)沸水殺菁		
(4)浸漬水中		
(5)浸漬鹽水		
(6)浸漬糖水		
(7)浸漬稀釋檸檬汁		
(8)浸漬亞硫酸鈉溶液		

七、問題與討論：

1. 討論水果褐變的原理。

2. 說明哪些水果容易產生褐變。

3. 說明防止水果褐變之方法及其機制。

習 題

EXERCISE

一、是非題

( ) 1. 澱粉液經加熱糊化後會增加流動性。

( ) 2. 勾起少量正在打發的蛋白，看其尖端是否彎曲，可以判斷打發的狀態。

( ) 3. 牛奶加熱一段時間會在上層產生薄膜。

( ) 4. 將數滴檸檬汁拌入奶茶，僅會使奶茶的風味改變但外觀不變。

( ) 5. 市售嫩精一般是由動物體內萃取的蛋白質分解酵素。

答案：1.✕；2.○；3.○；4.✕；5.✕

二、選擇題

( ) 1. 魚肉添加　(A)鹽　(B)糖　(C)味精　(D)太白粉　甩打後，會有較佳的黏彈性。

( ) 2. 沙拉油與　(A)蛋白液　(B)蛋黃液　(C)鮮奶　(D)白醋　會產生最穩定的乳化狀態。

( ) 3. 以　(A)沙拉油　(B)白醋　(C)水　(D)小蘇打溶液　浸漬紫甘藍，沒有色素溶出。

( ) 4. 花青素在小蘇打溶液呈　(A)紅色　(B)紫色　(C)藍色　(D)無色。

( ) 5. 以　(A)保鮮膜包覆　(B)沸水殺菁　(C)檸檬汁浸漬　(D)亞硫酸鈉溶液浸漬處理蘋果，可以使色澤變白。

答案：1.(A)；2.(B)；3.(A)；4.(C)；5.(D)

New Wun Ching Developmental Publishing Co., Ltd.

New Age · New Choice · The Best Selected Educational Publications — NEW WCDP

新文京開發出版股份有限公司

NEW WCDP

新世紀・新視野・新文京 ― 精選教科書・考試用書・專業參考書